国际化物理教育研究之案例教学

周少娜 主编

中国纺织出版社有限公司

内 容 提 要

本书依托于主编团队在教育领域发表的多篇SSCI国际教育研究论文，深度挖掘了中国本土实践走向国际化的独特价值，以"中国本土情境+国际标准研究成果+多维教育实证研究结构"的采编和撰写范式，生动展现了中国特色本土国际案例的丰富内涵与独特魅力，并形成了案例研究的新范式。本书将从物理教育的七大研究主题出发，介绍了一系列国际化物理教育研究案例。全书共分为上下两篇，上篇主要聚焦单一领域的案例研究，下篇则介绍不同领域的交叉融合案例，提供更综合的研究视角。

图书在版编目（CIP）数据

国际化物理教育研究之案例教学 / 周少娜主编 .
北京：中国纺织出版社有限公司，2025.4. -- ISBN 978-7-5229-2374-1

Ⅰ.04

中国国家版本馆 CIP 数据核字第 20243M5B86 号

责任编辑：向 隽　林双双　责任校对：高 涵
责任印制：储志伟

中国纺织出版社有限公司出版发行
地址：北京市朝阳区百子湾东里 A407 号楼　邮政编码：100124
销售电话：010—67004422　传真：010—87155801
http://www.c-textilep.com
中国纺织出版社天猫旗舰店
官方微博 http://weibo.com/2119887771
河北延风印务有限公司印制　各地新华书店经销
2025 年 4 月第 1 版第 1 次印刷
开本：710×1000　1/16　印张：21.75
字数：345 千字　定价：98.00 元

凡购本书，如有缺页、倒页、脱页，由本社图书营销中心调换

序 言

党的二十大报告提出增强中华文明传播力影响力,要坚守中华文化立场,提炼展示中华文明的精神标识和文化精髓,加快构建中国话语和中国叙事体系,讲好中国故事、传播好中国声音,加强国际传播能力的建设,全面提升国际传播效能,形成同我国综合国力和国际地位相匹配的国际话语权。

在全球化的浪潮中,教育作为文化传承与创新的重要载体,正面临着前所未有的机遇与挑战。物理教育,作为科学教育的重要组成部分,其国际化进程更是承载着推动全球科学交流与合作的使命。

从人才培养目标的视角出发,《中学教育专业认证标准(第二级)》中的毕业要求指出学生要具有终身学习与专业发展意识,了解国内外基础教育改革发展动态,能够适应时代和教育发展需求。

《中学教育专业认证标准(第三级)》要求学生具备国际视野,具有全球意识和开放心态,了解国外基础教育改革发展的趋势和前沿动态,并积极参与国际教育交流,尝试借鉴国际先进教育理念和经验进行教育教学。因此,如何在全球化背景下融合国际先进教育理念与本土实践,培养既深谙本土教学实际又兼具国际视野的物理教育人才,是当前亟须探索与解答的时代课题。

基于这样的背景,《国际化物理教育研究之案例教学》一书应运而生。案例研究作为一种典型的研究方法,它扎根实际、问题导向,实现了理论与实践的融合。首届中国案例建设国际研讨会(2022)提出,案例研究不仅是回答时代之问、因应时代之变的有效途径,更是丰富全球治理理论、改革教育教学理念的重要载体。

本书在案例的选择上注重时效性与本土化,力求将国际先进理念与本土实际紧密结合,为学生提供一个既具有国际视野又符合本土实际的案例学习平台。

本书依托于研究团队在相关领域发表的多篇 SSCI 论文,深度挖掘我国本土实践走向国际化的独特价值,并形成了案例研究的新范式。本书将从物理教育的七大研究主题出发,介绍了一系列国际化物理教育研究案例,旨在构建一个全面、系统的案例分析框架。

全书共包含 12 章,以"中国本土情境+国际标准研究成果+多维教育实证研究"为结构的采编和撰写范式,生动展现了中国特色本土国际案例的丰富内涵与独特魅力。本书分为上、下两篇,上篇主要聚焦单一领域的案例研究,下篇则介绍不同领域的交叉融合案例,提供更综合的研究视角。每一章都提供了对本案例的深度剖析和扩展、案例教学指导两节内容,旨在引导读者进行更深层次的思考和讨论。

本书具有以下 4 个特点:

(1)本土案例研究范式。本书精选本团队在相关领域发表的多篇 SSCI 论文,形成了独特的案例研究范式。这些案例深入展示了中国物理教育的实践,体现了中国教育的独特性和创新性。

(2)多维教育实证研究结构。本书以 *Physical Review Physics Education Research* 等国际期刊的权威性研究为基础,明确了物理教育研究的七大关键维度,这些维度直接映射了当前教学的实际情况。本书基于这七大维度,介绍具有国际视野的物理教育研究案例,为读者提供了一个全面的研究视角。

(3)中国本土实践与国际标准结合。书中的案例不仅基于中国本土的情境,还展示了国际期刊的标准和研究成果案例。这种结合拓宽了案例的适用性和参考价值,助力读者在全球化背景下深入理解并应用物理教育的理论与实践。

(4)本书不仅仅是一本案例的汇编,更是一本实践指南。书中的每一章节都凝聚了笔者的思考,希望能够抛砖引玉,激发读者更多地思考与探索。从国际物理教育研究案例教学概述到具体的案例剖析,再到综合案例的深入研讨,本书力求构建一个完整、立体的物理教育研究案例体系。

这本书的章节结构清晰,全书案例来源于笔者已发表的国际教育 SSCI 期刊论文成果,很多内容属于作者的独立思考,学理上难免存在漏洞和不足,敬请读者指正。在本书的撰写上,周少娜负责第一章和第十二章,熊雨山负责第二章、第六章以及第八章;李秋烨和许少睿负责

第三章；马熤倩负责第四章；范千千负责第五章；蒋乐昕负责第七章；第九章、第十章和第十一章分别由梁思杭、刘嘉蓝和何雨晴负责撰写，赖洁婕和崔晓彤提供修改意见；全书由周少娜、熊雨山统稿。周少娜、熊雨山、钟仪和许少睿负责全书的检查和修改。

  我国正成为世界重要教育中心这一历史进程中的一分子。我们不仅要讲好中国故事、传播好中国经验、发出中国声音，更要积极展现中华优秀教育传统的精神标识和文化精髓。本书正是这一理念的实践尝试，希望这本书的出版，能够为全球物理教育的交流与合作贡献一份微薄之力。展望未来，我们将持续探索，为推动中国物理教育的国际化贡献智慧与力量。

  这本书的完成离不开众多同行的帮助，限于时间和作者水平，仍存在一些疏漏和不足，敬请广大读者不吝赐教。我们珍视读者的反馈与建议，以不断优化和完善内容。随着教育的不断演进，我们将关注物理教育的发展趋势，产出更具时代性、更丰富的物理教育研究国际化案例。感谢每一位读者的陪伴与选择。

周少娜
2024 年 9 月

目 录

上 篇

第一章　国际化物理教育研究概述 …………………………………… 2
　一、国际化物理教育研究的主要研究方向 ………………………… 3
　二、国际化物理教育引入案例教学的适切性 ……………………… 6
　三、国际化物理教育案例教学的特点 ……………………………… 9
　四、国际化物理教育案例教学中教师的作用 …………………… 10
　五、国际化物理教育案例教学中的学习方法 …………………… 12
　六、学习成果评价 …………………………………………………… 13
　参考文献 ……………………………………………………………… 15

第二章　案例一：概念理解 …………………………………………… 18
　一、概念理解的相关研究 …………………………………………… 18
　二、概念理解的案例再现 …………………………………………… 22
　三、对研究结果的深度剖析和拓展 ………………………………… 34
　四、案例教学指导 …………………………………………………… 38
　参考文献 ……………………………………………………………… 44

第三章　案例二：问题解决 …………………………………………… 47
　一、问题解决的相关研究 …………………………………………… 47
　二、问题解决的案例再现 …………………………………………… 51
　三、对研究结果的深度剖析和拓展 ………………………………… 65

  四、案例教学指导 ………………………………………………… 69
  参考文献 …………………………………………………………… 75

第四章 案例三：课程与教学 ……………………………………… 79
  一、课程与教学的相关研究 ……………………………………… 79
  二、课程与教学的案例再现 ……………………………………… 84
  三、对研究结果的深度剖析和拓展 ……………………………… 98
  四、案例教学指导 ………………………………………………… 101
  参考文献 …………………………………………………………… 108

第五章 案例四：评价 ………………………………………………… 113
  一、评价的相关研究 ……………………………………………… 113
  二、评价的案例再现 ……………………………………………… 116
  三、对研究结果的深度剖析和拓展 ……………………………… 127
  四、案例教学指导 ………………………………………………… 131
  参考文献 …………………………………………………………… 137

第六章 案例五：态度与信念 ………………………………………… 141
  一、态度与信念的相关研究 ……………………………………… 141
  二、态度与信念的案例再现 ……………………………………… 146
  三、对研究结果的深度剖析和拓展 ……………………………… 160
  四、案例教学指导 ………………………………………………… 163
  参考文献 …………………………………………………………… 170

第七章 案例六：认知心理学 ………………………………………… 176
  一、认知心理学的相关研究 ……………………………………… 176
  二、认知心理学的案例再现 ……………………………………… 181
  三、对研究结果的深度剖析和拓展 ……………………………… 188
  四、案例教学指导 ………………………………………………… 192
  参考文献 …………………………………………………………… 198

第八章 案例七：教育技术 …………………………………………… 202
  一、教育技术的相关研究 ………………………………………… 202
  二、教育技术的案例再现 ………………………………………… 207
  三、对研究结果的深度剖析和拓展 ……………………………… 216

四、案例教学指导 …………………………………………… 218
参考文献 …………………………………………………… 224

下 篇

第九章　综合案例一 …………………………………… 228
一、概念理解和评价交叉的案例再现 ……………………… 228
二、对研究结果的深度剖析和拓展 ………………………… 243
三、案例教学指导 …………………………………………… 247
参考文献 …………………………………………………… 253

第十章　综合案例二 …………………………………… 259
一、态度与信念和评价的交叉的案例再现 ………………… 259
二、对研究结果的深度剖析和拓展 ………………………… 282
三、案例教学指导 …………………………………………… 287
参考文献 …………………………………………………… 294

第十一章　综合案例三 ………………………………… 298
一、认知心理学与教育技术的交叉案例再现 ……………… 298
二、对研究结果的深度剖析和拓展 ………………………… 313
三、案例教学指导 …………………………………………… 318
参考文献 …………………………………………………… 325

第十二章　国际化物理教育研究之案例教学总结 ……… 329
一、案例教学的必要性 ……………………………………… 330
二、案例教学的挑战 ………………………………………… 332
三、对案例教学的展望 ……………………………………… 334

上篇

第一章　国际化物理教育研究概述

在过去20年中,我国教育研究的国际影响力显著提升,这体现在研究成果的论文发表数量、质量和引用程度等方面。自21世纪初,我国教育研究的国际化进程加速,十九届五中全会强调新的发展模式不是一个封闭的内部循环,而是开放的国内国际双循环,倡导高水平对外开放,开拓合作共赢新局面,以形成新的对外开放格局。在"十四五"规划期间,高等教育国际化进程需根据国内外形势的新变化,持续深化推进。在全球化背景下,我国教育研究已成为世界教育知识体系不可或缺的一部分,我国研究者在其中扮演着重要角色。21世纪,提升中国教育研究的国际影响力是我国从教育大国向教育强国转变的关键。

随着双一流目标的提出,高等教育研究的国际影响力受到更多关注。教育研究的国际化已成为趋势,学术论文发表是研究人员学术交流分享的核心途径,研究成果国际化是推动中国高等教育学科发展的重要途径。我国教育研究的学术发表及其影响力在国际上呈现上升趋势。目前,密切关注世界高等教育的研究前沿、热点领域、发展动态和新兴研究趋势,已成为高等教育机构和研究人员学术活动的重要组成部分。

此外,《中学教育专业认证标准(第二级)》中的毕业要求指出学生要具有终身学习与专业发展意识,了解国内外基础教育改革发展动态,能够适应时代和教育发展需求。《中学教育专业认证标准(第三级)》要求学生具备国际视野,具有全球意识和开放心态,了解国外基础教育改革发展的趋势和前沿动态,并积极参与国际教育交流,尝试借鉴国际先进教育理念和经验进行教育教学。

实践证明,我国教育研究的发展必须走国际化道路,以开放促改革发展。高等教育国际化进程呼唤高质量人才,培养具有国际视野的学生是我们的目标,将全球发展的前沿问题引入中国学生教育中,以国际视野和视角,借鉴国际研究方法,为学生提供高水平的国际化科研训练。因此,了解近10年来国际化物理教育研究领域的重要成果尤为重要。

一、国际化物理教育研究的主要研究方向

进入21世纪以来,越来越多的物理学家和物理教师开始关注国外的物理教育研究,研究对象和范围逐渐从基础物理教育扩展到高等物理教育领域,研究内容也不断深化。这些研究成果的主要展示平台是各类物理教育期刊,根据Garfield(加菲尔德)等人提出的引文分析理论,大多数高水平的研究论文往往发表在少数影响因子高的期刊上。作为高等教育领域论文发表的重要载体,SSCI来源期刊文献不仅代表着相关领域的顶级学术成果,更能反映当前研究领域的学术动态和研究趋势,因此,对中学物理教育的国际核心期刊论文进行分析,有助于我们全面了解和把握该研究领域的概况。

在物理教育研究中,教学类期刊论文的情况能够直接反映教学现状。为了推动物理教育研究的发展,享有盛誉的 *Physical Review* 期刊于2005年创办了一本新期刊 *Physical Review Special Topics-Physics Education Research*,2016年改名为 *Physical Review Physics Education Research*(PRPER)。该期刊与传统的 *Physical Review A*、*Physical Review B* 等期刊并行,是物理教学研究和学习的权威性刊物,代表着物理教学的研究和发展情况。

从论文的形式和内容方面,PRPER的主要研究方向分为:概念理解(conceptual understanding)、问题解决(problem-solving performance)、课程与教学(curriculum and instruction)、评价(assessment)、态度与信念(attitudes and beliefs about teaching and learning)、认知心理学(cognitive psychology)以及教育技术(educational technology)。2011—2020年,81%获得美国国家科学基金(national science foun-dation,NSF)资助的PRPER项目都归入了上述的七个主要研究方向。本书将从这七个研究主题出发,展开基于国际视野的物理教育研究案例介绍。

概念理解(conceptual understanding)。布鲁姆的教育目标分类学对学科教育领域产生了深远影响,其对"理解"的定义被广泛认可和使用。根据该理论框架,理解是认知过程维度的六大类别之一,指从口头、书面和图片交流的教学信息中心构建意义。理解属于认知过程维度中较低层次的范畴,位于使用、分析、评价和创造之上。

随着对学习本质和教与学评价研究的不断深入,研究者进一步扩展了"理解"(understanding)的内涵,有学者提出了"整合性理解"(integrated understanding),即学生能够整合自己头脑中对某一特定学科主题的观念,建立一致性联系,并利用这种联系解释科学现象、解决问题和做出决策。

与布鲁姆的教育目标分类法不同,"整合性理解"强调学习过程是一个持续发展的过程,重视学生认知结构的连续变化。国际科学教育和物理教育领域一直关注对学生概念的研究,在物理教育领域,概念理解主要关注不同人群对物理概念的理解及其存在的困难等。

问题解决(problem-solving performance)。关于问题解决的研究始于19世纪末,初期主要关注研究问题解决的本质。从20世纪80年代开始,研究转向从学科知识层面开展对问题解决的研究。安德森认为问题解决是任何受目标指引的认知性操作序列。桑代克则认为,刺激情境与适当反应之间形成的联结构成问题解决。问题解决的关键研究领域包括专家—新手研究、范例、表征,以及评估教学策略对解决问题教学的有效性等。目前,物理问题解决的研究主要关注学生解决问题的思维、方法、能力、困难等。

课程与教学(curriculum and instruction)。物理教育研究的一个重要方向是基于研究的课程开发,关注教与学的多项要素。为了改变传统的以教师为中心的课堂教学方法,PRPER重点关注基于研究的课程和教学改革。研究内容既包括教师的课程,也关心学生学习的趋势,如关注公平和个性化教育,观察学生的性别差异、刻板印象、民族、态度、文化、理念,关心教育计算机如多媒体、动画模拟、视觉效果,以及教师在进行职前培训、教师信念和自我效能等。

评价(assessment)。评价是人类知识的一种特殊形式,不仅对事实性材料进行描述和掌握,而且要从主体的目的及需要对客体进行价值判断。物理教育研究中,主要聚焦对教学过程和结果评估,包括知识、能力、态度兴趣等,侧重量表开发、信效度评估及测量结果。

态度与信念(attitudes and beliefs about teaching and learning)。态度与信念影响学生和教师在物理课程教学与学习方面的行为和表现,相关研究越来越受到重视。当前,我国心理学界比较认同的态度定义为"态度是个人对某一事物的评价总和及内在的反应倾向"。国外关于信念的研究相对较早,主要集中于哲学、心理学、教育学和文学等诸多领域。在物理教育研究中,主要关注物理教与学的态度、认知信念、兴趣、职业抱负等。

认知心理学(cognitive psychology)。国际物理教育研究发现,科学学习最重要的作用之一是促进学生的认知构建和发展。认知心理学的研究中先后出现了两种占主导地位的范式:认知主义(cognitivism)和联结主义(connectionism)。学生出现错误可能是推理出现困难,因此PRPER进行了对推理认知过程的研究。物理教育研究中,主要关注物理学习过程的心理表征、推理过程与脑(元)认知等。

教育技术(educational technology)。各个国家的发展情况存在差异,人们对教育技术的理解也处在动态的变化之中。其中,由美国传播与教育协会(AECT)发布的关于教育技术的定义,被业内认为较全面地表达了教育技术的范畴:教育技术是为了优化学习,对有关的学习资源和学习过程进行设计、开发、利用、管理和评价的理论和实践。在物理教育研究中,主要关注利用技术支持物理教学,如在线技术、虚拟现实、分析技术等。

我国教育研究国际发表的论文不仅在规模和数量上持续增长,而且论文的受关注程度和影响力日渐提升。研究证明进入21世纪以来,SSCI上发表的我国教育研究论文数量在不断增加。因此,促进原创性的知识生产和理论贡献,形成对其他国家和地区教育政策与实践具有启发和影响的真知灼见与学术贡献,发表国际性的论文,有助于让我国教育研究为全球教育共同体贡献更有价值的理念。在这样的背景下,了解近10年来国际物理教育研究领域的重要成果显得格外重要。

二、国际化物理教育引入案例教学的适切性

案例是"case"的中文翻译,本意是事例。凯瑟林·K.墨西思认为案例是现实生活场景或故事的一种叙事材料。案例教学是一种以特定教学目的为设计基础,旨在传授学生特定的知识和培养学生特定能力的教学方法。案例内容通常包含对研究对象的事件和过程的描述,并围绕一个或多个需要紧急决策的问题,鼓励学生提出自己的见解。

哈佛商学院在案例教学的发展中起到了重要的推动作用,它曾将案例教学方法定义为一种教师与学生直接参与,共同对工商管理案例或疑难问题进行讨论的教学法。学生在自行阅读、研究、讨论的基础上,通过教师的引导进行全班讨论,因此案例教学法既包括一种特殊的教学材料,同时也包括运用这些材料的特殊技巧。

案例教学法从20世纪80年代开始逐步引入我国,其引入顺序与国际上案例教学的发展顺序大体一致。最初应用于医学领域,随后扩展到法律、财务管理和员工培训等领域。在这些领域中,培训师根据培训目标选择合适的案例,使学员在模拟的真实情境中通过沟通、讨论和分析来提高自己的推理、判断和决策能力。受到教学环境的限制,我国的案例教学大多以书面形式进行。近年来,随着国家对基础教育的日益重视,为了培养教师的教学能力,案例教学法也开始引入学科教育中。

基于我国实际情况,将国际物理教育研究与案例教学相结合,不仅有助于培养学生运用理论知识分析和解决复杂问题的能力,也有助于培养他们在实践创新中进行理性思考和做出前瞻性判断的能力,这对于培养高水平人才至关重要。因此,深化案例教学法,探索适合我国国情的案例教学模式,并推动其发展与创新,对于推动我国高等教育物理教育专业的发展,以及构建高质量的教育体系具有重要意义。

第一章　国际化物理教育研究概述

（一）国际化物理教育案例教学的深度

20世纪中后期，美国物理教育研究逐渐成为物理学领域的一个重要分支。尽管如此，专注于物理教育的期刊并不多，这不仅增加了研究人员发表成果的难度，也因缺乏交流平台而在一定程度上限制了他们的发展步伐。为了解决这一问题，*Physical Review*期刊于2005年推出了PRPER，意在突破物理教育研究的发展瓶颈。PRPER的研究范围广泛，涵盖了实证和理论研究，已成为国际物理教育研究的主要期刊之一。国外对中学物理的研究范围相对广泛，其研究主题和热点可以概括为七个方面：学生、教师、物理学科、中学物理、学习工具、教育理论和跨学科研究。

（二）研究依据

知识创造的一个重要标志是发表与科学实践相关的学术论文。教学期刊作为学生进行创造性学习和专业学术表达的平台。对于科学家在进行科学研究时所发展的新思想和新方法，应以教学的方式加以提炼、总结，使学生学习、模仿和内化，进而促进其独立研究能力的培养。

物理教育教学研究期刊为物理学科前沿研究提供了切实的推动，体现在两点：一是直面问题的讨论可以激发新的想法；二是通过物理教育研究和改革，培养具有正确科学观念的人才，促进物理学发展。

本书所选的国际物理教育研究案例具有较强的时效性和现实感，能够引起学生的共鸣，满足学生需求，吸引他们参与。教育学学生对课堂教学和国内案例有较高的关注度，但往往缺乏案例和实践介绍，因此需要本土化的研讨话题和符合我国实际的案例。

国际物理教育研究重视对学生概念的研究，根据迷思概念、相异概念到概念转变等研究成果开发新的教学方法都值得整理并应用到课堂教学中。这些发表在国际物理教育核心期刊的论文案例，具有很强的时效性，案例背景和内容更有真实感，可以更好地帮助学生有针对性地认识和分析问题，也是将物理教育研究融入教育研究国际化的恰当形式。

（三）国际与国内研究的差异性

在研究内容上，国内物理研究主要集中在学科教学、课程开发与设计、教师专业发展等方面，关注教学内容的组织、教学方式和规范，以及对政策性文本的解读和分析，侧重于"怎么教"。相比之下，国际研究更关注学生群体，深入探讨性别差异、职业选择、学习兴趣、心理、自我效能感、信念和思维方式等，侧重于"怎么学"。

在研究范围方面，国际物理教育研究倾向于物理与其他学科的跨学科研究，包括物理和技术、物理和生活等主题，而国内研究相对单一，主要关注学科教学本身、具体章节的教学以及教学效果等。

在研究方法上，国内物理教育研究以理论和思辨为主，实证研究较少；而国际上则以量化研究为主流，同时包括质性研究和理论思辨，并趋向于混合研究。

（四）研究结果的可检验性

PRPER 的许多研究基于经验丰富的物理教师对具体教学问题的探索，采用观察、实验和建模等科学方法，以探索学生的学习过程，并提出新教材和教学方法，这些方法在实践中得到了验证。这种以学科为基础的教育研究模式能够将教师的个人经验转化为可检验的研究结果，是 PRPER 发展的活力所在。

大量研究表明，基于物理教育研究成果开发的新教学方法能有效解决传统教学中的问题，提高教育质量。未来，我国物理教育研究应借鉴国际经验，加强认知科学与物理教育的结合，注重范式研究，关注学生学习路径和个体差异，使物理教育研究成为课程、教学和评价的基础。

深入反思并积极探索课程学习中的学术议题，对于塑造学生的科学兴趣至关重要。教育者应激励物理师范生细致剖析并热烈讨论研究案例，聚焦于那些具有开放性、启发性和深掘潜力的议题，以此激发新研究问题的诞生。此举旨在将我国的高等教育塑造为孕育创新思想的沃土，助力年轻一代实现从知识汲取到知识创造的华丽蜕变。

三、国际化物理教育案例教学的特点

随着高等教育国际化的深入发展,我国物理教育领域的学者越来越重视将研究成果推向国际舞台,这不仅促进了相关英文论文的发表,也为中国与全球教育研究的交流搭建了桥梁。这种趋势在一定程度上体现了我国教育研究的国际影响力。特别是在我国实施"双一流"建设的战略背景下,强调一流科研对一流大学建设的支撑作用,这就使学者们迫切需要了解近 10 年来国际物理教育研究的重要成果,并结合我国物理教育的实际情况,开展国际合作研究,不断与物理教育的前沿接轨,为我国未来的高等物理教育研究提供参考和借鉴。

物理教育研究的国际化案例课程是面向物理师范生、课程与教学论专业及学科教学(物理)的学生,应根据其特点进行个性化教学,从物理教育研究者与专业教育的特点切入。本书综合了国外案例教学的文献素材,总结此类课程,得到以下 4 个特点。

①案例教学可以同时兼顾不同学习风格类型的人,使其以不同的的角度切入,完成学习过程,最终实现各有所获。

②对于各类问题和主题,无论国际期刊论文投稿的问题,还是论文撰写等方面的问题,无论涉及概念理念等方向专业的问题,还是涉及解决方法等方面的问题,都可以通过案例教学进行深入的探究。

③案例教学不但可以提高物理教育研究者与学科教学(物理)专业学生的管理能力,还可以使他们的知识得到补充,思维方式和工作方法得以改变。

④对于有实践经验的物理教育研究人员,采用综合性案例进行教学,可以帮助他们与教育专家达成共识,有助于组织发展。

此外,案例教学还可以灵活结合其他教学方法,配合运用,具有较强的组合效能。

四、国际化物理教育案例教学中教师的作用

在国际化物理教育案例教学中，教师承担着多重关键角色。

（一）挑选案例

教师要承担教学工作，备课是关键，选择合适的案例材料并进行整理，组织、设计研讨话题，准备好整节课的教学流程，确保整节课能够顺利进行。选择合适的案例时，要求教师能充分把握本节课的重难点，根据材料和学情，从大量案例中选择合适并进行整理，案例应激发学生对其反映的问题产生兴趣，形成本节课所需要的材料。除了丰富的素材，教师还应还原案例中的真实情景，为学生提供代入感，将科研的思维渗透到教学过程中。

（二）案例学习

在进行课堂教学之前，教师要做到教学目标明确、案例选择合适、教学过程周全，同时根据案例准备好材料设施，创造良好的教学环境。教学中教师可以选择口头描述、投影、录音、视频、学生角色扮演等不同的方式展示案例。如果案例比较复杂，为了方便预习，建议教师将复杂的案例打印出来，提前发给学生，让他们提前解读。

教师在向学生呈现案例时，要引导学生排除冗杂信息，帮助学生尽快进入角色，可以使用一些引导词，促使学生向正确的方向思考。要求学生以有针对性的方式阅读案例材料，查阅指定材料和阅读材料，收集必要的信息，让学生有机会温习本案例所涉及的基本理论知识。

（三）引导学生对案例进行讨论

在对案例进行简要分析后,学生们在自己的小组中进行讨论。在这个过程中,教师要进行观察引导。这一部分是本节课的关键环节,学生讨论不充分会直接影响课程质量。因此,在这个阶段,教师需要随时观察学生之间讨论的效果和进展,给予学生及时的指导和纠正。此外,教师应该掌握学生的讨论时间,不宜太长或太短。

（四）在原案例基础上,教师和学生共同生成观点

在这个过程中,教师需要做到点评、引导、总结。在所有小组讨论完毕后,由教师主持,学生小组的代表在课堂上阐述他们小组的观点。此时小组讲述的观点往往是比较原始和朴素的,未能升华到简洁和浓缩的水平。因此,在研讨过程中,教师的重要作用是帮助学生在阐述自己的观点后进行总结和凝练,点明要义。

在不同观点的小组中进行辩论和反思也是重要的环节之一,教师必须相应地引导,即"导议",对小组观点进行捕捉,通过不断追问,及时纠正对概念的理解偏差,引导讨论的方向,让学生一步一步深入思考,帮助学生使用新知直至找到解决问题的方法。小组观点的多维性使学生能够从多角度进行思考问题,取长补短,不同的观点相互碰撞、交融,最终形成较成熟的观点。在听取学生的总结后,教师可以对整个课堂情况和学生的表现进行总结,并以新知识的视角回顾案例。

（五）评价和反思

教师应在课后分析这节课的效果,对学生的表现、优缺点、需要改进的地方等进行中肯的评价。此外,也要分析本节课是否进行顺利、案例是否选择恰当、学生是否讨论充分、学生根据案例是否可以达到本节课的教学目标等。这个阶段对教师来说也是非常重要的环节,没有反思就没有成长。只有在每节课结束后进行良好的反思,才能发现问题,解决问题,并在今后展示更优秀的课堂。

此外,教师在国际化教学中应具备多元化和国际化视野,认清全球

化趋势,结合中国实际情况和教育目标,构建国际化研究理念。教师应拓宽自己的知识视野和学生的国际视野,培养具有国际竞争力的人才。

五、国际化物理教育案例教学中的学习方法

在案例教学中,学生的积极参与至关重要。为了深入理解案例并扮演好角色,学生需掌握一系列学习方法,包括阅读、分析和讨论。

(一)案例阅读

案例阅读是学习案例的基础,对案例教学的成功至关重要。案例一般通过文字或多媒体形式呈现,本书主要采用文字案例。因此,学生需掌握有效的阅读技巧。从不同角度看,阅读可以分为不同的方法。从目的论的角度来看,阅读可以分为回答问题和获取知识、技能;从时间安排的角度来看,阅读可以分为预读和课堂阅读;从阅读顺序的角度看,阅读可以分为顺读、倒读、跳读;从对内容控制的角度来看,阅读可分为粗读、细读或分为浏览、精读等。

阅读方法的选择首先取决于案例的类型。例如,如果案例复杂,为了便于学生预习,教师可以提前打印好并发给学生。每个人可以选择最有利于自身获取信息的阅读习惯方式。通常的阅读步骤是阅读全文、案例结构、背景,浏览大小标题、图表和附录,最后是精读。阅读过程中要带着问题,对案例进行思考。

(二)案例的辨析/分析

在案例陈述之后,学生需进行个人阅读并分析案例。在这个过程中,学生首先需要快速浏览案例的主要内容。接着,划出认为重要或反复强调的内容。根据案例中的相关现象,结合掌握的概念或定律,试图分析其原理。

学生应明确案例的特征、案例的目标、分析案例的特点、解决案例中存在的问题,这一过程的主要目的是促进学生形成批判性思维、独立思考的能力,训练学生运用基本知识、原理、观点和方法来发现、分析、解决问题的能力,以及提升学生将知识应用于社会生活实践的能力。

(三)小组讨论

小组活动中,在案例陈述之后,小组成员结合自身获得的知识和经验,进行小组内的交流讨论,每个学生都是独立的个体,对同一件事情可能会有不同的看法和见解,自由和谐的小组讨论氛围不仅可以激发学生的思考,还可以提高学生的批判性思维和创新能力。并鼓励学生大胆假设,思考行为主体的决策和行为,进行主体策略分析,列出诉求清单,初步形成关于案例问题的原因分析和解决方案。

课堂展示活动中,学生小组内的代表应梳理总结本组成员的观点,并在班里阐述组内观点。个体活动中,学生下课后也要对这堂课的自我表现给予中肯的评价,反思哪个环节做得不够好,如阅读案例时是否理解案例的意图,小组讨论中有没有积极发言,在讨论交流中的收获以及解决了哪些问题,这节课还有什么问题没有解决等。

六、学习成果评价

评价在整个教学课堂中具有重要意义,师生在评价中可以找出自身的优点和不足,从而有针对性地进行改善,达到全面认识、审视自己的效果。学生案例学习成果的评价主要包括学生的案例分析报告、案例的评价报告和案例再创造报告。

(一)案例分析报告

案例分析报告是教师要求学生在课后以报告的形式提交的个人案

例学习成果。在课堂上的集体学习过程中,个人观点可能没有被小组采用。然而,经过对案例的讨论和分析,学生仍然可以坚持自己的观点。因此,案例分析报告体现了学生的独立观点,是学生差异化评价的重要基础。这类案例分析报告写作的一般要点如下。

1. 事实

在问题呈现时,应以简洁的语言描述关键问题、相关地点、涉及人员及情境。

2. 问题

明确案例中的核心问题。在识别问题时,应采用精确的方法,确保问题界定的清晰性和具体性,避免模糊不清或过于笼统,同时考虑问题的紧迫性和长远影响。

3. 当前亟待解决的问题

识别那些需要立即解决或采取紧急措施的问题。若有多个此类问题,应根据其紧迫性进行排序。

4. 有待进一步解决的问题

对于需要长期解决或改进的问题,应制订相应的计划和策略。

(二)案例评价报告

评价是教学实施中的关键环节,评价作为人类认识的一种特殊形式,它不仅涉及对教学对象的事实性描述,还包括从评价者的目的和需求出发,对教学对象进行价值上的判断。

案例评价报告涵盖三个层面:学生对同伴的评价、对课堂展示观点的评价,以及教师对学生评价活动的再评价。有效的评价机制能够发挥导向、激励、监控、反馈和教育作用,为教师和学生提供反馈,及时调整教学与学习活动方法,促进教师的专业成长和课程质量的持续提升。通过有效的评价活动,发挥评价的导向、激励、监控、反馈和教育性等功能,使教师和学生获得宝贵的反馈,及时、有效地对教与学的活动进行调节,从根本上促进教师的不断提升,促进课程的持续改进。

(三)案例再创造报告

基于学生的亲身经历进行小组合作开发案例是一项已被证实有效的教学活动,能给学生带来三大好处:知识方面能学以致用并获取新知识;能力方面能促进探索、分析、沟通、展示等能力;个人成长方面可以扩大个人和专业关系网络,激发创新思维,提高学习中的协作能力,并促进对不确定性的包容等。

除了进一步加强对课程目标的概念、定理、定义、基本原理、基本规律的考查外,教师应引导学生精心选编一些与本课新知识密切相关联的题目和案例,体现对知识的应用和创新。学生通过对这些题目和案例的分析和思考,生成案例再创造报告,既能获取常识性知识,也能提高分析问题和表达自我观点的能力。

把编写案例作为一种学习的手段,鼓励和支持学生编写案例。在掌握新知识和原案例的基础上,学生基于对小组讨论的数据收集和对课堂展示的数据收集,从而产生新的研究方案。

参考文献

[1] 丁钢,缪锦瑞.如何提升中国教育研究的国际影响力——基于专家评估报告的分析[J].复旦教育论坛,2021,19(1):5—13.

[2] 李梅,丁钢,张民选,等.中国教育研究国际影响力的反思与前瞻[J].教育研究,2018,39(3):12—19,34.

[3] 李梅.中国教育研究的国际发文及其学术影响力——基于2000—2018年SSCI期刊论文的研究[J].教育发展研究,2019,39(3):10—16.

[4] 兰国帅,张一春.国外高等教育研究:进展与趋势——高等教育领域12种SSCI和A&HCI期刊的可视化分析[J].高等教育研究,2015,36(2):87—98.

[5] 李冲,李霞.国际高等教育研究的总体态势与中国贡献——基于10种高等教育SSCI高影响因子期刊载文的可视化分析[J].中国高教研究,2018(8):60—67.

[6] 刘承宜,殷建玲,杨友源,等.中外物理教育研究与发展的初步比较[J].物理,2004(7):534—540.

[7] Docktor J L, Mestre J P. Synthesis of Discipline-Based Education Research in Physics[J]. Physical Review Special Topics-Physics Education Research, 2014, 10(2): 020119.

[8] 张萍,DingLin,徐祯.2011—2020年间美国国家科学基金对物理教育研究领域资助情况分析[J].中国科学基金,2022,36(3):516—522.

[9] 安德森.学习、教学和评估的分类学——布鲁姆教育杰分类学修订版[M].上海:华东师范大学出版社,2008:27.

[10] 金莺莲.技术增进的环境中初中生科学概念学习的研究[D].上海:华东师范大学,2017:12.

[11] 韩仁生,李传银.教育心理学[M].济南:山东人民出版社,2008:279.

[12] 宋庆麟.认知教学心理学[M].上海:上海科技出版社,2000:448.

[13] Brígido M, Bermejo M L, Mellado V. Self-efficacy and Emotions in Prospective Primary Education Science Teachers[C]// International Conference Science Education Research in Europe, 2011.

[14] 黄甫全.课程与教学论[M].北京:高等教育出版社,2002:597.

[15] 陶德清.学习态度的理论与研究[M].广州:广东人民出版社,2001:186.

[16] 张博.从离身心智到具身心智:认知心理学研究范式的困境与转向[D].长春:吉林大学,2018.

[17] 许弘泽.核心素养视域下现代教育技术在高中物理教学中的应用研究[D].哈尔滨:哈尔滨师范大学,2022.

[18] 王独慎,丁钢.中国教育研究的国际发表概貌与特征[J].教育发展研究,2019,39(3):1—9.

[19] 朱方伟,等.管理案例采编写[M].北京:科学出版社,2014.

[20] 小劳伦斯·E.林恩.案例教学指南[M].北京:中国人民大学出版社,2016:3.

[21] 郑金洲.案例教学指南[M].上海:华东师范大学出版社,2000:7—8.

[22] 李婷婷,王晶莹,田雪葳.国际科学教育坐标中的我国中学物理教育研究:基于文献计量学的国际比较研究[J].世界教育信息,2018,31(7):63—67.

[23] 赵芸赫,马宇翰,孙昌璞.物理教育期刊对科研原始创新的推动[J].大学物理,2022,41(6):1—6.

[24] 蒙露芸,王笑君.近十年来中外物理教育研究领域现状及趋势浅析[J].物理教学,2021,43(10):75—77.

[25] 郭玉英.中外比较与反思:谈学科教育研究的基础和发展方向[J].课程·教材·教法,2007(1):93—96.

[26] Ding Lin,张萍.美国物理教育研究:历史回顾和前瞻[J].物理与工程,2018,28(1):29—34.

[27] 张福英.参与式合作研讨教学模式在人口资源与环境课程中的有效应用[J].新课程,2012(14):4—5.

[28] 庞永师.施工企业管理案例[M].西安:陕西科学技术出版社,1993.

[29] 张丽华.管理案例研究[M].大连:大连理工大学出版社,2002.

[30] Vega G. The Undergraduate Case Research Study Model[J]. Journal of Management Education,2010,34(4):574—604.

第二章 案例一：概念理解

一、概念理解的相关研究

（一）概念理解的研究现状

概念理解由"概念"和"理解"两个词组成，为对概念理解进行准确定义，本书首先分别探索了概念和理解两个词汇的定义。"概念"和"理解"紧密相关，但两者并不是一回事。对概念和理解的看法主要有两种视角，分别是心理学视角和哲学视角。

在心理学上，概念是人脑对两种以上的事物的本质属性的概括，理解是内在心智表征的构建，构建的越复杂则理解得越深入；在哲学上，概念指的是人脑对事物本质特征的反应，本质特征是此类事物区别于其他事物的依据，属于人脑的一种高级思维形式，理解是诠释学中的关键概念，理解主要表现在概念的相互联系、概念的迁移应用和概念的多种表征。

概念是对认识对象的共同属性和特点的概括认识，概念学习是科学教育研究的核心领域。在建构主义的背景下，研究者们认为对科学概念的学习就是不断地建构科学知识。由此看来，对概念理解的认识还没有统一的定义。目前，学者们对概念理解主要有三种不同的认识：第一，概念理解指的是在概念之间建立起联系；第二，概念理解是将概念运用于不同的情境；第三，概念理解是能够以不同的方式表征概念。

20世纪80年代出现了很多概念转变理论的研究，但是最近几十年来,概念转变的研究越来越少,对于概念理解的研究却越来越多,前期大量的概念转变成果对于概念理解的研究起到了重要的指导作用,促进了概念理解的进一步研究与发展。近年来,国际物理有关概念理解的研究如下。

1. 概念理解的测量

发达国家从 20 世纪中期开始采用多种研究方法对物理前概念进行研究,20 世纪 80 年代则采用测试卷和问卷的形式了解学生的概念理解情况,20 世纪 90 年代,由斯宾塞基金资助的零点项目和哈佛大学教育研究生院提出了"为理解而教",倡导理解的教学逐渐成为国际教育研究的趋势。

1985 年,美国 Henstenes(亨森斯)等人编制了一份力学概念诊断调查问卷(Mechanics Diagnostics,MD),这份问卷主要用来测试学生对力学概念的掌握情况。1992 年,Henstenes 等人为了更深入研究,在原有的问卷上进行修改和研究,并进行了定性分析,制定了力学概念的量表 FCI(Force Concept Inventory),这份问卷可以深入分析学生头脑中的知识结构,具有非常高的信度和效度,学术界广泛采用 FCI 来测量学生对于力学概念的理解和掌握情况,现在很多研究使用的都是 1995 年的修改版。

2. 学生概念理解的转变

要研究学生概念的理解是如何转变的,首先要识别学生常见的错误。研究者对识别学生常见的错误做了大量的工作,这些研究中不仅有许多涉及力学方面的主题(例如运动学和动力学),也涉及电与磁、光与光学、热物理和一些现代物理学方面的内容。此后,许多调查研究了在教学后学生的错误概念是否会持续存在。

那么,科学概念在记忆中的本质是什么?概念知识在记忆中是如何构建的?不同的学者从不同的角度构建了概念结构的框架,有些人结合了不同类型的认知架构来解释学生的推理。了解概念是如何在记忆中形成的,以及它们是如何用于推理的,有助于设计教学干预来帮助学生接受和使用科学概念。

3. 促进概念理解的方法研究

研究者们致力于探索学生概念理解的现状、存在的问题，以及促进理解的有效方法和途径。为了纠正学生根深蒂固的迷思概念，研究者们投入了大量精力设计、评估和改进课程干预措施。这些研究基于文献中常见的迷思概念来开发教学策略。大多数教学技术旨在让学生首先意识到自己的迷思概念，然后通过活动或推理练习引导他们重塑概念，以符合科学理解。

20 世纪 60 年代，Novak（诺瓦克）教授等人首次提出概念图，随后众多研究者通过教学实践研究证实，概念图有助于教师远程监控学生学习，并促进学生构建概念间的关系。受心理学影响，概念教学开始重视概念转变。20 世纪 60 年代，物理学家 Karplus（卡尔普斯）开发了学习环模式，实践证明该模式有助于概念转变。1988 年，Bybee（拜比）基于 Karplus 的学习环模式，发展出 5E 教学模式，研究显示该模式有利于提升学生的概念理解水平。随着交互仿真技术的多样化发展，其与教学的结合为促进概念理解提供了多种形式的方法和途径。

2014 年，Delgado（德尔加多）在研究模型引导概念目标和元概念目标间的张力关系时提出，计算机模型应用于教学可以帮助学生建立和深化概念理解。2016 年，Fan（法恩）在评估交互仿真对概念变化的影响时提出，交互仿真支持的探究式教学有助于提升学生的概念理解水平。

国内关于概念理解学习同样受到心理学的影响，有学者提出认知冲突策略是促进概念转变的有效策略，在物理概念教学研究中运用支架式教学模式来提高学生的物理概念理解水平；郭玉英等人（2007）基于学习进阶理论，围绕概念知识体系构建了概念的进阶，提出了促进概念理解的教学模式；还有学者在物理概念教学中创设合适的教学情境，提出了物理概念教学中的情境创设的策略；在 GeoGebra 软件辅助数学概念理解性学习的实践研究中验证了交互仿真软件可以作为促进概念理解教学的工具并提出了相关策略。

（二）概念理解领域的一般研究思路

1. 有关概念理解的教育现象

分析选题是进行学术研究的首要步骤，研究者应在综述中，综合、分析、比较、对照该研究领域内的文献，阐明有关问题的研究历史、现状和发展趋势，找到已解决的问题和待解决的问题，重点阐述对当前的影响及发展趋势，这样不仅能让研究人员确定和提出研究问题，而且便于读者了解该研究的切入点。

2. 寻求研究的理论基础和指导思想

在科学研究中，理论知识是实践的基础，指导着研究的方向，推动研究不断进步，两者都起着重要的作用。研究者应界定概念理解等内涵，并依据相关理论构建假设。根据理论架构，筛选重要信息和摒除无用信息，帮助研究者识别新问题和关键问题，以进一步探索研究的方向。

3. 概念理解测试工具开发

有效的测试工具是研究成功的关键。首先要依据科学概念层级模型，确定主题中的若干关键概念，在相关理论的框架基础上，借鉴已有研究，命制能够测试学生概念理解水平的试卷，进行初测和修订，确保测试工具能有效测试学生的水平。

4. 测试结果与分析

通过调查、观察、实验等方法收集得到的数据资料往往数量大、内容多、杂乱无章，难以从中发现规律。因此，研究者应对研究结果进行整理，根据学生概念测验的结果，运用数据分析等手段，对原始数据进行归纳、提炼和概括，从而分析学生概念理解存在的问题。

二、概念理解的案例再现

学生对牛顿第三定律识别重力相互作用中的反作用力的理解[1]

摘要：近30年的研究发现，学生普遍存在对牛顿第三定律的迷思概念。本研究聚焦于学生在识别重力相互作用中的"力对"（作用力与反作用力）方面的难题，设计了包含重力及非重力情境的评估测试，并在初中生、高中生和大学生中开展测试实验。实验结果表明，不同年级的学生在处理重力相互作用问题时表现欠佳，且在区分相互作用力与平衡力时普遍遇到困难。尽管如此，随着年级的上升，他们对第三定律的推理能力有所提高。研究还探讨了初中生在理解重力相互作用上的特殊困难。值得注意的是，重力相互作用的教学应受到更多重视，以帮助学生克服学习障碍，增进对物理概念的深入理解。

关键词：牛顿第三定律；平衡力；重力相互作用；相互作用力；迷思概念

（一）研究背景

对于概念理解的本质内涵，克利斯认为概念理解意味着学习者能依靠自己的经验和认识来理解某个概念的共同本质，分为表面层次的理解、智力层次的理解和主动层次的理解三个层次。张玉峰（2018）认为，概念理解包含将某些事实和经验抽象为思维形式，将概念整合到现有的认知结构中以及采用与反思有关的策略方法和学科思想。李维（1998）

---

[1] 本案例来源于作者的研究成果，引用如下：Shaona Zhou, Chunbin Zhang, Hua Xiao. Students' Understanding on Newton's Third Law in Identifying the Reaction Force in Gravity Interactions[J].Eurasia Journal of Mathematics Science & Technology Education,2015,11（3）: 589-599.

区分了概念理解的狭义和广义定义。

在狭义上,概念理解是指对某一概念内容的认识,广义则包括对概念体系的理解和运用。Caleon(2010)等人将概念理解细分为科学概念、知识缺失、迷思概念与失误4种类型。其中迷思概念因其复杂性受到广泛关注。霍尔在1903年将迷思概念定义为"学生先入为主的观念"。皮亚杰在让儿童自行解释自然现象的研究中发现,儿童的认知中存在一些与科学概念不相符的想法,皮亚杰称为"儿童概念"。霍尔和皮亚杰的研究奠定了迷思概念的发展基础,此后越来越多的教育研究者对迷思概念的界定和理解进行了深入研究。

科学上,牛顿第三定律(Newton's Third Law of Motion-Force and Acceleration,NTL)是物理学中最重要的规律之一,它涉及两个物体之间相互作用的基本概念。一般情况下,与NTL相关的各种情境有引力相互作用、静电相互作用和磁相互作用。NTL给出了一个定量描述,即力被认为是两个物体之间相互作用的结果。因此,科学教师和学生有必要准确地理解作用与反作用,以及相互作用与力的概念之间的关系。

基础力学中已对NTL有所介绍:当两个物体相互作用时,物体之间的作用力总是大小相等,方向相反。这句话明确地阐述了相互作用的概念。在概念理解上,两个物体之间的相互作用意味着它们对彼此施加力:相互作用的力总是成对出现;相互作用中的这两个力通常被称为第三定律力对。然而,研究表明,学生理解NTL是一项挑战,仅仅告知学生力是物体相互作用的结果,并不能有效促进理解。

为了更好地理解NTL和力相互作用的概念,本节提出了五个概念内容规范化的建议:存在性、本体性、粗略定量性、构成性和因果性。存在性是指所有物体间相互作用的普遍性;本体性强调作用力和反作用力性质相同,同步出现和消失;粗略定量性指出两者大小相等;构成性阐明作用点不同导致效果非简单的矢量和;因果性则强调相互作用的相互关系,作用力和反作用力不是单向引起的。

在过去的30年里,许多相关研究的结果表明,学生对牛顿第三定律和相互作用力有各种各样的迷思概念。在以下文献综述里,主要关注两个方面:①以前的研究如何调查学生对牛顿第三定律的错误认识?②在过去的研究中,学生对牛顿第三定律有哪些迷思概念?

(二)案例描述

1. 为什么进行本研究?

师:科学上,NTL 是物理学中最重要的规律之一,正确全面地掌握 NTL 对于学生的学习具有重要意义。然而,近 30 年来的研究表明,学生对牛顿第三定律存在各种迷思概念。为什么作者要探讨学生在重力相互作用中识别反作用力的表现呢?

在以往研究中,NTL 相关情境被分为静态组和动态组两大类。静态组涉及物体相互接触的情境,例如,桌面上的书、被推的盒子、叠放的石头,以及无摩擦水平面上连接弹簧的物体。动态组则关注物体接触时的运动,包括碰撞(如汽车与小卡车、炸弹与导弹、两个弹珠间的碰撞)和推动(如小汽车推动大汽车、滚轮上的学生推动另一学生)。此外,也有研究探讨远距离相互作用,如地球与下落球体、地球与飞行高尔夫球以及磁铁或带电棒间的相互作用。尽管动态组可能涉及牛顿第二定律,但 NTL 是研究的核心焦点。

基于上述背景,研究采用不同的调查方法,探讨学生对牛顿第三定律和反作用力的理解。Palmer(2001)通过个人访谈,调查了 53 名十年级学生对静态平衡中作用和反作用概念的理解。Heywood 和 Parker(2001)描述了学生和在职教师如何将漂浮和下沉中的力的概念应用到不同情境。Montanero 等人(2002)设计了一个测试,探索学生对静态接触物体间相互作用的理解。Savinainen 等人(2005)研究学生是否能将 NTL 概念迁移到不同情境。

研究显示,学生在理解作用力和反作用力总是大小相等这一定量方面存在困难。力概念量表(FCI)包含与 NTL 相关的四个问题,呈现不同情境。测试中学生需从五种可能性中选择合理描述:①两物体施加相同力;②一物体施加的力大于另一物体;③一物体施加的力小于另一物体;④一物体施加力,另一物体不施加;⑤两物体均不施加力。力与运动概念评估(Force and Motion Concept Evaluation,FMCE)包含 10 个与 NTL 相关的问题,每个问题提供 6~7 个选项。力学基线测试

(Model-Based Testing，MBT）要求学生选择关于反作用力大小的描述。

基于上述评估，关于学生在理解NTL和相互作用力方面的学习困难，许多研究结果都具有相似之处。可见，作用力和反作用力大小相等的科学观点对学生来说似乎不易理解，而且，在大多数学生中普遍存在对NTL的主要原理推理错误的问题。例如，常见的迷思概念，即质量更大的物体施加的力更大、一个物体的上半部分对下部分施加力，而下半部分不对上半部分施加力等。

一些研究结果表明，学生们总是抱着错误观点，认为一个较大的力是由一个较大速度的物体施加的，或者是加速的物体，或者是一个主动的发起者，例如，一个人推另一个人，或者在拔河比赛中的胜利者。此外，人们不接受牛顿第三定律中力对的大小相等这一原理，一个常见原因是人们认为作用总是能够战胜反作用。在一些其他研究中发现，在下列情况下，学生难以理解物体与对手物体（相互作用的物体）具有大小相同的力：无生命的物体、静止的物体、远距离的物体等。

2. 本研究提出了什么问题？

师：通过阅读文献，我们发现不少关于学生在理解NTL和相互作用力方面的学习困难的研究结果都相似，并且在大多数学生中普遍存在对NTL的主要原理推理错误的问题。基于此，我们可以提出什么研究问题？

根据研究，学生普遍对NTL的理解不足，尤其是在认识到作用力与反作用力大小相等方面。多数研究通过设计结构相似的多选问题来评估学生的理解，如前文提到的FCI测试问题，这些问题主要关注作用力和反作用力的大小。尽管学生能够选择正确的答案并给出正确的推理，但他们可能并不真正理解反作用力的概念。一些研究显示，学生在识别反作用力时存在困惑。

目前，关于重力相互作用情境下学生行为的研究较少，且多集中于远距离力的相互作用，如地球与月球之间的引力。Bryce 和 MacMillan（2005）的研究指出，学生常误认为桌子对书的反作用力与书的重力构成NTL中的力对。另一项研究也发现，学生在识别重力作用下的反作用力时遇到困难，而在非重力情境下则能正确推理。鉴于此，本节提出三个研究问题,以进一步分析评价学生在识别重力相互作用中的第三定律力对方面的表现。

①学生如何识别重力相互作用情境中的反作用力?

②在重力相互作用情境中,学生对牛顿第三定律的错误推理模式是什么?

③在重力相互作用情境中,年级水平如何影响学生的表现?

3. 本研究如何设计和实施?

  师:对于上述问题,我们应如何设计研究方案?需要什么样的评估工作来针对重力相互作用情境下学生理解 NTL 的问题进行研究?

在中国的 K-12 教育体系中,科学和数学课程是学生教育的重要组成部分。以物理为例,这门课程自八年级起成为学生的必修课,并持续至高中三年级。对于计划在大学专攻科学、工程、技术等相关领域的学生,物理课程尤为重要。NTL 是中学物理教学的核心内容,不仅在八年级和十年级的课程中占据重要位置,也是大学物理入门课程的一部分。八年级和十年级分别代表初中和高中的教育阶段,对 NTL 的教学要求存在差异,具体见表 2-1。

表 2-1 显示,八年级和十年级对 NTL 的教学要求有明显的不同。八年级学生只需理解作为物理基本规律的 NTL,即两个相互作用的物体会产生相互作用力,而无需深入了解力的大小和方向。相比之下,十年级学生则要求掌握 NTL 的更多细节,包括相互作用力的性质、作用对象以及这些力的同步出现和消失。因此,不同年级的学生需要根据教学要求,学习和掌握与 NTL 相关的不同层次的知识和内容。

对于大学一年级新生而言,物理入门课程中的 NTL 内容往往是对之前知识的复习,但要求他们在解决问题的能力上有所提升。基于此,本节选取了不同理解水平的学生作为样本,包括八年级、十年级和大学一年级的学生,以探究他们对 NTL 的理解和掌握情况。

表 2-1　八年级和十年级关于 NTL 的教学方法对比

类别	八年级	十年级
教学策略	基于问题的探究教学：提供带有问题的例子并向学生解释	实验探究教学：通过实验或演示实验，学生进行自主探究
教学案例	两个例子： 一个人站在一艘船上推另一艘船； 一个女孩踩着滑轮推墙，人会向后滑动	两个实验： 两个软海绵相互接触；两个弹簧相互拉开
教材中与NTL相关的结论	当一个物体对另一个物体施加力的时候，这个物体也受到另一个物体对它施加的力，这两个力是相互作用力	作用力和反作用力总是大小相等，方向相同，作用在同一直线上，这就是牛顿第三定律。相互作用力具有相同的性质，作用在两个不同的物体上，同时出现，同时消失
补充说明	对于中国的八年级学生，相互作用被认为是牛顿第三定律的主要知识内容。牛顿第三定律其他方面的知识是不强制要求学习的，例如，相互作用力的大小、方向和性质	它几乎涵盖了牛顿第三定律的所有知识要点，包括存在主义、本体论、粗略定量

（1）研究设计

在中国，中等水平的高中毕业生在 FCI 测试中表现出较高的准确率，接近 85%，这表明存在"天花板效应"。因此，本研究不适宜使用 FCI 测试中的 NTL 问题。本研究的方法论专注于探究学生在重力相互作用情境下对 NTL 的理解，为此设计了专门的评估工具，用于研究三个核心问题。

该评估工具由 8 道选择题组成，其中 5 道题目涉及重力相互作用，3 道题目与重力无关。研究表明，学生对相互作用力的推理受到问题情境的显著影响。因此，本研究在设计评估工具时，特别考虑了情境中力的连贯性和相互作用的呈现。评估工具涵盖了 8 种不同情境，包括桌上的书、悬挂的吊灯、下落的雨滴、斜坡上的盒子、被手压住的浮木、汽车碰撞、磁铁相吸以及划船的场景，每个情境对应一个问题。为确保问题的有效性，这些情境虽与以往研究相似，但有所区别。

所有问题情境被分为两类：涉及重力相互作用的情境和非重力相互作用的情境（表 2-2）。每个情境都明确了作用于目标对象的力的数量，并详细说明了每个情境中问题的提出方式。

如表 2-2 所示，本研究预设了两个主要结果。首先，通过比较学生对重力相互作用情境与非重力相互作用情境的理解,探究两类问题的差异。重力相互作用情境包含五个问题,而非重力情境包含三个问题。在重力相互作用系统中,地球通常作为一个隐含的变量,可能会被学生忽略,因此我们假设这类问题可能更具挑战性。研究结果将验证评估工具所提出的假设,并深化对学生在重力影响下概念理解能力的认识。

其次,研究旨在了解在重力相互作用情境中,平衡目标物体的力的数量是否会影响学生的推理。评估工具设计了不同数量的力来平衡物体,通过比较学生在这些不同情境下的表现,分析力的数量是否影响对第三定律力对的理解难度。

表 2-2 评估测试中的题目情境

类别	情境	平衡一个物体的力的数量/个	提问的方式
涉及重力的相互作用	空气中一滴雨下落(雨滴)	2	雨滴受到的重力的反作用力是什么
	一张桌子上放着一本书(书—桌子)	2	桌子受到的重力的反作用力是什么
	一根绳子悬挂着一个吊灯(吊灯—绳子)	2	吊灯受到的重力的反作用力是什么
	一个箱子放在斜面上(箱子—斜面)	3	盒子受到的重力的反作用力是什么
	用手压一根浮木	3	浮木受到的重力、浮木受到的浮力、手对浮木施加的压力,哪一对是NTL的力对
不涉及重力的相互作用	一辆小车和一辆大车之间发生碰撞,两辆一样的车子相互碰撞(车—车)	—	以下哪个说法是正确的(关于NTL力对和每个力的大小的比较,这里提供四个选项)
	两个磁铁之间磁性吸引	—	以下哪个说法是正确的(每个选项都是描述两个磁铁之间是否存在NTL力对,以及对每个磁铁位移的比较)
	一个人用桨划船	—	以下哪个说法是正确的(每个选项都是描述NTL力对和NTL的本体论方面的问题,即相互作用力是否同时出现)

此外,鉴于研究样本包括八年级、十年级学生和大学一年级学生,我们还将进一步探讨学生的表现是否受年级水平影响,以及他们的推理能

力如何随年级变化。

（2）数据收集

本研究根据学生对 NTL 了解的深度和广度，将他们分为三组。第一组为 80 名八年级学生，尚未学习 NTL，但已了解基本的相互作用力概念。第二组为 73 名十年级学生，已学习 NTL 和相互作用力。第三组为 64 名大学一年级学生，在大学物理入门课程中再次学习了 NTL。这些学生来自广州，就读于当地的初中、高中和大学，且学业成绩均处于中等水平。

4. 研究获得什么结果？

师：在本研究中，我们将根据受试者所学习过的 NTL 的深度和广度，将他们分为三组，并且在研究中预设了两个主要结果。我们收集到的数据结果可以得出什么样的结论？如何回答研究问题呢？用到了什么数据分析？

在重力和非重力情境下，学生识别相互作用中反作用力的表现有所不同。

本研究采用 3×2（年级水平 × 背景）方差分析方法，探讨重力相关和非重力相关情境下初中、高中、大学年级学生成绩差异的显著性（表 2-3）。因变量为学生的平均分数，自变量为年级水平（初中生、高中生和大学生）和情境（重力相关的相互作用情境和非重力相关的相互作用情境）。方差分析显示，年级水平与题目情境之间在统计学上没有显著相关性，$F(1,433)=1.65$，$p=0.19$。

表 2-3　评估测试中不同年级学生的成绩

实验组	人数/个	重力相关的相互作用情境下 平均分	重力相关的相互作用情境下 标准误差	非重力相关的相互作用情境下 平均分	非重力相关的相互作用情境下 标准误差	t 检验 p 值	t 检验 效应量
初中	80	0.040	0.020	0.0288	0.032	$p<0.001$	1.040
高中	73	0.553	0.048	0.676	0.039	$p<0.050$	0.330
大学	64	0.706	0.044	0.896	0.022	$p<0.001$	0.680
总计	217	0.409	0.029	0.598	0.025	—	—

然而,分析结果说明了情境是一个主要影响因素,$F(1,214)=41.36$,$p<0.001$,表明学生在非重力相关的情境下的成绩($M=0.60$,$SD=0.25$)优于重力相关的情境下的成绩($M=0.41$,$SD=0.29$)。

此外,方差分析证明了年级水平的影响力,$F(2,214)=174.56$,$p<0.001$,表明三组年级水平之间学生成绩存在显著差异。多重比较分析表明初中组的成绩和其他两组的成绩之间存在显著差异($p<0.001$),大学生的成绩优于高中生的成绩($p=0.001$)。

虽然年级水平与情境之间的相关性不显著,但我们进一步研究了各情境组中不同年级水平的成绩差异。采用单因素方差分析(ANOVA)进行两个简单的主效应分析。对于重力相关情境,方差分析的结果显示各年级间的成绩具有显著差异,$F(2,214)=86.35$,$p<0.001$。

事后多重比较分析表明,初中组与其他两组的成绩之间存在显著性差异($p<0.001$)。然而,高中生和大学生的成绩之间的差异微乎其微($p=0.06$)。同样,对非重力相关情境,方差分析表明,各年级学生的成绩有显著差异,$F(2,214)=90.50$,$p<0.001$。多重比较的分析也表明初中水平的学生和其他两组学生的成绩在统计学上有显著性差异($p<0.001$)。而且大学生的成绩远远超过高中生($p<0.001$)。

在两个情境中,对每个年级学生的表现差异性进行了评估,结果如图2-1所示。在初中阶段,重力相关情境与非重力相关情境中,学生的平均得分差异显著,$t(151.5)=5.14$,$p<0.001$,$ES=1.04$,表明该年级的学生在非重力相关情境中比在重力相关情境中更能识别反作用力。重力相关情境中的平均分为$M=0.04$,$SD=0.18$,这说明初中学生普遍对重力的反作用力存在迷思概念。

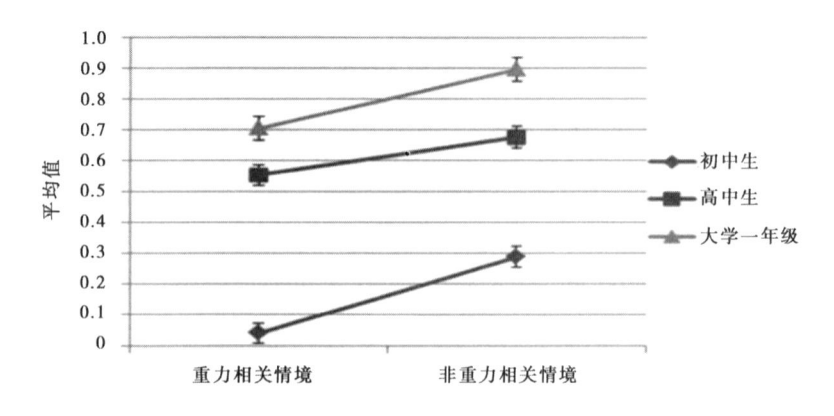

图2-1　每个年级水平的学生在两个情境中的成绩

为了检验高中生在两种情况下的表现差异,我们还比较了高中生的平均分数,结果为 $M=0.55$, $SD=0.41$ 和 $M=0.68$, $SD=0.33$。根据独立组的 t 检验, $t(138.2)=1.98$, $p<0.05$, $ES=0.33$,即重力相关情境与非重力相关情境之间学生的成绩差异显著。从平均分数来看,高中生在非重力相关情境下比在重力相关情境下识别反作用力的表现更好。

对于大学生来说,在重力相关情境($M=0.71$, $SD=0.35$)与非重力相关情境($M=0.90$, $SD=0.18$)中的平均分数的比较也具有统计学意义, $t(92.8)=3.84$, $p<0.001$, $ES=0.68$。虽然大学生在识别重力相关情境下的作用力和反作用力这一力对方面取得了很高的分数($M=0.71$),但他们在非重力相关情境下的准确率接近90%。从每个年级的学生表现在不同情境间的效应量大小来看,初中阶段的效应量最高,高中阶段的效应量最低。

根据研究结果得出结论:随着年级的提高,学生对牛顿第三定律的理解能力增强,这一趋势在涉及重力和非重力的情境中都有所体现。在这两种情境下,大学生的理解能力均优于高中生,而高中生又优于初中生。此外,分析还发现,在非重力相关情境中,不同年级的学生识别作用力和反作用力的能力明显优于重力相关情境。

5.如何评价本研究结果?

师:基于结果的讨论是展现作者学术成果和逻辑思维的重要部分,也是学术文章的最大的价值所在。对于上述结果,我们可以有怎样的思考?可以从哪些方面入手?

研究设计中,评估被分为两类情境:与重力相关的和与非重力相关的。在重力相互作用情境下,物体间的相互作用中,重力是维持物体平衡的力之一。该类别包含五种情境,旨在让学生识别NTL中的力对,并找出作用在物体上的重力的反作用力。这五种情境依据平衡目标物体所需力的数量被分为两组(表2-4)。第一组包含三种情境,每个情境需要两个力来平衡物体;第二组包含两种情境,需要三个力来平衡物体。

表 2-4　三个年级学生在不同情境下的测试结果

组别	情境	"平衡目标物体的力"是什么	"重力的反作用力是什么"的回答占比 /% 分类	初中	高中	大学
实验组 1	空中下落的一滴雨	两个力	正确	—*	53	72
		雨滴受到的重力	回答(F)	10	24	—
		空气阻力(F)		—	—	—
	桌子上放着一本书	两个力	正确		52	67
		桌子受到的重力	回答(F)	74	44	31
		作用在桌子上的法向力/支持力(F)				
	悬挂着的吊灯	两个力	正确		63	70
		灯受到的重力	回答(F)	75	35	26
		灯受到的拉力(F)		—	—	—
	一个箱子在斜面上	三个力	正确		56	70
		箱子受到的重力	回答(F1)	23		
		作用在箱子上的法向力/支持力(F1)	回答(F2)	43		
		斜面施加给箱子的摩擦力(F2)	回答(F1)和(F2)	—	40	23
实验组 2	用手压一根浮木	三个力	正确		52	73
		木头受到的重力	回答(F1)	12	7	—
		木头受到的浮力(F1)	回答(F2)	28		
		木头受到的压力(F2)	回答(F1)和(F2)	42	38	12

评估的目的是探究在重力相关情境下,学生对牛顿第三定律的误解模式,特别是比较第一组和第二组学生的表现。此外,研究还关注年级差异如何影响学生的表现。结果分析揭示了各年级学生普遍存在的一个问题：难以区分相互作用力和平衡力。同时,也指出了初中学生特有的一些理解难题。

（1）不能区分相互作用力和平衡力的普遍问题

研究发现,学生普遍难以区分相互作用力与平衡力。若学生能正确回答重力在目标物体上的反作用力问题,则表明他们能识别牛顿第三定律中的力对。学生应理解作用力与反作用力大小相等、方向相反且共线。然而,学生在识别涉及平衡力的第三定律力对时常常出错。平衡力与作用在单一物体上的力相同,而非作用在相互作用的物体上,学生往往未能认识到这一区别。

研究结果显示,三个年级的学生都倾向于寻找重力的平衡力而非反作用力。表2-4显示,在重力相关情境中,第一组和第二组学生展现出特定的错误推理模式。例如,在桌面上书本的情境中,高中生和大学生的正确识别率分别为52%和67%,但仍有不少学生错误地认为桌面对书的法向力是重力的反作用力。对于初中生,几乎无人能正确识别第三定律力对,74%的学生将桌面对书的法向力误认为重力的反作用力。在吊灯情境中,高中组和大学组学生正确推理的比例分别为63%和70%,但混淆平衡力与第三定律力对的学生比例依然很高。

在第一组情境中,未能区分第三定律力对和平衡力的学生在错误答案中占有较大比例。例如,在书本情境中,初中、高中和大学生混淆这两种力的比例分别为74%、44%和31%,错误回答的比例分别为100%、48%和33%。第二组学生的分析结果也显示出类似的趋势。在斜坡上箱子和浮木情境中,学生常将其他两个力的矢量和误认为重力的反作用力,实际上是在寻找平衡力而非相互作用力。

表2-4第二部分数据显示,第二组两种情境的正确答案比例与第一组相同:箱子情境中初中生、高中生和大学生的正确率分别为0、56%和70%;浮木情境中分别为0、52%和73%。高中生和大学生混淆这两种力的错误概念比例接近第一组:箱子情境中分别为40%和38%,浮木情境中分别为23%和12%。此外,40%的初中生在浮木情境中也表现出同样的迷思概念。

研究结果显示,学生在涉及重力的情境中,识别第三定律力对的错误推理模式,可以解释为识别平衡力,而不是反作用力。普遍的倾向是,学生不能区分多个力平衡物体的情况和多个力相互作用的情况之间的区别。从这些发现来看,从中学到大学,这种倾向似乎并没有得到改变。

(2)初中学生的特殊问题

在对不同年级学生在重力相关情境下的表现进行调查评估后,发现了一些普遍性的推理问题。在此专门阐述初中学生所面临的特殊问题。在我国初中阶段,学习NTL的主要内容是强调物体间的相互作用,而不涉及作用力的大小、方向和性质等其他方面。因此,初中生可能会对作用和反作用的原理形成一些自发的迷思概念。

研究揭示了两个与初中教学紧密相关的独特问题。首先，部分初中生未能认识到重力对物体的反作用力是一种"力"。例如，有10%的初中生错误地将"天花板"视为吊灯所受重力的反作用力，7.5%的学生将"书"当作桌子所受重力的反作用力。这些错误显示出学生对力的相互作用概念理解不足，而这一概念是理解力的本质的基础。

其次，在第二组情境中，即需要三个力来保持物体平衡的情况下，许多初中生在识别NTL力对时只关注力的方向。例如，在斜坡上的箱子情境中，23%的初中生将法向力、43%的初中生将摩擦力误认为是重力的反作用力。尽管这些力的方向与重力相反，但它们的大小并不等同于重力。学生倾向于认为力的方向是识别第三定律力对时的唯一关键因素，而忽略了力的大小。在浮木情境中，12%和28%的初中生分别将浮力和手的压力误认为重力的反作用力。这种情况在高中生和大学生中不常见，但对初中生来说却是一个特殊现象。

三、对研究结果的深度剖析和拓展

（一）基于本案例的深度剖析

①本案例中研究题目的关键词是什么？该项调查研究什么？
②本案例如何体现研究的重要性、必要性和价值？
③本案例的研究者是怎样提出3个研究问题的？
④本案例的评估工具如何设计？研究预设了什么结果？
⑤本案例的研究结果如何？是如何回应研究问题的？
⑥如何基于数据结果进行讨论？
⑦关于本案例，你有什么思考？本案例中的不足之处如何进一步改进？

（二）基于本案例的拓展研究

1. 本案例在研究对象和试题材料上可以改进吗？

参考：试题材料仅有 8 道选择题，研究对象也局限于广州地区的学生，数量相对有限。为了增加结论的普遍适用性，测试材料可以涉及更多的物理知识和不同难度层级的试题，并扩大研究对象的范围。

2. 本案例在研究方法上可以改进吗？

参考：可以在定量分析的基础上辅以定性方法，如访谈和问卷调查等，进一步调查参与者的真实想法，更加有力的支持研究结果。

思考：根据本案例，你还可以提出什么研究问题？

（三）基于概念理解领域的拓展研究

1. 经典的概念理解层级分析

概念学习和理解一直是教育心理学研究者共同关注的热点问题，他们从不同的角度开展概念学习和理解的研究。在不同的研究中，研究者们开发出不同的测试学生概念理解水平或层级的分析框架，主要有以下三类：①对概念学习与理解分类的视角研究，此类研究有从学习过程视角对学习进行分类，有从学习的复杂性角度对概念学习和理解分类，有从教育目标的测量分类；②对影响概念学习的条件或因素的研究，主要包括概念转变理论和概念学习进阶理论；③对概念理解的测量视角的研究，包括 NEAP 和 TIMSS 等国际性评估项目，这些项目旨在测量学生的概念理解水平。

2. 概念理解机制分析

概念学习是一个热点研究问题,20世纪80年代提出概念转变理论对概念学习带来了深远的影响,然而,从2005年开始,研究者们逐渐把目光从概念转变转向概念理解,概念理解的研究越来越多,反映了概念学习研究的趋势从概念转变转向概念理解。

随着概念理解教学重要性的提高,实现概念理解的核心是一个被大家广泛探讨的问题。概念学习与科学实践相结合成为当前国际科学教育的研究趋势,概念学习是通过推理来实现的。刘建伟和胡卫平综合运用了教学实验、测试、访谈等多种方法。结果表明,促进概念理解的方法有抽象概括、逻辑推理、联想对比、实例演绎、变式思维、实验推导和理解接受。

3. 实现物理概念理解的途径分析

实现科学推理的核心是实现概念理解,创设合适的教学情境、重视探究式学习和重视概念建构中的科学推理等都有助于实现物理概念理解。随着信息技术与学科教学结合成为一种趋势,越来越多学者尝试利用现代新型技术支持物理概念教学。大量证据表明,探究式教学不仅可以有效地纠正学生的错误观念,帮助他们形成科学概念,而且可以帮助学生理解科学的本质、证据和论证。

Geelan通过交互式仿真来实现物理概念教学中的探究性教学,交互式仿真可以加强学生对科学概念的理解,同时也为学生提供机会,使他们掌握科学性质的知识,并掌握设计、调查、收集、分析和表示数据的技能。Fan(2018)研究了一种新的基于探究的教学顺序,使用交互式模拟来支持学生发展概念理解、探究过程技能和学习信心。研究表明,将交互式模拟技术与基于探究的学习相结合,可以提高学生的概念理解、探究过程技能和增强学习信心。

（四）可研究问题的建议

1. 学生概念理解水平的诊断研究

现有的概念理解理论研究主要集中在概念理解层次的划分上。关于概念理解的层次有以下几种划分方式：①认为概念理解与认知发展水平有关。根据皮亚杰提出的认知发展阶段理论，概念理解分为低水平的具体运算阶段、高水平的形式运算阶段；②根据抽象的程度，将知识划分为具体的和抽象的；③根据 Biggs 和 Collis 创建的 Solo 分类评价理论，将学生的学习水平分为五个层次：前结构层次、单点结构层次、多点结构层次、关联结构层次、抽象拓展层次，有研究应用次分类评价理论，划分学生的"机械能"概念学习水平；④根据概念的表征水平及其之间的联系，将概念理解划分为不同的层次，例如，从宏观表征、微观表征和符号表征三个层次来理解化学概念。未来可以根据物理学科的特点，构建学生物理概念理解的水平框架。

2. 促进学生概念理解的物理教学研究

随着科学技术的发展，多媒体技术在教育中的应用越来越广泛，甚至新兴的技术手段，如增强现实（AR）和虚拟现实（VR），也开始应用于课堂教学。研究表明，多媒体可视化技术更适合用于自然科学教学。物理学科学习的困难之一是学习内容的抽象性，可视化的多媒体技术手段是实现抽象物理知识具象化的有利工具。

知识可视化在教学中的有效性已逐渐得到证实。例如，Teemuh. Laine 等人（2016）开发了一款使用增强现实技术的科学学习游戏。61 名韩国儿童通过这个游戏化学习并进行评估。调查结果表明，通过增强现实技术可以促进学生的概念学习。

四、案例教学指导

（一）教学目标

1. 适用课程

本案例适用于《教育研究方法》《物理教育研究方法》《教师专业发展》等课程。

2. 教学对象

本案例适用于学科教学（物理）硕士研究生、课程与教学论（物理方向）硕士研究生、物理学（师范）专业学生及参与教师专业发展的在职教师。

3. 教学目的

①学会如何设计和开展物理教育调查类研究。
②了解概念理解在国际物理教育中研究的进展和意义。
③培养研究中的创新精神和研究素养。

（二）启发思考题

①本案例如何体现研究的重要性、必要性和价值？为什么会提出这3个研究问题？
②针对本案例的研究问题，应如何进行调查？如果是你，会如何开展调查？

③本研究的设计是否满足研究问题的需要,你认为还有什么需要补充?

④本研究结果如何回答研究问题?用了哪些统计分析方法?

⑤思考题:基于物理概念理解的主题,设计一个新的研究题目,并简单介绍如何开展研究。

(三)分析思路

本案例是关于概念理解的调查研究,旨在探讨学生在重力相互作用情境中识别反作用力的能力。为此设计了一个评估测试,包括了涉及重力和非重力的相互作用情境,研究对象包括八年级、十年级和大学一年级的学生。研究结果显示,学生在识别重力相关和非重力相关的反作用力方面存在统计学上的显著差异。

独立样本检验表明,在初中、高中和大学学生中,识别与重力相关的反作用力比识别其他力对更为困难(p 值分别为 $p<0.001$、$p<0.05$ 和 $p<0.001$)。方差分析进一步揭示,学生对牛顿第三定律的推理能力随年级升高而增强,且这一趋势与情境类型无关。

研究旨在揭示学生在重力相互作用中对牛顿第三定律的错误推理模式。结果发现,学生普遍难以区分相互作用力和平衡力,倾向于将平衡一个物体的力误认为第三定律的力对。此外,研究还特别关注了初中学生在识别重力相互作用中作用和反作用力时的两个问题:一是部分学生将反作用力误认为是一个物体而非力;二是许多学生在识别力对时过分关注力的方向,忽略了力的大小。

通过本案例的学习,学生可以了解物理教育调查的一般研究方法,关注概念理解领域的最新进展,并思考如何在未来的学习和研究中提升自己的创新能力和科研素养。

(四)案例分析

1. 相关理论

(1)迷思概念

"迷思"来源于英语单词"Myth"的音译。"迷思概念(misconception)"一词于 1970 年首次在 *Science Education* 中被提出。基于建构主义学习理论，学生对某一概念知识的理解和认知并不是完全空白、从无到有的。他们通常会在日常生活经验、媒体信息等背景下形成自己的观念和想法，但这些解读往往是片面的或不完整的。

Osborne R J 与 Wittrock M C（1983）指出：在受到系统的学校科学教育前儿童就已然对大部分科学知识有了一整套十分顽固又极难改变的想法，这些想法可能是与科学事实不符的错误观点，被称为 misconceptions。

Vosniadou S（2012）认为迷思概念是在概念学习的过程中，产生了与知识结构不一致的科学信息，导致内部产生矛盾与迷思概念。《科学教育》提出了概念变化模型（Conceptual change Model，CCM），此后出现了更多的研究。1983—1987 年，随着第一届国际迷思概念研讨会的召开，国际教育界对迷思概念的研究逐渐深入。

（2）问题情景

问题中心教学模式起源于 20 世纪中期的美国医学教育领域。随着时间的推移，这种模式不断得到优化，并且目前在美国的高等教育机构以及中小学教育中越来越受到重视。问题中心教学模式与探究式教学模式在理念上具有一致性，它们都强调"基于真实情境的教学""基于案例的教学"和"基于问题解决的教学"。在探究式教学中，问题情境的创设是核心环节，它体现了一种以解决问题为核心的教学理念和方法。

2. 关键能力点

（1）开展教育调查类研究的能力

开展教育调查类研究是研究者进行教育教学本质与规律探索应该具备的能力。本案例中，研究者捕捉教育教学中有关概念理解的教育现象和亟待解决的问题，发现了学生在重力相互作用情形下识别第三定律中的力对（作用力和反作用力）的困难；通过文献分析，提出 3 个研究问题来进一步分析评价学生在识别重力相互作用中的第三定律力对方面的表现；开发了测试工具以研究重力相互作用情境下学生理解 NTL 的问题，最终对测试结果进行分析，这项研究的结果对 NTL 的教学具有重要意义。

（2）数据统计分析能力

方差分析常用于分析定类数据与定量数据之间的关系情况。方差分析(Analysis of Variance, ANOVA)有很多种类型,最普遍的是单因素方差,即研究 X 对于 Y 的差异性,其中 X 为定类数据, Y 为定量数据,通过分析 p 值来判断是否有差异性。本案例用方差分析探讨重力相关和非重力相关情境下,初、高、大学一年级学生成绩差异的显著性。因变量为学生的平均分数,自变量为年级水平(初中生、高中生和大学一年级学生)和情境(重力相关的相互作用情境和非重力相关的相互作用情境)。

3. 问题解决研究中的探索与创新

（1）教育研究中发现可研究问题的重要性

在多年的教学实践中,作者敏锐地察觉到在过去的30年里,许多相关研究的结果表明,学生对NTL和相互作用力有各种各样的迷思概念。通过阅读文献,笔者整理了以前的研究,了解了如何调查学生对牛顿第三定律的错误认识、学生对牛顿第三定律有哪些迷思概念。作为一名教育研究者,应该思考当今社会和国家对人才培养的要求,及时与学生沟通,了解学生遇到的困难。

（2）设计研究工具的创新

由于我国中等水平高中毕业生在FCI测试中几乎达到了85%的准确率(天花板效应)。因此,该案例设计了一套包含重力相关和非重力相关的相互作用情境的评估测试。

此外,有证据表明,学生关于相互作用的推理似乎受到问题情境的高度影响,因此笔者认为本研究需要认真考虑情境中关于力的连贯性和情境中的相互作用,这个评估工具包含八个不同的情境,每个情境对应一个问题。本案例根据所研究的问题,设计了新的研究工具,从而有效地对学生在识别重力相互作用中的第三定律力对方面的表现进行了研究和讨论。

(五)课堂设计

①时间安排：大学标准课堂4节,160分钟。
②教学形式：小组合作为主,教师讲授点评为辅助。

③适合范围：50人以下的班级教学。

④组织引导：教师明确预习任务和课前前置任务，向学生提供案例和必要的参考资料，提出明确的学习要求，给予学生必要的技能训练，便于课堂教学实践，对学生课下的讨论予以必要的指导和建议。

⑤活动设计建议：提前布置案例阅读和汇报任务。阅读任务包括案例文本、参考文献和相关书籍；小组汇报任务包括对思考题的见解、小组合作的教学设计。小组讨论环节中需要学生明确分工，做好发言记录，以及最后形成的综合观点记录。在进行小组汇报交流时，其他学习者要做好记录，便于提问与交流。在全班讨论过程中，教师对小组的设计进行点评，适时地提升理论，把握教学的整体进程。

⑥环节安排如表。

表2-5 课堂环节具体安排

序号	事项	教学内容
1	课前预习	学生对课堂案例、课程设计等相关理论进行阅读和学习
2	小组研读案例和思考	案例讨论、模拟练习、准备汇报内容
3	小组汇报，分享交流	在进行小组汇报交流时，其他学习者要做好记录，便于提问与交流。在全班讨论过程中，教师对小组的设计进行点评，适时地提升理论，把握教学的整体进程
4	教师点评	教师在课中做好课堂教学笔记，包括学生在阅读中对案例内容的反应、课堂讨论的要点、讨论中产生的即时性问题及解决要点、精彩环节的记录和简要评价。最后进行知识点梳理及归纳总结
5	学生反思与生成新案例	学生课后对这堂课的自我表现给予中肯的评价，并进行学生合作式案例再创作

（六）要点汇总

1. 物理教育实证研究的一般思路

在教学过程中会遇到很多不同类型的教育问题，这要求我们在借鉴前人研究的基础上，研究自己解决教育问题的方法，有针对性地提出解决教育问题的建议与思路。将理论和实践相互结合,提高教育研究能力。

本案例首先对与 NTL 相关的研究进行了综述分析,提出了 3 个问题,接着,选取了对 NTL 理解水平不同的学生作为研究样本,并对测量问题进行了介绍,根据收集的数据,分析和讨论了在重力和非重力情境下,学生识别相互作用中反作用力的表现,以及在重力相关情境下,学生对于 NTL 的错误推理模式。该案例对 NTL 的教学具有重要意义。

2. 概念理解在国际化物理教育研究中的进展和意义

以一篇涉及概念理解的研究作为本章的案例,引进国外的优秀教育研究案例。纵观国内外物理概念理解的研究现状,国外对概念学习研究起步早,展开了一系列对物理力学概念的测量研究工具开发、促进概念学习的方法和策略的研究。受心理学的影响,早期多数研究集中在概念转变方面。

然而,由于学生的概念转变是一个长期且复杂的过程,概念转变的研究成果并不是十分显著,因此,概念学习的研究重点开始从概念转变转向概念理解。我国对物理概念理解的研究起步较晚,但发展迅速,提出了概念学习进阶理论,构建了概念理解层级,并探索了提高概念理解水平的方法等。

(七)推荐阅读

[1]Holton. 物理科学的概念和理论导论:上册 [M]. 北京:人民教育出版社,1983:323—325.

[2]廖伯琴. 中学物理问题解决的表征差异及其成因探析 [M]. 成都:四川教育出版社,2001:42—43.

参考文献

[1] Evans C, Gibbons N J. The interactivity effect in multimedia learning[J]. Computers & Education,2007,49(4):1147—1160.

[2] Dega B G, Kriek J, Mogese T F. Students' conceptual change in electricity and magnetism using simulations: A comparison of cognitive perturbation and cognitive conflict[J]. Journal of Research in Science Teaching,2013,50(6):677—698.

[3] Karen, Whitworth, Sarah.Interactive Computer Simulationsas Pedagogical Toolsin Biology Labs[J]. Cbe Life Sciences Education,2018,17(3):162.

[4] Yager R E. Science/Technology/Societyas Reform in Science Education[M].Albany: State University of New York Press,1996.

[5] 曹二磊.高校预科生的数学核心概念理解水平及其教学策略研究[D]. 西安: 陕西师范大学,2016.

[6] 刘建伟,高彩云.国外学生对力和运动概念理解的研究概述及其启示[J].长治学院学报,2006,23(2):68—71.

[7] David H, Malcolm W, Gregg S H. Force Concept Inventory[J]. The Physics Teacher,1992,30:141—158.

[8] 徐洪林,康长运,刘恩山.概念图的研究及其进展[J].教育学报,2003(3):39—43.

[9] Cesar, Delgado.Navigating Tensions Between Conceptual and Metaconceptual Goals in the Use of Models[J]. Journal of Science Education&Technology,2015,24(2):132—147.

[10] Fan, Xinxin, Geelan, et al. Evaluating a Novel Instructional Sequence for Conceptual Change in Physics Using Interactive Simulations[J]. Education Sciences,2018,8(1):29.

[11] 邱美虹.概念改变研究的省思与启示[J].科学教育学刊,2000,8(1):1—34.

[12] 谭龙飞,王占平.物理概念教学中运用支架式教学模式的探讨[J].教学研究,2011,34(2):87—90.

[13] 王增奇.情境创设与高中生对物理概念理解的相关性研究[D].新乡:河南师范大学,2013.

[14] 李丹.GeoGebra软件辅助数学概念理解性学习的研究[D].福州:福建师范大学,2015.

[15] 周成海.怎样才算理解了所学知识:三位国外学者的意见及启示[J].外国中小学教育,2015,7:24—29.

[16] 张玉峰.基于概念理解测试的科学概念教学策略[J].教育科学研究,2018,5:58—62.

[17] 李维.认知心理学研究[M].杭州:浙江人民出版社,1998:04.

[18] Caleon I S, Subramaniam R. Do students know What they know and what they don't know? Using a four-tier diagnostic test to assess the nature of students' alternative conceptions[J]. Research in science education,2010(3):40.

[19] 郭法奇.霍尔与美国的儿童研究运动[J].华中师范大学学报(人文社会科学版),2006(1):122—127.

[20] James H Wandersee, Joel J Mintzes, Joseph D Novak, Research on alternative conception sinscience[J]. Handbook of Research on Science Teaching and Lerning,1997,177:210.

[21] 舒莉莉.交互仿真支持高中力学概念理解的探究式教学模式构建与应用[D].济南:山东师范大学,2021.

[22] 卢姗姗,毕升林.从"概念转变"到"概念理解"——科学概念学习研究的转向[J].化学教育(中英文),2018,39(1):17—20.

[23] Quinn H, Schweingruber H, Keller T.A Framework for K-12 Science Education: Practices, Crosscutting Concepts, and Core Ideas[J]. science scope,2011,82(3):36—41.

[24] 刘建伟,胡卫平.中学生力学概念转变的心理机制研究[C]//第十届全国心理学学术大会.

[25] Abraham M R, Grzybowski E B, Renner J W, et al. Understandings and misunderstandings of eighth graders of five

chemistry concepts found in textbooks[J]. Journal of Research in Science Teaching,1992,29（2）:105—120.

[26] Biggs J B, Collis K F. Origin and Description of the SOLO Taxonomy[J]. Evaluating the Quality of Learning,1982:17—31.

[27] 邹雪晴,汪弘,张杨.基于 SOLO 分类理论的深度学习评价——以高中"机械能"为例 [J].物理教师,2018,39（6）:15—17.

[28] 毕华林,黄婕,亓英丽.化学学习中"宏观—微观—符号"三重表征的研究 [J].化学教育,2005,26（5）:51—54.

[29] Laine T H, Nygren E, Dirin A, et al. Science Spots AR: a platform for science learning games with augmented reality[J]. Springer US,2016,64（3）:507—531.

[30] 毕春丹.初中生物概念转变教学模式的应用研究 [D].西安:陕西师范大学,2015.

[31] 陈珮宜.国中学生经济教材迷思概念之研究——以台北市为例 [D].台北:台北大学,2001.

[32] Osborne R J, Wittrock M C. Learning science: A generative process[J]. Science Education,1983,67（4）:489—508.

[33] Vosniadou S. Reframing the Classical Approach to Conceptual Change: Preconceptions, Misconceptions and Synthetic Models[J]. Springer Netherlands,2012:119—130.

[34] McDermott L C, Redish E. F. Resource letter: PER-1: Physics education research[J]. Am. J. Phys,1999,67:755.

[35] Ambrose B S, Heron P R L, et al. Student understanding of light as an electromagnetic wave: Relating the formalism to physical phenomena[J]. Am. J. Phys,1999,67:891.

[36] McDermott L C, Shaffer P S. Research as a guide for curriculum development: An example from introductory electricity. Part I: Investigation of student understanding[J]. Am. J. Phys,1992,60:994.

[37] Chiou G, Anderson O R. A study of undergraduatephysics students' understanding of heat conduction based on mental model theory and an ontology-process analysis[J]. Sci. Educ,2010,94:825.

第三章 案例二：问题解决

一、问题解决的相关研究

（一）问题解决的研究现状

我们掌握概念的目的在于解决所面临的新问题，解决问题是高级形式的学习活动。加涅认为，教育课程的重要且最终目的是教学生解决问题——数学和物理问题、健康问题、社会问题以及个人适应性问题。教学生解决问题的技能，无疑是课堂学习的一个重要内容之一。

问题解决一般是指由一定的情景引起的，按照一定的目标，应用各种认知活动、技能等，经过一系列的思维操作，使问题得以解决的过程。需要个体应用习得的概念、命题和规则，进行一定的组合，从而达到目的。物理问题解决的研究始于20世纪80年代，"问题解决"在物理教育教学领域已经有广泛的研究，研究内容主要包括问题解决的策略、影响因素、教学模式、能力的培养等几个方面。

1. 问题解决的策略

《认知心理学》指出，问题解决策略是在找到问题从初始状态到达目标状态的通路的过程中搜寻算子需要的策略。在《心理学大辞典（下卷）》中问题解决策略被定义为人们在解决问题时搜索问题空间、选择算子系列时运用的策略的总称。因此，问题解决策略可认为是在解决问题中采用的手段和方法。

问题解决的具体过程则基于桑代克、奥苏贝尔、皮亚杰、杜威等人提出的问题解决理论和模式,国内外研究者将问题解决过程分为多个阶段,并进行相应的说明。例如,斯腾伯格和费兰斯提出典型的问题解决可分为三个阶段:准备阶段、产生解决办法的阶段和评定阶段。

王甦、汪安圣(2006)将问题解决过程分为四个阶段:问题表征、选择算子、应用算子、评价当前状态。关于对个体问题解决过程的评测,目前诊断性纸笔测试被广泛应用于诊断学生的物理问题解决能力。此外,专家和新手在解决物理问题上的差异也受到了该领域的广泛关注。

2. 问题解决的影响因素

问题解决的思维过程受多种因素的影响,有些因素能促进思维活动对问题的解决,有些则阻碍问题的解决。物理学、认知科学、心理学和教育学等领域的研究者对影响学生物理问题解决的因素进行了大量研究,并取得了丰硕成果。

已有研究主要从两个方面探寻哪些因素会对问题解决产生影响。一方面,考虑外部客观因素,包括问题材料的呈现形式、问题的类型、问题的难度。另一方面,从个人内部因素出发,个体的已有经验、不同的群体(专家和新手)、个体的动机强度、元认知水平、气质性格等个性特征可能会影响问题解决。Niedelman(1990)提出先备知识及过程技能是问题解决的两个思考技能;Jonassen(2000)相信问题解决能力应包含问题的本质(nature of problem)、问题表征(representation)及解题者在调解问题过程中的个别差异(individual differences)。

Smith(1991)综合许多研究者的结论,以内在与外在因素两个视角展开对问题解决相关因素的探讨:①内在因素:问题脉络(problem context)、问题结构(problem structure)、社会因素(social factors);②外在因素:情感、经验、学科知识、一般性问题解决知识、其他个人特质(personal characteristics)等。

邢红军团队(2022)选取原始物理问题,综合运用问卷调查法及测验法,采用结构方程模型方法整合性地分析了中学生解决物理问题的影响因素以及影响因素之间的关系。李春密团队(2017)将影响物理问题解决的内部因素归纳为情感、元认知、认知加工和知识四个方面,并依据新教育目标分类学构建了内部影响因素的二维框架,旨在从系统整合的视角解析各因素对物理问题解决的影响以及它们之间的动态关联。

3. 问题解决的教学模式

在杜威的模式和信息加工理论的启发下,学者们进一步研究问题解决,提出了运用"认知结构""问题表征""图示激活"等术语,进一步描述了问题解决过程,并建立了问题解决模型。20 世纪 80 年代,"问题解决教学模式"被应用于教学领域,比较著名的学者是 G. 波利亚,早在 1944 年时就在《怎样解题》一书中总结了人类解决问题的一般步骤和程序,将问题解决分为四个步骤:理解问题—拟定解题计划—实现解题计划—回顾反思。自此"问题解决"在数学教育中的应用研究逐渐拉开序幕。

教育课程的重要且最终目的是教学生如何解决问题,物理问题解决作为一种综合性的科学思维方式,是物理核心素养的重要组成部分,是理解并运用物理知识的重要心理过程。国内外教育研究者基于一定的理论基础,如深度学习、SOLO(structure of the observed learning outceme)分类理论、PBL(profect-based learning method)教学、ARCS 动机设计模型等,建构物理问题解决的教学策略。

4. 问题解决能力的培养和训练

一些心理学家认为有效地解决问题的策略只在某一具体的问题领域起作用。换言之,想要成为物理领域中专家问题解决者,需要掌握物理领域中的策略。因此,培养个体对物理问题解决的能力也受到了研究者的关注。20 世纪 80 年代,很多国家都强调将"问题解决"教学作为基础教育中提高学生学习能力的主要策略。

Lin 认为,"基于教师指导的网络协作问题解决系统"可以应用于 STEM 教育,以培养初中生的协作问题解决技能。Vladimir Estivill-Castro 从人工智能和自动化程式的角度激发参与者的好奇心,发展和提高学生的问题解决能力。近年来,物理教育领域也出现了大量关于问题解决能力的深入研究,主要围绕问题解决能力的影响因素和培养学生解决问题能力的两个方面调查。

（二）问题解决的一般研究思路

1. 教育教学中解决问题的教育现象

研究的第一步是分析选题，在感兴趣的主题中寻找选题需要大量的阅读。作为一名教育研究者，应学会做好文献搜索、阅读和综述。关注研究领域的最新发展，通过大量文献阅读和综述，全面了解研究领域的最新研究成果和不符合时代发展要求的观点，在此基础上，推陈出新，敏锐地寻找教学中有关问题解决的教育现象和亟待解决的问题。

2. 研究的理论基础和指导思想

在科学研究中，理论知识是研究实践的基础，指导思想则引领着研究稳步前进，二者都具有重要的作用。首先，理论基础和指导思想可以为我们所习惯的事实提供新的视角，加深对已获得事件的理解。即使研究者面对从未被观察到的新现象，基于理论知识和指导思想的分析，也能为我们提供新的观察视角。其次，理论基础和指导思想允许将研究的基础与现有知识的背景相联系，为研究假设的形成和研究方法的选择提供基础。

3. 确定研究方向

根据理论架构，筛选重要信息和摒除无用信息，帮助研究者识别新问题和关键问题，以进一步探索研究的方向。"问题解决"的问题要紧密关联研究主题，确定关键变量，厘清思路。"问题"要聚焦和反映所研究主题的产生原因和途径，有利于"透过现象看本质"，发现研究主题背后的潜在问题。

4. 提出研究问题

在综述中，综合、分析、比较、对照该研究领域内的文献，阐明有关问题的研究历史、现状和发展趋势,找到已解决的问题和待解决的问题,重点阐述对当前的影响及发展趋势,这样不仅能让研究人员确定和提出研究问题,而且便于使读者了解该研究的切入点。

5. 问题解决过程中的监控手段和评价方法

与问题解决相关的研究中,个体问题解决的过程备受关注。因此在研究中,应关注监控手段和评价方法是否能准确、恰当、有效地回答论文所提出的问题。在实验结束后,应及时回溯整个研究,讨论过程是否合理、合规,理论的选择是否合适,监控手段和评价方法是否准确,二次思考自己的思路是否清晰明确,以及试验、讨论结果是否可靠。

二、问题解决的案例再现

基于眼动追踪技术研究预测和非预测条件下物理职前教师的视觉注意[①]

摘要:此案例利用眼动追踪技术探究职前教师在不同条件下的物理问题解决过程。将教师对学生学习基础和困难的预测作为衡量教师能否关注和理解学生的重要指标。利用力学测试题和眼动追踪技术,将物理职前教师分为预测组和非预测组,对两组职前教师答题结果和答题过程进行分析,探究不同条件下职前教师的眼动行为特点,以期调查物理职前教师关注学生的能力。

关键词:物理职前教师;眼动追踪;预测条件

---

① 本案例来源于作者的研究成果,引用如下:Qiuye Li, Shaorui Xu, Yilin Chen, et al. Detecting Preservice Teachers' Visual Attention under Prediction and Nonprediction Conditions with Eye-tracking Technology[J]. Physical Review Physics Education Research,2022,18(1):010134.

（一）研究背景

问题解决的主要研究领域包括专家—新手研究、范例、表征和评估问题解决教学的策略有效性。专家—新手研究主要关注学生解决物理问题的方法、无经验的问题解决者问题解决的程序和有经验的问题解决者问题解决的程序的相似和不同之处、专家和新手如何判断问题以及是否会以类似的方式解决。范例的研究主要探索学生在解决新的问题时，如何使用已解决或以前解决问题的解决方案。

问题表征方面的研究包括：学生在解决问题的过程中构建和使用了哪些表征？如何使用表征？哪些教学策略促进学生对表征的使用？此外，教学策略如何影响学生解决问题的能力、解决问题的概念性方法在多大程度上影响学生的概念性理解，也是在解决问题教学中评价教学策略有效性的研究角度之一。

随着世界范围教育水平的不断提高，教师的专业发展越来越受到公众的重视。在我国，教师如何提高自身专业发展，从而更加有效地促进学生全面、健康的成长是教育面临的一个重要问题。职前教师是即将走向工作岗位的教师，为保证职前教师的素质，应遵从国家对于教师教育的要求。

党的十九大确立了新时代教育改革的发展方向，2018年相继出台的《关于全面深化新时代教师队伍建设改革的意见》和《教师教育振兴行动计划（2018—2022年）》清晰描绘了全面深化新时代教师队伍建设改革的战略蓝图。职前教师应当按照教师教育的要求，提升自身素质。

在多种因素的影响下，学生在学习相关科学知识前、中、后不同阶段可能存在的不完整或错误的、不同于科学概念的认识。教师的工作具有前瞻性，准确预测学生学习过程中的知识基础和学习困难是教师专业能力的重要体现，对教师优化教育决策及建立和谐的师生关系具有重要意义。职前教师作为未来教育前线的后备力量，其是否具备关注和理解学生的能力值得教师教育领域的关注。

第三章　案例二：问题解决

（二）案例描述

1. 为什么进行本研究？

　　师：该案例的研究对象是物理职前教师，主要内容是解决问题的眼动差异。众所周知，教师是否具备关注和理解学生的能力直接影响着教师的教学质量，为什么作者要利用眼动技术来研究物理职前教师是否具备关注和理解学生的能力呢？

（1）学生的迷思无处不在
　　在科学教育中，大量的研究发现学生在不同的学习阶段对不同的学科领域具有一些迷思概念。例如，学生认为"重的物体比轻的物体下落得更快""电流和水流一样""摩擦力只能阻碍物体运动""在超重和失重过程中，物体的质量发生变化"，这些均为学生常见的迷思概念。这些迷思概念具有顽固性、负迁移性和隐蔽性，可能会降低学习效率，甚至阻碍学生的学习过程。

（2）物理职前教师对学生的了解
　　在教育实践中，帮助学生掌握正确的物理知识、识别学生的错误概念以及挖掘学生的学习困难是教师的重要教学目标之一，已有研究证实学生对许多物理问题存在迷思概念。因此，教师能否识别学生的迷思，教师了解学生的能力如何引起了研究者的关注。

　　从知识层面出发，一些研究从舒尔曼（Shulman）提出的学科教学知识（pedagogical content knowledge，PCK）视角下分析了教师对学生的理解与学生的实际状态不一致的情况。大量研究表明，职前教师可能与他们的学生存在同样的错误概念，并且未能挖掘学生已有的学习困难和迷思概念。从 PCK 理论的角度看，造成这一现状的原因可能是教师对学生和学科的了解不足。

（3）眼动追踪技术
　　教师 PCK 在教学实践中的作用尤为重要，一部分研究关注教师的 PCK 现状，记录教师的 PCK 发展。另一部分研究尝试利用教学实践进一步增强职前教师对学生的关注。而 PCK 作为个体的内隐信息，其测量存在一定的难度。在以往的研究中,通常采用多种测量方法来调查教师的PCK,包括纸笔测试、概念图、结构化或半结构化访谈、刺激回忆访谈、课堂观察和问卷调查等。这些测量存在一定的局限性,有时不能恰当地表达他们的想法,或者他们可能会避免在调查中表达不被大众接受的观点。对于问题解决而言,往往只能获得结果,无法深入挖掘过程。另外,调查过程经常产生冗长的定性数据供分析,既费时又费力。

随着认知神经科学和其使用的方法和技术的蓬勃发展,脑电图、脑磁图、功能性核磁共振等已广泛应用于各个研究领域。眼动追踪技术可以记录个体的眼球运动,反映个体的内部认知过程。根据眼—心假说,眼动与注意力之间存在着密切的关系。眼球跟踪技术已广泛应用于阅读、信息处理、问题解决、人机交互和教育等各个研究领域。与传统的评估方法相比,眼动技术为研究者提供了一种更加客观的测量方法,可以监控整个学习过程,而不仅仅是学习结果。利用眼动技术,可以深入了解个体的认知加工过程,挖掘个体的内隐信息。

2. 本研究提出了什么问题?

师:文献综述对整篇论文的创作具有举足轻重的地位。通过文献的梳理,发现学生的迷思概念对学生的学习产生了很大的影响。大量研究表明,职前教师可能与他们的学生存在同样的错误概念,从PCK理论的角度看,造成这一现状的原因可能是教师对学生和学科的了解不足。然而现有的研究一部分关注教师的PCK现状,记录教师的PCK发展。另一部分尝试利用教学实践进一步增强职前教师对学生的关注。基于此,我们可以提出什么研究问题?

研究试图探讨职前教师对学生解决问题的预测能力,通过预测结果和预测过程进一步调查职前教师关注学生的水平如何。研究监测追踪职前教师在预测条件和非预测条件两种情况下完成物理选择题时的眼动差异,在非预测条件下,职前教师只需根据题目信息并依据自身的物理知识回答问题,该组教师称为非预测组;在预测条件下,职前教师需要预测学生最有可能选择的答案,该组称为预测组。

在预测组中,职前教师会被分为两组:积极预测组和消极预测组。

积极预测组预测学生回答的问题答案是正确的,而消极预测组预测学生回答的问题答案是错误的。

在非预测组中,职前教师也被分为两组:问题解决成功组和问题解决失败组。若职前教师根据题目依据自身的物理知识选出了正确答案则归为问题解决成功组,反之归为问题解决失败组。研究问题如下。

①预测组和非预测组的职前教师在视觉注意上有何差异?

②在预测组中,积极预测与消极预测的职前教师在视觉注意上有何差异?

③在非预测组中,问题解决成功者和问题解决失败者在视觉注意上有何差异?

3. 本研究如何设计和实施?

师:研究方案是整个研究的关键,在进行研究之前要详尽了解相关文献情况后制订细致的研究方案。对于上述的研究问题,我们如何设计研究方案?需要什么工具?

(1)研究材料与设计

FCI 是一套国际标准化力学概念测评工具,用于评估学生在力学中的错误概念、学习困难,以及对力学概念的理解水平。包含 30 道单项选择题,内容涵盖运动学、牛顿第一定律、牛顿第二定律、牛顿第三定律、力的叠加原理、力的种类等多个方面,是物理教学和物理教育研究领域的重要诊断工具。

本研究从 FCI 中选取 4 道题作为实验材料,所涉及的知识包括一维运动学、二维运动学以及牛顿定律。在眼动实验中试题材料的呈现由题干(包括图片)、五个备选选项,以及进入"下一题"的提交按钮组成,如图 3-1 所示。

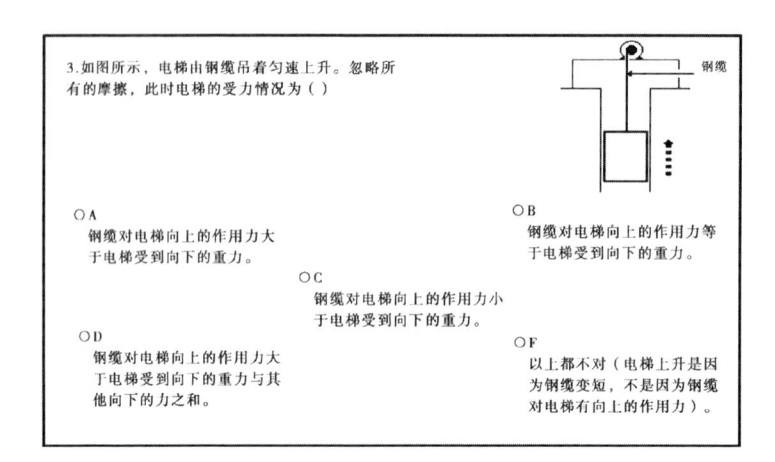

```
3. 如图所示,电梯由钢缆吊着匀速上升。忽略所
   有的摩擦,此时电梯的受力情况为(  )

   ○A
   钢缆对电梯向上的作用力大
   于电梯受到向下的重力。

                    ○C
                    钢缆对电梯向上的作用力小
                    于电梯受到向下的重力。

   ○D
   钢缆对电梯向上的作用力大
   于电梯受到向下的重力与其
   他向下的力之和。

   ○B
   钢缆对电梯向上的作用力等
   于电梯受到向下的重力。

   ○F
   以上都不对(电梯上升是因
   为钢缆变短,不是因为钢缆
   对电梯有向上的作用力)。
```

图 3-1 试题材料样例

（2）研究对象

基础数据准备：从某中等水平的中学随机抽取已完成力与运动学习的高一学生 220 名,其中女性 103 名,男性 117 名。发放 FCI 测试题进行测试,获得学生对本实验材料的实际答题情况。剔除无效数据后,有效数据为 210 份。

在眼动实验中,选取 138 名物理教育专业的本科师范生作为研究对象,其中女性 70 人,男性 68 人,测试均在大学里已经完成物理力学必修课程的学习。剔除因操作不规范而无法准确分析的眼动数据,最终的实际测试人数为 128 人,其中 64 名大二学生,64 名大四学生,将其随机分为预测组和非预测组。

（3）研究实施流程

参与者熟悉测试的任务和流程后,需要根据提示在电脑上进行眼球校准,以确定瞳孔位置和注视位置。在确保眼动仪能准确记录眼球运动后,实验进入正式测试阶段,未完成眼动校准的测试将不能参与本次测试。预测组和非预测组均需完成 4 道单项选择题,整个测试过程约 10～15 分钟。

（4）分析方法

该研究从两方面分析数据结果。首先,对职前教师的答题结果进行分析,包括教师预测的结果与高一学生实际回答情况的对比分析和教师答题的准确性分析。

其次，分析职前教师的答题过程中的眼动数据。先将实验材料的呈现界面划分为不同的兴趣区（areas of interests，AOIs），题干 AOI（问题陈述的区域）、选项 AOI（5 个备选答案的区域）、正确选项 AOI（正确选项的区域）、错误选项 AOI（其余 4 个不正确选项的区域）。选取注视时间、回视次数、眼动轨迹 3 个眼动指标进行分析。其中，注视时间指在某个兴趣区中目光停留的时间；回视次数指目光在不同兴趣区之间跳转的次数，反映读者对之前阅读信息的再加工过程。

利用 SPSS 软件，研究采用独立样本 t 检验，比较预测组与非预测组在眼动指标中可能存在的差异，并计算效应量。在预测组中，职前教师分为积极预测组和消极预测组。同样，在非预测组中，职前教师分为成功问题解决者和问题解决失败者。采用非参数检验（mann-whitney U）检验，分析职前教师在预测条件下，积极预测组和消极预测组的视觉注意差异，以及在非预测条件下问题解决成功者和问题解决失败者的视觉注意差异。

4. 研究获得了什么结果？

师：研究结果是一篇论文的核心，其水平标志着论文的学术水平或技术创新的程度，是论文的主体部分。我们收集到的数据结果可以得出什么样的结论？如何来回应我们的研究问题呢？用到了什么数据分析？

根据研究设计，该研究对职前教师的答题结果和预测过程进行分析。其中答题结果指对比物理职前教师的预测结果和学生的实际答题情况，以及职前教师自身完成 FCI 试题的情况；答题过程指分析职前教师在测试中眼动数据，包括注视时间、回视次数和眼动轨迹。具体内容如图 3-2 所示。

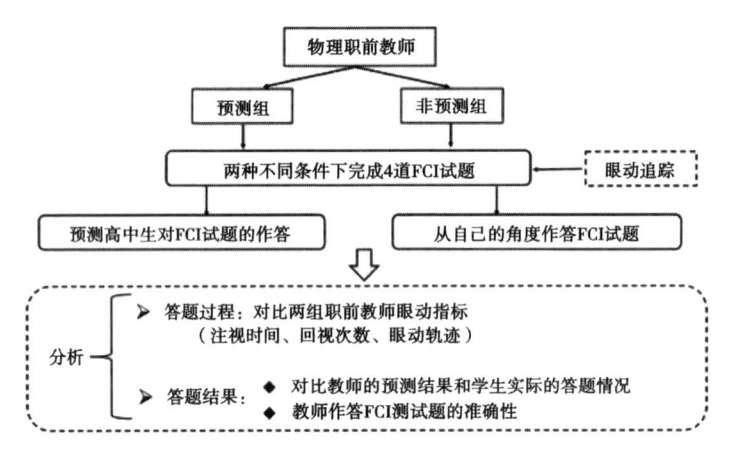

图 3-2　研究结果的分析

（1）两种条件下职前教师的答题结果

如表 3-1 所示，在非预测条件下，教师在 4 道 FCI 试题中的正确率均不到 80%，并非所有的物理职前教师能正确解答 FCI 测试题，一部分教师自身对力学的相关知识可能仍然持有错误概念。以第二题和第三题为例，职前教师的错误率高于 30%。第二题与平抛运动相关，错误选项 D 考查教师是否误认为物体的重量会影响平抛运动中水平方向的运动。

第三题涉及牛顿第三定律等知识点，选项 D 的错选率最高，选择该选项职前教师可能无法运用牛顿第三定律确定匀速运动下的物体受力情况。从以上分析可以看出，物理职前教师对基础的力学核心概念的掌握和运用有所欠缺，其学科内容知识水平有待提升。

分析职前教师在不同的条件下对 4 道测试题的作答情况。在预测条件下，每道题基本都是低于 50% 的教师能预测学生选择的正确答案。尤其是第三题，仅有 25 名职前教师（39.1%）判断学生能正确回答此题。此外，一部分职前教师对学生完成 4 道题的情况作出消极预测，而职前教师所普遍选择的最具迷惑性的选项与学生实际测试中错误率最高的选项并不相符。可见，职前教师的预测与学生的实际表现之间存在明显差异，职前教师未能正确预判学生的真实水平，没有充分了解学生掌握力学概念的程度（表 3-1）。

表 3-1 各组职前教师的答题结果

分组	题号	正确答案	组别	答案	N	占比 /%
预测组 (n=64)	第一题	A	积极预测	A	33	51.6
			消极预测	B/C/D/E	31	48.4
	第二题	B	积极预测	B	28	43.8
			消极预测	A/C/D/E	36	56.3
	第三题	B	积极预测	B	25	39.1
			消极预测	A/C/D/E	39	60.9
	第四题	E	积极预测	E	31	48.4
			消极预测	A/B/C/D	33	51.6
非预测组 (n=64)	第一题	A	回答正确	A	50	78.1
			回答错误	B/C/D/E	14	21.9
	第二题	B	回答正确	B	43	67.2
			回答错误	A/C/D/E	21	32.8
	第三题	B	回答正确	B	44	68.8
			回答错误	A/C/D/E	20	31.3
	第四题	E	回答正确	E	51	79.7
			回答错误	A/B/C/D	13	20.3

（2）职前教师的视觉注意力

1）预测组和非预测组

该研究对预测组和非预测组的注视时间和回访次数进行了分析和对比。研究者将预测组和非预测组作为两个组别,将总注视时间、各兴趣区的注视时间、总回访次数、各兴趣区的回访次数作为因变量,对数据进行独立样本 t 检验并计算效应量。注视时间的数据见表 3-2,回视次数的数据见表 3-3。

表 3-2 预测组与非预测组各题平均注视时间的独立样本 t 检验结果

检验项	预测组(n=64)		非预测组(n=64)		独立样本		
	M	SD	M	SD	t	p	平均值差异
每道题的总平均注视时间/秒	51.06	22.08	43.35	20.43	2.05	0.042*	0.36

续表

检验项		预测组（n=64）		非预测组（n=64）		独立样本		
		M	SD	M	SD	t	p	平均值差异
注视时间/秒	问题区域	21.69	13.7	21.57	12.83	0.52	0.958	0.001
	选项区域	29.37	17.36	21.78	16.26	2.55	0.012*	0.45
	正确选项区域	6.08	5.72	5.74	5.46	0.35	0.726	0.06
	错误选项区域	23.29	15.04	16.04	12.64	2.95	0.004**	0.52

注　*$p<0.05$；**$p<0.01$。

表3-3　预测组与非预测组各题回视次数的独立样本 t 检验结果

检验项		预测组（n=64）		非预测组（n=64）		独立样本		
		M	SD	M	SD	t	p	平均值差异
回视次数/次	每道题的平均回视次数/次	19.4	11.03	8.59	5.13	7.11	0***	1.26
	问题区域	7.31	5.33	3.88	2.85	4.55	0***	0.80
	选项区域	12.09	7.99	4.72	3.83	6.66	0***	1.18
	正确选项区域	2.91	2.69	1.38	1.36	4.06	0***	0.72
	错误选项区域	9.19	6.47	3.34	3.01	6.56	0***	1.16

注　***$p<0.001$。

对于注视时间，结果表明预测组（$M=51.60s$，$SD=22.08$）比非预测组（$M=43.35s$，$SD=20.43$）在每个题目上花费更多的注视时间。细化到各个兴趣区，在选项AOI，特别是错误选项AOI中，两组注视时间的差异尤为明显（$t=2.95$，$p<0.05$，平均值差异 $=0.52$）。预测组倾向于花更多的时间看选项，特别是看不正确的选项。对于回访次数，总的回访次数和对各个区域的回访次数有明显的差异（每个区域的对比中，p值均小于0.05）。预测组比非预测组更频繁地在所有AOI之间转移他们的视觉注意力。

总的来说,预测条件下的职前教师更多的关注和阅读所有区域,以确认和理解所有信息,他们可能会花更多的时间思考和预测学生的选择。并且相比于非预测组,预测组在不同区域之间不断转移视觉注意力。由此可以推断,职前教师在预测学生的回答时,对所有 AOI 中的信息进行了谨慎而反复的检查和整合。相反,非预测组在整个项目中表现出较短的注视时间和较少的重访,因为他们不需要从学生的角度来思考问题。

2)积极预测组和消极预测组

在预测条件下,职前教师对学生的实际表现有不同的预测。由于两组人数不同,数据未呈正态分布,采取 Mann-Whitney U 检验对数据进行分析。以第三题为例,数据见表 3-4,发现两个组对每个题目的总注视时间和总回访次数无显著差异。但是,具有积极预测的职前教师更倾向于关注正确选项区域。相反,消极预测的职前教师在错误选项 AOI 中呈现了更多的注视时间和回访。他们倾向于在多个不正确的选项中比较信息。

表 3-4　各题平均注视时间的 Mann-Whitney U 检验结果

研究内容		第三题		
		积极预测($n=25$)和消极预测($n=39$)		
		U	p	平均值差异
每道题的总平均注视时间/秒		445.50	0.563	0.15
回视次数/次	问题区域	473.50	0.847	0.05
	选项区域	464.50	0.746	0.08
	正确选项区域	214.50	0^{***}	1.06
	错误选项区域	414.00	0.312	0.25

注　***$p<0.001$。

研究者认为此结果是可以理解的,参与者对学生的表现有不同的预测,这可能导致他们关注不同的兴趣区。以两幅眼动轨迹图为例,图中覆盖各个兴趣区的圆圈表示眼睛注视的位置,圆圈的数量表示注视的数量。连接连续注视的实线代表目光的转移。

在图 3-3(a)和图 3-3(b)中,这幅眼动轨迹图中圆圈的数量接近。在积极预测和消极预测的参与者之间,在检查选项信息的模式上发现了差异。图 3-3(a)中正确选项 AOI 的圆圈较多,而图 3-3(b)中错误选项 AOI 的圆圈较多。

图 3-3（a）中连接正确选项 AOI 与其他 AOI 的实线较多,而图 3-3（b）中连接错误选项的实线较多。可以看出,这两个具有不同预测的参与者重新阅读或重新检查了不同领域的信息。参与者 C 反复阅读正确的选项,而参与者 D 倾向于在错误的选项 AOI 中仔细检查。因此,一位积极预测组的教师预测学生回答正确,则会更多地关注正确选项。而消极预测的教师认为学生回答错误,则会在错误选项中反复比对,作出选择,因此在眼动指标上存在差异。

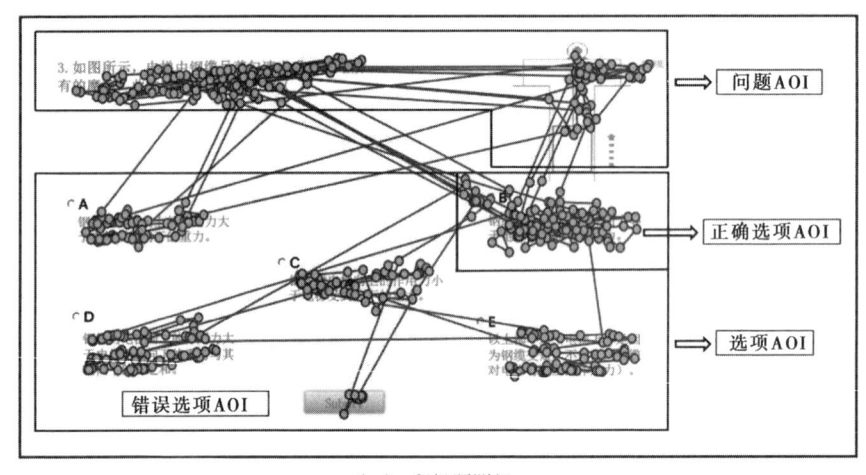

（a）积极预测组

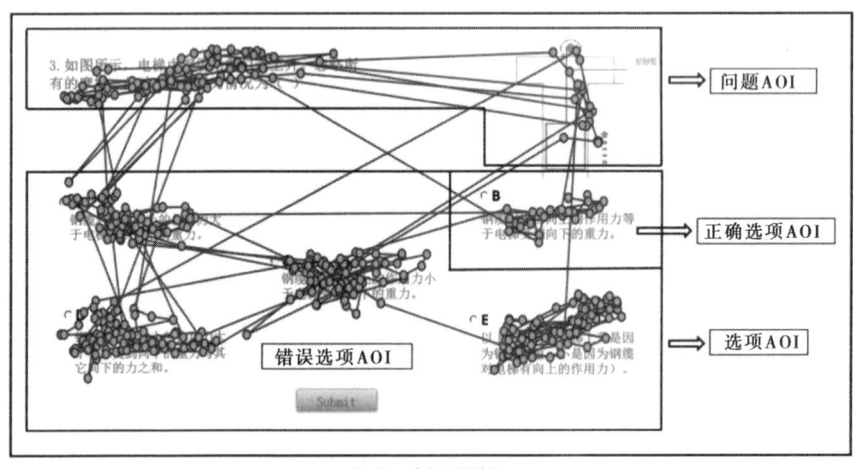

（b）消极预测组

图 3-3　参与者 B 解答第 3 题时的眼动轨迹

3）正确解答者和错迷思概念答者

根据参与者回答的准确性,正确解答问题的教师和错迷思概念答者的职前教师视觉注意力有何不同？由于两个组别的人数相差较大,同样利用 SPSS 软件对注视时间和回访次数进行非参数检验。结果发现,成功和不成功的问题解决者在解决物理问题时关注不同的 AOI。成功解决问题的职前教师将更多的时间分配到选项区域,包括正确选项 AOI 和错误选项 AOI。

而可能持有错误观念的不成功的问题解决者将更少的注意力分配到各个区域。对于回视次数而言也是如此,正确解答的职前教师更频繁地回访选项。此外,对比两位来自不同组别职前教师的眼动轨迹图,可以更加直观地看到,正确解答问题的职前教师,眼动轨迹图更加复杂,对选项兴趣区关注更多,如图 3-4 所示。

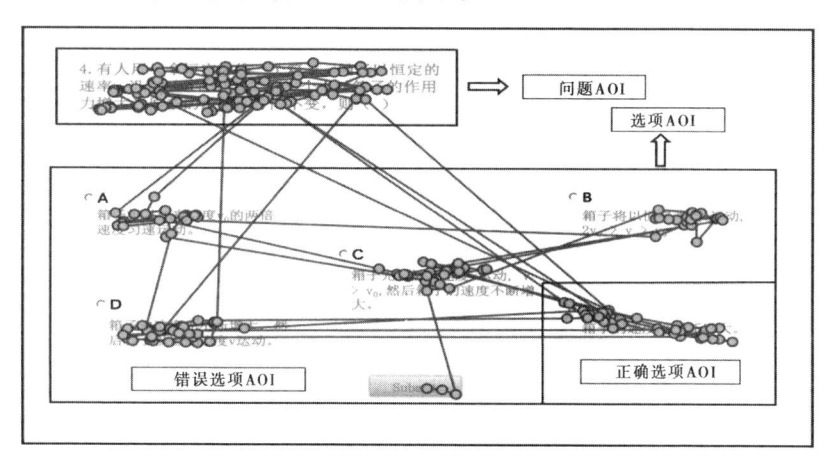

（a） 成功的问题解决者 C 在解决第 4 题时的眼动轨迹

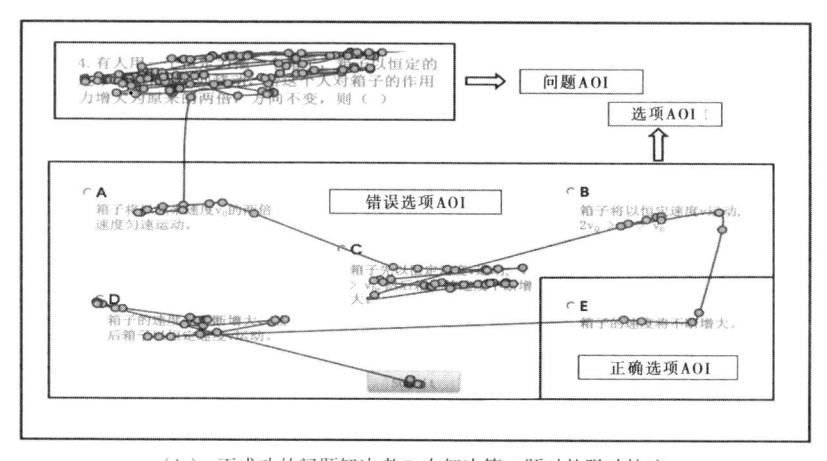

（b） 不成功的问题解决者 D 在解决第 4 题时的眼动轨迹

图 3-4 问题解决者在解决第 4 题时的眼动轨迹

5. 如何评价本研究结果？

师：基于结果的讨论是展现作者学术成果和逻辑思维的重要部分，也是学术文章的最大价值。对于上述的结果，我们可以有怎样的思考？可以从哪些方面入手？

（1）教师的答题结果

职前教师的预测结果与学生的实际答题情况存在差异，高估或者低估了学生的水平。与已有的研究进行对比，并非所有物理职前教师都能正确解答 FCI 试题，职前教师也可能会错误回答，他们可能对力与运动也存在一定的错误概念。以往的研究也强调，教师无法理解学生可能是由于他们缺乏内容知识。可见，学科内容知识是 PCK 的重要组成部分，加强和发展教师的专业能力是不可忽视的。

（2）教师的视觉注意

在预测条件下，职前教师更注意审视题目、整合信息，对比题目中的选项。"预测"可以作为一种方法，去推动教师主动关注和理解学生。

预测组中，积极预测的职前教师更多的关注正确选项，而消极预测的职前教师倾向于对每个错误选项多次查看。

在非预测组中，回答正确的参与者会花更多的时间分析正确和错误选项区域。学科专业知识水平较高的人会花更多的时间关注与任务相关的区域。专业知识在引导视觉注意方面起着至关重要的作用。

①职前教师对学生的理解是教师专业发展的重要组成部分。职前教师有必要积极关注学生的实际学习情况。职前教师对学生想法的感知可以通过实践练习和教学实践来培养。②要重视职前教师学科内容知识的培养和发展。在高等教育中要重视职前教师的 PCK 培养。

三、对研究结果的深度剖析和拓展

（一）基于本案例的深度剖析

①本案例中研究题目的关键词是什么？该项调查想研究什么？
②本案例如何体现研究的重要性、必要性和价值？
③研究者是怎样提出 3 个研究问题的？
④眼动技术的优势在哪里？为什么会采用眼动技术进行研究？
⑤本案例的研究结果如何？是怎么回答研究问题的？
⑥如何基于数据结果进行讨论？
⑦关于本案例,你有什么思考？本案例中的不足之处如何进一步改进？

（二）基于本案例的拓展研究

1. 本案例在研究对象和试题材料上可以改进吗？

参考：试题材料仅有 4 个 FCI 问题,研究对象也局限于某校的物理师范生,数量相对有限。为了增加结论普遍适用性,测试材料可以涉及更多的物理知识和不同难度层级的试题,并扩大研究对象的范围。

2. 本案例在研究方法上可以改进吗？

参考：可以在定量分析的基础上辅以定性方法,如访谈和问卷调查等,进一步调查参与者的真实想法,更加有力地支持研究结果。此外,该研究利用眼动追踪技术,提供了一种新颖的方法,从新的视角更加直观地反映个体物理问题解决过程。未来将现代技术与教育教学研究相结合,以期探索更多的未知。

3. 本案例在研究设计上可以改进吗?

参考:问题的设置有待改进,研究中要求预测组的职前教师"预测学生可能会选择的选项",教师需要在正确解答的前提下进行预测,而本案例中无法知晓职前教师自己是否能正确回答研究者物理问题。

思考:根据本案例,你还可以提出什么研究问题?

(三)基于问题解决领域的拓展研究

1. 利用现代新型技术探索问题解决

随着认知神经科学及其应用方法和技术的发展,脑电图、脑磁图、功能性核磁共振等被广泛应用于各个研究领域。眼球追踪技术可以记录一个人的眼球运动,反映一个人的内在认知过程。基于问题解决能力的测量不同于外显行为的测量,要求获取学生的认知加工过程,挖掘个体的内隐信息,眼动仪等现代新型技术有效增强了学生问题解决能力过程测评的全面性,其客观性也得以保证。

也有学者利用现代新型技术研究个体问题解决的过程。Baker(2009)、Romero(2007)等学者指出教育工作者可以利用 Log 数据来讨论教育一系列的学习行为内因机制,由此发现学习者的学习过程和结果的因果关系,帮助学者研究学习者的学习行为、学习模式和所属学习环境,为提高中国学生的问题解决能力提供实用建议。

2. 健全问题解决的测评框架

在以结果为导向的环境下,我国物理问题解决测评主要关注学生对知识与技能的掌握情况,过程和情感等方面评价不足。国际物理问题解决能力测评不仅关注知识与技能维度,也关注学生解决物理问题的态度、方法、逻辑、表征等其他维度。此外,不单一使用纸笔测试进行测评,探索更有效的手段评估学生的解决问题能力。

认知心理学家安德森提出:问题解决是指有目的的问题解决,同时表现在心理过程的操作序列上与问题解决的认知操作上。这一观点认为,在解决问题的过程中应用知识技能和具体的操作过程是重要的,在问题解决的过程中,学生不可避免地会产生多个相互冲突的目标,这就需要在应用所学知识时具有明确和平衡目标的操作智力。

而对这一过程的综合评价必须从多维的角度考虑,对学生解决问题的整个过程进行记录,从而对解决问题的能力进行多维的评价。胡艺龄基于内隐认知、信息加工及思维特征,提出并构建了关于问题解决心理过程的能力评价模型,使用学习分析技术来探索学生解决问题的过程中的认知表示逻辑和行为符号。

为了克服出声思考访谈法的弊端,研究者另辟蹊径,如有研究者从界定问题、计划、实施、评价四个维度出发,利用二阶测试题(既需要学生选出答案,也要选出理由)设计了一套平面镜主题的问题解决能力量表。为了提升测评工具的适用范围,使其可以相对容易地应用于正常的课堂活动,詹妮弗(Jennifer)等人开发了"明尼苏达问题解决能力评估标准"(minnesota assessment of problem solving, MAPS),影响深远。MAPS包含五个评估要素:有用的描述、物理方法、物理的具体应用、数学程序、逻辑过程。

3. 创新问题解决测评的方式

在信息技术飞速发展的时代,问题解决能力的评价过程得到了信息技术的支持,例如,学生在问题解决过程中,教师通过在线跟踪技术,不断采集学生在解题过程中的表现数据,以可视化的方式呈现具体结果,然后利用数据统计分析技术,根据教育评价的特点对数据进行分析,并给出实时反馈。

这种在线评估方法创造问题情境,并持续记录解决问题的过程,有助于真实反映学生在解决问题时的思维过程。它可以作为判断学生解决问题能力的真实可靠证据,对学生解决问题能力的发展有积极的影响。评价方式的创新不仅丰富了教育评价工具,也促进了评价实践中评价新概念的实施。

(四)可研究问题的建议

1. 教授学生专家预测框架的策略

已有不少关于问题解决的文献提出许多可以帮助学生学习解决问题的策略。然而还需要更多的研究来确定教授学生如何解决复杂的、现实世界的物理问题的策略。其中未来研究的一个重要领域是我们如何有效地教授学生使用这些专家预测框架。现有的大部分研究中,在实施教学实践和课程时,并没有将这些专家预测框架及其应用教授给学生。

然而,预测框架是问题的关键特征及其之间关系的心理模型,若能建议在解决问题的教学中侧重于让学生识别给定问题的关键特征,然后练习操纵相关变量之间的关系等,学生会更仔细地思考问题的特征,有助于帮助他们识别相关概念,并构建问题的良好可视化表示。因此,探索研究如何有效地教授给学生相关的专家预测框架的策略,有利于学生锻炼他们的预测能力,提高问题解决的能力。

2. 探索问题解决者的视觉注意力影响

国外研究者研发了多种多样的物理问题,如费米问题(fermi problems)、主动学习问题表(active learning problem sheets)、情境丰富问题(context-rich problems)、危险问题(jeopardy problems)、实验问题(experiment problems)等。从问题结构的角度来看,这些问题都被归类为结构不良问题,具有问题条件冗余、问题目标界定不明确、存在多种解决方法、与真实情境相关等特点。

PRPER的早期眼动跟踪研究大多使用单一的概念问题,主要集中在专家和新手之间的比较,或成功和不成功的问题解决者之间的比较。然而,大部分研究将所有的物理问题视为一个单一的类别。因此,通过眼动跟踪来探索不同问题结构或综合题对问题解决者的视觉注意力影响将有利于我们更深一步地了解和获得学生处理和整合信息的情况。

四、案例教学指导

(一)教学目标

1. 适用课程

本案例适用于《教育研究方法》《物理教育研究方法》《教师专业发展》等课程。

2. 教学对象

本案例适用于学科教学(物理)硕士研究生、课程与教学论(物理方向)硕士研究生、物理学(师范)专业学生及参与教师专业发展的在职教师。

3. 教学目的

①学会如何进行设计和开展物理教育调查类研究。
②了解问题解决在国际物理教育中研究的进展和意义。
③培养研究中的创新精神和研究素养。

(二)启发思考题

①本案例如何体现研究的重要性、必要性和价值?为什么会提出这3个研究问题?
②针对本案例的研究问题,应如何进行调查?如果是你,会如何开展调查?
③该研究设计是否满足研究问题的需要,你认为还有什么需要补充?

④该研究结果如何回答研究问题？用了哪些统计分析方法？

⑤思考题：基于物理问题解决的论文主题，设计一个新的研究题目，并简单介绍如何开展研究。

（三）分析思路

该案例是一篇涉及问题解决的研究调查。该研究针对学生的现状，从 PCK 理论中"关于学生的知识"要素出发，提出研究目的和问题。针对已有研究的研究方法，结合新技术开展研究。教师预期学生在具体问题和任务中学习困难和情感想法，可以作为衡量教师关注和理解学生的重要指标。换言之，教师对学生知识基础和学习困难的预测或许能反映教师的 PCK 能力。因此，研究将教师对学生的预测作为衡量教师能否关注和理解学生的方法。

对物理职前教师在预测条件下和非预测条件下的眼动行为进行追踪，并对两组职前教师预测过程进行分析，以探究不同条件下职前教师的眼动行为特点，调查其预测学生实际学习情况的能力。

通过学习该案例，可以帮助学生梳理物理教育调查类的一般研究思路，关注问题解决领域的研究现状和发展，引领学生走入教育研究的大门，培养具有国际视野的学生。

（四）案例分析

1. 相关理论

（1）教师 PCK 理论

学科教学 PCK 知识的概念是美国斯坦福大学的舒尔曼教授在 1985 年提出的，即教师是怎样将自己的学科知识转换成学生能够理解的知识、怎样处理学科相关的问题材料以及如何将其用自己的学科知识进行表征和解释，他们指出 PCK 是最能区分学科专家、教学专家与学科教师的不同。

舒尔曼将 PCK 分为三个部分：学科知识、学生知识和帮助学生理解学科内容的教学策略知识。在后续学者对 PCK 的研究中，学者们进一步对 PCK 的内涵进行思考,对 PCK 的组成要素进行重新划分或补充。PCK 知识对于教师未来发展有重要指导作用,不同的研究者对 PCK 知识的来源分析有不同的看法,但多数学者都认同教学经历在来源中占据重要地位。

已有学者对物理教师的 PCK 进行研究。例如,Abell 对物理教师的 PCK 组成要素进行研究,认为其是由物理教学的倾向性、物理学习者的知识、物理课程知识、物理教学策略知识以及物理学习评价知识几部分组成。Jan H 等人也对提升物理教师 PCK 的途径进行了分析,认为具备深厚的物理知识能有效发展教师的 PCK,物理教师的 PCK 是在真实的教学活动过程中不断建构而来的。Tarsisius Sarkim 提出了提升物理教师 PCK 的策略,运用个案研究的方法对比新手物理教师与专家型物理教师的 PCK 差异。

（2）眼动追踪技术

眼动追踪技术是一种利用眼球运动来反映人的认知过程的技术。对这种技术的研究始于 19 世纪末。Just M A 和 Carpenter P A 基于两个假说提出眼球运动过程中产生的数据和理论之间的联系,一种是即时性假说,即注意力集中在一个目标上,大脑立即处理,没有任何层次的解释;第二种是眼脑假说,它认为人类眼睛固定目标的运动是思维过程。所以当眼睛盯着一个目标时,大脑会做出相应的反应。因此,我们可以通过观察眼睛的运动状态来反映个体的认知活动。眼动的常见指标有注视时间、回视次数、眼动轨迹、热点图、瞳孔直径等。

2. 关键能力点

（1）开展教育调查类研究的能力

具备开展研究的能力和良好的量化研究方法素养对教育研究者具有重要意义。学生需要加强基础研究意识和方法论的培养,提高逻辑分析能力和统计应用技能的训练。该案例展示了通过眼动追踪技术探究职前教师对学生解决问题的预测能力的研究过程,通过该案例的学习,学生应了解实证研究是一种通过观察、实验或对研究对象的调查来分析和解释收集到的数据或信息的研究方法,掌握开展教育调查类研究的一般方法。

（2）数据统计分析能力

掌握数据统计分析能力不仅有利于培养教育研究者思辨的逻辑分析能力，而且有利于培养其深入分析数据的统计学能力。在该案例中，研究者运用了 SPSS 软件中的独立样本 t 检验和 Mann-Whitney U 检验。独立样本 t 检验是比较两组正态分布的数据之间的差异，有无统计学意义；Mann-Whitney U 检验评估了两个抽样群体（数据被假设为非正态分布）是否可能来自同一群体，用于证明这两个群体是否来自具有不同水平的相关变量人群。

数据统计分析方法是教育研究方法论体系中非常重要的数据分析方法，它有助于表明教育活动或现象的特点和规律。目前，在国际教育研究方法领域，统计分析方法已成为保障和实施教育研究的重要工具。

3. 问题解决的探索与创新

（1）教育研究中发现可研究问题的重要性

通过文献综述，学生能深化对研究概念的理解，明确论文的价值与研究的必要性，并识别关键的研究问题，这是科研技能的重要一环。在本案例中，教师的重要教学目标是帮助学生掌握正确的物理知识，识别并纠正错误观念，同时发现并解决学生在教育实践中的学习难题。研究揭示了学生在物理问题上的常见迷思。关键问题在于，教师是否能识别学生的迷思概念，并理解学生的认知能力。已有研究表明，职前教师可能与学生共享相同的迷思概念，这可能是因为他们对学生先入为主的观念和学习障碍了解不足。从学科教学知识（PCK）理论视角分析，这种现象可能是因为教师对学科内容和学生认识不足。

本案例应用眼动追踪技术，研究职前教师在不同情境下解决物理问题的过程，旨在提升职前教师的专业素养，满足教师教育的要求。这对于教师优化教育决策、建立和谐的师生关系具有深远的意义。

（2）研究设计的创新

发现问题与创新密切相关，发现问题是一种创新，创新能解决我们发现的问题。教师 PCK 在教学实践中的作用尤为重要，PCK 是个体的内隐信息，其测量存在一定的困难，在教学实践中尤为重要。在以往的研究中，调查教师 PCK 的方法多种多样，包括纸笔测试、概念图、结构化或半结构化访谈、刺激回忆访谈、课堂观察和问卷调查等。

这些测量方法有一定的局限性,随着认知神经科学的发展及其使用的方法和技术,脑电图、脑磁图、功能性核磁共振等被广泛应用于各个研究领域。眼球追踪技术可以记录一个人的眼球运动,反映一个人的内在认知过程。根据眼—心假说,眼球运动和注意力之间有密切的关系。眼球追踪已被广泛应用于阅读、信息处理、问题解决、人机交互和教育等研究领域。与传统的评估方法相比,眼动技术为研究人员提供了一种更客观的方法来监控整个学习过程,而不仅仅是结果。利用眼动技术,有可能深入了解个体的认知加工过程,并提取内隐信息。

(五)课堂设计

①时间安排:大学标准课堂4节,160分钟。
②教学形式:小组合作为主,教师讲授点评为辅。
③适合范围:50人以下的班级教学。
④组织引导:教师明确预习任务和课前前置任务,向学生提供案例和必要的参考资料,提出明确的学习要求,给予学生必要的技能训练,便于课堂教学实践,对学生课下的讨论予以必要的指导和建议。
⑤活动设计建议:提前布置案例阅读和汇报任务。阅读任务包括案例文本、参考文献和相关书籍;小组汇报任务包括对思考题的见解、小组合作的教学设计。小组讨论环节中需要学生明确分工,做好发言以及最后形成的综合观点记录。在进行小组汇报交流时,其他学习者要做好记录,便于提问与交流。全班讨论过程中,教师对小组的设计进行点评,适时提升理论,把握教学的整体进程。
⑥环节安排如表3-5所示。

表3-5 课堂环节具体安排

序号	事项	教学内容
1	课前预习	学生对课堂案例、课程设计等相关理论进行阅读和学习
2	小组研读案例、讨论及思考	案例讨论、模拟练习、准备汇报内容
3	小组汇报,分享交流	在进行小组汇报交流时,其他学习者要做好记录,便于提问与交流。在全班讨论过程中,教师对小组的设计进行点评,适时提升理论,把握教学的整体进程

续表

序号	事项	教学内容
4	教师点评	教师在课中做好课堂教学笔记,包括学生在阅读中对案例内容的反应、课堂讨论的要点、讨论中产生的即时性问题及解决要点、精彩环节的记录和简要评价。最后进行知识点梳理及归纳总结
5	学生反思与生成新案例	学生课后对这堂课的自我表现给予中肯的评价,并进行学生合作式案例再创作

(六)要点汇总

1. 物理教育实证研究的一般思路

掌握物理教育实证研究(物理教育调查)的一般研究思路是学生开展科研活动的必备技能。教育调查类研究包括学习态度调查、错误概念调查、学习差异调查等。一般特点是采用问卷调查现象,提出建设性意见或剖析其影响因素。当前,教育研究范式常被分为思辨、实证和行动研究范式,其中实证研究范式又可分为质性、量化和混合三种亚范式。

本章案例的数据统计分析方法属于量化研究,即对事物可以量化的部分进行测量和分析,以检验研究者关于该事物的理论假设,在调查过程中要求调查目的明确、选样方法科学、收集手段多样、统计方法合理。在问题解决领域中的研究亦是如此。首先学生应捕捉教学中有关问题解决的教育现象和亟待解决的问题,寻求研究的理论基础和指导思想,通过对已有的文献进行梳理,找到该研究的价值、重要性和必要性,确定问题解决的"问题",从而提出研究问题,接着设计问题解决过程的监控手段和评价方法。

教学要注重训练学生的逻辑思维,避免在开展实证研究过程中,例如,进行文献综述和分析讨论时,研究者发生偷换概念、以偏概全的现象,用貌似符合逻辑的前提,推论出错误的结论或观点。针对职前教师缺乏开展教育研究的经历,通过引入该教学研究案例,供其讨论和思考,促使他们将理论应用于实践。

2.问题解决在国际化物理教育中的研究进展和意义

以一篇涉及问题解决的研究为材料引进国外的优秀教育研究案例,带领学生阅读外文文献,分析其研究的设计、过程、方法等,共同领略国外的教育研究故事。问题解决领域是物理教育研究中一个比较成熟的子领域,已有较长的研究历史,与数学和认知科学领域也有紧密联系。因此,有大量关于学生如何解决问题和解决常见困难的教学策略的理论和信息。

此外,在进行物理教育研究时,可以利用认知科学和心理学的既定研究方法。通过引进国际物理教育研究的前沿案例,让学生课堂参与国际教育研究案例研讨、辩论、汇报和展示,拓宽国际视野,了解物理教学研究前沿背景,了解国际物理教育研究及论文范式,落实课程的创新性标准。

(七)推荐阅读

陈爱苾.课程改革与问题解决教学[M].北京:首都师范大学出版社,2004:2.

参考文献

[1] 王甦,汪安圣.认知心理学[M].北京:北京大学出版社,2006.
[2] 林崇德.心理学大辞典(下卷)[M].上海:上海教育出版社,2003.
[3] 刘爱伦,水仁德.思维心理学[M].上海:上海教育出版社,2002.
[4] Niedelman N S. An investigation of transfer to mathematics of a problem solving strategy learned in earth science[J].Dissertation Abstracta International,1990,51(11):3622.
[5] Jonassen D H. Toward a design of theory of problem solving[J].

Educational Technology Research & Development,2000,48(4):63—85.

[6] Smith M U.Towarda Unified Theory of Problem Solving [M].1990. The annual meeting of the American Education Research Association[C].New Orleans,LA,1991:1—20.

[7] 翟彦芳,邢红军.从习题到原始物理问题:物理关键能力培养的有效途径[J].物理教师,2022,43(5):80—83.

[8] 谢丽,李春密,俞晓明.物理问题解决内部影响因素框架的构建与解析[J].物理教师,2017,38(10):6—8.

[9] 刘儒德.论问题解决过程的模式[J].北京师范大学学报(社会科学版),1996(1):22—29,92.

[10] 陈爱苾.课程改革与问题解决教学[M].北京:首都师范大学出版社,2004:2.

[11] 朱家卿.问题解决教学模式的实践及思考[J].山东教育,1999(29):15—18.

[12] 朱龙,付道明.一种提升学生问题解决能力的问题支架应用框架——基于翻转课堂的实证研究[J].电化教育研究,2020,41(2):115—121.

[13] 安蓉,王梅.高等教育课堂教学中问题式学习的应用[J].江苏高教,2007(2):79—81.

[14] Bagno E, Eylon B S. From problem solving to a knowledge structure: An example from the domain of electromagnetism[J]. American Journal of Physics,1997,65(8):726—736.

[15] Chi M, Bassok M, Lewis M W, et al. Self - Explanations: How Students Study and Use Examples in Learning to Solve Problems[J]. Cognitive Science,1989,13(2):145—182.

[16] Jong F. Studying text in physics : differences in study processes between good and poor performers[J]. Cognition and Instruction,1990,7(1):41—54.

[17] Kohl P B, Finkelstein N D. Patterns of multiple representation use by experts and novices during physics problem solving[J]. Physical Review Special Topics Physics Education Research,2008,4(1):120—127.

[18] Ibrahimand B, Ding L. Sequential and simultaneous synthesis problem solving: A comparison of students' gazetransitions[J]. Phys.Rev.Phys.Educ.Res, 2021, 17.

[19] Baker R S J D, Yacef K. The state of educational data mining in 2009: A review and future visions[J]. Journal of Educational Data Mining, 2009, 1（2）: 82—87.

[20] Romero C, Ventura S. Educational data mining: A survey from 1995 to 2005[J]. Expert Systems with Applications, 2007, 33（1）: 135—146.

[21] 首新, 何鹏, 陈明艳, 等. 基于教育数据挖掘的"探索和理解"问题解决过程研究: 以 PISA（2012）新加坡、日本、中国上海 Log 数据为例 [J]. 现代教育技术, 2018, 28（12）: 41—47.

[22] Burkholder E W, Miles J K, Layden T J, et al. Template for teaching and assessment of problem solving in introductory physics[J]. Physical Review Physics Education Research, 2020, 16（1）.

[23] 胡艺龄, 顾小清. 基于学习分析技术的问题解决能力测评研究 [J]. 开放教育研究, 2019, 25（2）: 105—113.

[24] Permatasari A K, Istiyono E, Kuswanto H. Developing Assessment Instrument to Measure Physics Problem Solving Skills for Mirror Topic[J]. International Journal of Educational Research Review, 2019（3）: 358.

[25] Docktor J L, Dornfeld J, Frodermann E, et al. Assessing student written problem solutions: A problem-solving rubric with application to introductory physics[J]. Physical Review Physics Education Research, 2016, 12（1）.

[26] 李锋. 学生问题解决能力的评价: 在线伴随的视角 [J]. 中国远程教育, 2019（8）: 79—84.

[27] Aol B, Aitf C, Koenigk, et al. Learning and Scientific Reasoning[J]. Science, 2009（5914）: 586—587.

[28] Tamir P. Subject matter and related pedagogical knowledge in teacher education[J]. Teaching & Teacher Education, 1988, 4（2）: 99—110.

[29] Michalinos, Zembylas. Emotional ecology: The intersection

of emotional knowledge and pedagogical content knowledge in teaching[J]. Teaching & Teacher Education,2007,23:355—367.

[30] Abell S K, Lederman N G. Handbook of research on science education[M]. New Jersey: Lawrence Erlbaum Associates,2007.

[31] Jan H. Developing science teacher's PCK[J]. Jounal of research in science teaching,1998,35:673—695.

[32] Tarsisius S. Investigating Secondary School Physics Teachers' Pedagogical Content Knowledge: A Case Study[J]. Post-Script, 2004（5）:82—96.

[33] Just M A, Carpenter P A. A theory of reading: From eye fixations to comprehension[J]. Psychological Review,1980,87（4）:329—354.

[34] 马勇军,姜雪青,杨进中.思辨、实证与行动:教育研究的三维空间[J].中国教育科学(中英文),2019,2（5）:111—122.

第四章　案例三：课程与教学

一、课程与教学的相关研究

（一）课程与教学的研究现状

20世纪80年代以来，不少研究者倾向于认为本质代表着事物的根本性质，因而课程与教学的本质问题，一度受到广泛关注。就教学本质问题来看，研讨历经"质疑辩驳阶段、多角度探讨阶段和综合创新阶段"，提出了"特殊认识说""交往说""发展说""多本质说""生命说""教育性教学说"等推断。

与此同时，课程本质问题亦受到诸多学者的关注，有不少学者认为课程定义问题就是课程本质问题。基于此，丛立新（2000）认为国内研究界主要有三种课程本质观：课程是知识、经验和活动。和学新、吴杰（2008）则认为主要有学科知识、经验、活动、计划和结果或目标这五种课程本质观。

柯政等人将课程研究简单地分为两大阶段，第一阶段是20世纪初到20世纪70年代，以"课程开发"为主流范式的研究阶段，第二阶段是20世纪70年代之后，借用派纳的概念，可以将其归结为"课程理解"范式的阶段。

1. 以"课程开发"为主流范式的课程研究

自博比特 1918 年出版了第一本专门论述课程的书《课程》之后,课程这一专门研究领域就诞生了。博比特(1918,1924)认为,强调教育目标的具体化和标准化,是课程研究的一个基本目标。后来,他又出版了一本《怎样编制课程》,进一步把课程编制过程进行细化。

从最初的发展阶段来看,学者进行的课程研究带有浓厚的技术取向,因此这个阶段的课程研究与课程实践密切相关,用于解决教学实践过程中所出现的问题。这种以"课程开发"为主流范式的课程研究在泰勒时期达到了顶峰,他为课程研究提供了一个基本框架,即目标、内容、实施与评价,此框架一直沿用至今。

2. 以"课程理解"为主流范式的课程研究

20 世纪 70 年代之后,课程研究主要关心的问题从"怎么把有价值的知识开发成学校课程"转变为"谁的知识是有价值的",学者开始把课程及课程开发实践作为一个"文本"进行解读。这个阶段诞生了一个叫"新教育社会学"的理论流派,主要关心课程背后的权利不平等问题。

到了 20 世纪 80 年代,西方开始广泛利用现象学、存在主义、解释学、法兰克福学派、后结构主义、解构主义、后现代主义等哲学社会学思潮来探究课程,催生了多样化的"课程理解"方式,涵盖了政治、种族、性别、现象学、美学、神学等多个维度。自此,课程研究步入了一个理论流派林立的时期,成功摆脱了理论危机。

3. 迈克·扬基于知识的课程研究

2008 年,Yong(2014)出版了《把知识带回来》一书,对自己之前揭示知识背后的不平等权利这一系列观点进行了根本性修正,他提倡要回到课程研究的起点问题上来,那就是"无论是在小学、中学、还是读大学,包括职业教育,哪些知识是学生有权利学习的"。他的观点引起了学界的极大关注,为此课程研究领域的重要刊物《课程研究》期刊在 2015 年第 6 期还设置了一个专刊,对其课程思想进行了专题讨论。

4.课程教学领域国际发展特征和趋势

近年来,课程研究领域的研究方向大致可以分为如下几类:

①反思和研究课程理论发展,即把课程理论本身作为探讨研究对象的文章;反思和研究教学理论,如李旭东提及的互联网技术发展对课程教学理论与实践产生的影响,紧跟时代潮流,分析课程与教学理论研究现阶段存在的问题和发展趋势,并提出了具体建议。

②用其他学科视角来分析课程教学,如女性主义。麦克奈特提及运用"临床"一词来定义初始教师教育产生的教学类型,用医学的跨学科理解分析教育理论。

③研究课程教学公平问题,曾经有研究学者对以改革为导向的课程促进公平的潜力表示怀疑,通过对课堂上特定的教学实践调查来探索教育公平的践行程度,寻求多种方式来实现各学科的教学公平。

④课程开发研究,如研究课程目标设计、教学评一致性等,于志辉提出了 C-STEM 课程设计与开发理论模型,结合中国本土国情用于国内教育实践中,以培养具有创新能力和综合才能的学生。同时,Ban 提出基于 MOOC 平台和传统教学辅助模式的有效教育模式研究,这种技术与学习理论的结合,拓展了 MOOC 的生命力,掀起新一轮学习变革浪潮。

⑤具体教学策略实施和效能研究,包括合作学习、探究式学习等,其中有调查相应教学策略下学生效果的,有运用定量研究方法验证学习策略可行性的,也有基于当前热点学习理论设计新的学习模型的。

⑥新型课程形态和内容研究。

⑦从学习科学、神经科学、计算机科学等角度来研究教学。

⑧文献综述或评论类。

从国际刊物上发表关于课程与教学文章的类别来看,课程研究领域的理论视角和新概念很多,且课程的公平问题是近些年来课程研究的一个重要议题,涉及课程知识选择背后的偏见及背后权利不均衡的问题。同时,我们发现课程研究领域的研究范式从偏向哲学化,以概念辨析为主,逐渐开始重视实践研究,与学校的课程实践相结合。

5. 教学研究领域的特征

对近些年来发表的教学领域的研究文章进行分析,可以看出教学研究领域有如下特征。①教学研究的视角和方法来源非常多,有心理学、信息技术、认知科学等,但研究范式很统一,几乎都采用实证研究,包括(准)实验研究、调查研究、个案研究方法。②研究的创新切入点很小,注重新的研究方法,比如采用新的研究设计和数据分析方法,HLM、路径分析等属于这种。③研究问题与教学改革趋势高度相关,大多都围绕着当时期教学改革过程中的前沿问题展开。比如,当科学教学改革开始强调发展学生的科学论证能力时,就会有一批有关在课程中如何采用论证本位的课程实施模式,以及如何评价学生的科学论证能力等相关文章发表。④本领域研究有明显的技术研发特征,经常有学者研发或验证某项教学工具或技术,包括编制测评学生科学学习兴趣或学生探究能力的量表等。

(二)课程与教学领域的一般研究思路

1. 教育教学中有关课程与教学的研究问题

作为教育研究者,首要任务是精准捕捉物理教育课程与教学中的核心问题。这要求研究者不仅具备扎实的文献搜索、阅读和综述能力,还需保持对领域最新动态的敏锐洞察。通过广泛而深入的文献分析,不仅要全面了解已有研究成果,更要勇于质疑传统观念,敏锐地发现教学实践中亟待解决的新问题,为物理教育的创新发展提供方向。

2. 研究的理论基础和指导思想

科学研究中,理论知识是研究实践的基础,指导思想则引领着研究稳步前进,二者都具有重要作用。首先,理论基础和指导思想可以为我们所习惯的事实提供新的视角,加深对已获得事件的理解。即使研究者面对从未被观察到的新现象,基于理论知识和指导思想的分析,也能为我们提供新的观察视角。其次，理论基础和指导思想允许将研究的基础与现有知识的背景相联系，为研究假设的形成和研究方法的选择提供了基础。

3. 提出研究问题

在综述中，综合、分析、比较、对照该研究领域内的文献，阐明有关问题的研究历史、现状和发展趋势，找到已解决的问题和待解决的问题，重点阐述对当前的影响及发展趋势，这样不仅能让研究人员确定和提出研究问题，而且便于读者了解该研究的切入点。

4. 根据研究问题选择研究材料

研究材料的选择直接关系到研究结果的可靠性与普适性。在物理教育课程与教学研究中，研究者需从多样化的课程教学现场中精心挑选具有代表性的课程作为研究材料。这些材料应贴近实际教学情况，能够真实反映物理教育的现状与挑战。通过对这些材料的深入分析与研究，研究者能够揭示物理教育中的普遍规律与特殊现象，为教育实践提供有力支持。

5. 科学分析数据信息

在数据分析阶段，研究者需遵循科学的研究方法，确保研究过程的规范性与结果的可靠性。这包括数据采集的严谨性、课堂教学行为分类的合理性、理论框架的创新性以及数据分析方法与工具的适用性。物理教育课程与教学领域的研究尤其强调实证导向，通过实证研究来验证教育假设、揭示教育规律。这种研究方式不仅使研究结果有理有据，还推动了教育研究向更加科学、严谨的方向发展。

二、课程与教学的案例再现

物理领域游戏化学习的评价[①]

摘要：近年来，以游戏为基础的学习在教育领域得到了广泛关注。然而，以游戏为基础的学习的有效性还没有被确切地证实。本研究中，我们采用一种带有指导性的、以游戏为基础的物理学习方式，该方式能提供直接、即时的反馈。研究在3个不同的组中进行：传统组、教育视频组和游戏化学习组。结果显示，游戏化学习组在3组中表现最好，其次是教育视频组，传统学习组表现最差。游戏化学习组的学生参加了一个访谈，研究哪种类型的指导能提高学生以游戏为基础的学习效果。从访谈中可以看出，游戏化学习环境的提示性和互动性这两个特征占据了前两名。此外，学生还受益于游戏化学习的特点，包括执行任务要求、提示功能、反馈机制和故事设置。因此，从学生的角度，在游戏化学习的设计中融入适用的指导，给学生带来沉浸式的学习体验是有必要的。

关键词：以游戏为基础的学习；知识获取；学习指导；物理教育

（一）研究背景

2023年2月，第23届中国国际教育年会暨展览全体大会上发布《以教育变革推动全球教育可持续发展》，倡议全面深化数字教育合作，推动教育现代化。利用信息化手段有效扩大优质教育资源覆盖面，合作提升师生数字素养和能力，实现教育更高质量更加公平与包容的发展。教育

[①] 本案例来源于作者的研究成果，引用如下：Hui Zeng, Shaona Zhou, Guirong Hong, et al. Evaluation of Interactive Game-based Learning in Physics Domain[J]. Journal of Baltic Science Education, 2020, 19（3）: 484-498,.

信息化已成为各国实现人力资源强国、经济社会快速发展的战略选择。

2018年,教育部出台《教育信息化2.0行动计划》,其中提出发挥技术优势,变革传统模式,推进新技术与教育教学的深度融合;大力推进智能教育,推动教师主动适应信息化、人工智能等新技术变革。

2019年,教育部发布了《教育部关于实施全国中小学教师信息技术应用能力提升工程2.0的意见》,要求探索跨学科教学、智能化教育等教育教学新模式;打造"技术创新课堂",提高教师应用信息技术进行学情分析、教学设计、学法指导和学业评价等能力。

技术突破的同时也让人们的认知学习方式和知识的展现形式变得越来越多样,为教育的发展翻开了崭新的篇章。电子游戏把数字时代的学生带入了一个虚拟世界,电子游戏已经深刻改变了学生的认知方式、生活方式,人机交互必将引起教育教学的新革命。

《2013—2018年技术改进科学、技术、工程和数学教育的技术展望》更是将游戏与游戏化选定为逐步应用于教学的技术之一。游戏化学习将成为未来重要的学习方式。游戏化学习是指在学习游戏化观念的指导下,在教学设计过程中依照培养目标、学生发展、成果评价等方面,考虑学习者年龄心理特征,借鉴游戏进行发展工具、评价方法和教学策略的设计和选择。因此,在游戏化学习这一新兴学习理念的推动下,游戏型学习软件作为电子游戏和学习软件相互作用的产物应运而生。

教育软件是一种特殊的学习工具,它与学生进行人机交互,经历知识的产生过程,从而达到提高学生学习兴趣、学习效果和学习效率的目的,也为学生的自主学习开拓出新的天地。

2019年,中共中央、国务院印发《关于深化教育教学改革全面提高义务教育质量的意见》,指出要优化教学方式,注重启发式、互动式、探究式教学,促进信息技术与教育教学融合应用。

2019年,国务院办公厅印发《关于新时代推进普通高中育人方式改革的指导意见》中提到要推进信息技术与教育教学深度融合。游戏型学习软件能有效倡导学生主动参与、乐于探究、学会学习,全面培养学生分析和解决问题的能力以及交流和合作的能力。因此,对教育软件进行研究是教育信息化改革发展的重要组成部分,而游戏型学习软件更是走在时代的前沿。

近年来,随着计算机、手机等电子设备的普及,游戏化课程学习模式日益受到瞩目。这种游戏化学习模式,即将学习内容融入数字游戏中,通过模拟现实应用,助力学习者掌握学科知识。作为教学领域的强大辅助工具,它已展现出巨大潜力,能够提供体验抽象概念及增强学习成效的机会。在科学教育领域,游戏化学习被视为提升学习兴趣与效率的有效手段。

研究表明,参与基于游戏的合作学习后,学生的科学学习效果显著提升。研究者发现,该模式能帮助学生将游戏与科学内容相联结,缩小学校课堂知识与游戏环境中学习体验的鸿沟。游戏的沉浸式体验促进了学生的更佳表现。然而,值得注意的是,部分游戏化学习设计过于侧重设计流程与技术应用,而忽视了教学理论的基础,这引发了研究人员对其有效性的质疑。因此,如何有效通过游戏实现教学目标,以及适时融入学习指导,成为教师需深入思考的问题。

(二)案例描述

1. 为什么进行本研究?

师:该案例的研究对象是八年级(初二)学生,主要内容是探究学生在游戏化学习模式下的学习效果,以及在游戏化学习中,哪种类型的指导能提升学生的学习效果。众所周知,游戏化学习能为学生提供一个积极的学习环境,是未来教育的趋势,为什么作者要采用游戏化学习的设计,以知识提示和应用提示为指导,给予直接和即时的反馈来研究游戏化学习的有效性呢?此外,为什么作者要通过访谈来了解游戏化学习中哪种类型的指导可以增强学生的学习效果呢?

(1)游戏化学习的有效性还没有被确切证实

近年来,游戏化学习在教育领域得到了广泛关注。然而,游戏化学习的有效性还没有被确切证实。一些研究人员认为,游戏化学习和科学内容之间的脱节可能会带来无意义的结果。在游戏化学习中,可能缺乏对目标知识的清晰表达和反思,大多数设计师很少阐述游戏化学习的理论基础,而特别强调设计过程和技术应用。如果不关注学习的理论基础,游戏化学习的效果就会受到很大的限制。因此,有学者提出,学习的理论基础和游戏化学习中的指导是鼓励学生反思内容知识、弥合游戏化学习与科学内容之间差距的重要因素。

（2）比较3种学习策略的学习效果

我们知道,在数字技术的帮助下,多媒体使教育者能够丰富学生的学习体验,包括快乐、成就、激励、兴趣等。多媒体学习环境设计使用各种资源,如文本、图表、图片和动画。但是与传统多媒体学习相比,游戏化学习具有更多的交互性特征,包括模拟、交互性和临场感。模拟使教育者能够将现实现象带入游戏中,引导学生将虚拟游戏与现实生活联系起来。互动性是游戏与玩家之间的充分反应,可以给学生带来强烈的兴趣,并促进他们高效学习。临场感允许学生参与和体验虚拟环境,并沉浸在观察、探索和判断中。

如果只是让学生体验游戏化学习,用他们学习后的成绩来表明游戏化学习的效果和成就,这是不够严谨的。将学生分为3个小组：传统教学小组、教育视频小组、游戏化学习小组,通过比较这3种教学策略的学习效果来反映游戏化学习模式的优势会使结果更加科学、严谨。同时,我们也可以验证游戏化学习中不同于其他教学的交互特征是否使得学生有更优异的表现。

（3）适当的学习指导可以提高游戏化学习模式的有效性

为了提高游戏化学习在教学过程中的有效性,设计师会在定制的游戏化学习中加入适当的指导。Palinscar和Brown（1984）指出,学习指导是帮助学习者提高学习能力的重要教学策略。Bruner认为,当系统的学习指导与学生的心智模式相匹配时,新的内容知识更容易融合到已有的知识结构中。Jabbar和Felicia（2015）描述了游戏化学习应该包含基于学生学习需求的适当指导,以此来帮助学生解决问题,完成学习任务。

但是,游戏化学习中设计不同的指导水平可能会导致不同的效果,所以各种学习指导的有效性仍然存在争议。一些研究人员建议,学生应该在过程和概念的直接教学指导下学习,以减少认知负荷。学生在强导向性的学习指导下学习效果比自我探索得更好。Kirschner等人（2006）也发现,在协助认知加工方面,具体的指导比最低限度的指导更有效。然而,其他研究人员则认为,从建设性学习的角度来看,学生应该接受无指导或最低限度的指导。

尽管这部分研究有很多,但是在游戏化学习环境中,教师应该为学生提供多大程度的指导仍然是不清楚的。因此,本研究通过访谈来了解游戏化学习中哪种类型的指导可以增强学生的学习效果,以此给游戏化学习的指导设计提供建议。

2. 本研究提出了什么问题?

师:文献综述对整篇论文的创作具有举足轻重的地位。通过梳理文献,我们知道有效的多媒体信息呈现可以让学生获得更好的学习效果和较低的认知负荷,且游戏化学习会比传统多媒体学习具有更多的交互性特征,这种特征可能会使游戏化学习在促进学生态度、行为和学习成绩方面优于传统多媒体学习。研究表明,在设计游戏化学习时应加入适当的指导来帮助学生解决问题,完成学习任务。基于此,我们可以提出什么研究问题?

研究试图通过比较不同学习策略的学生学习效果来探讨游戏化学习的有效性以及寻找适合学生学习的指导水平。因此,研究挑选了具有相似知识水平的参与者,将其随机分为3组:传统组、教育视频组和游戏化学习组,在测试之前学生没有提前预习过相应的知识内容。传统组的52名学生使用依据国家课程标准为十年级学生定制的、包含弹力内容的物理教材进行学习。

在教育视频组中,51名学生通过观看预先录制的视频学习弹力知识,替代传统的纸质材料。传统组和教育视频组的学生都在学习后完成了习题,并进行答案校对。游戏化学习组52名学生通过游戏化学习软件进行学习,完成任务中的小测验,测试题与上述两组学生完成的习题一致。在游戏化学习组的学生完成学习任务之后,研究人员对其进行访谈,询问学习过程中哪种类型的指导让他们从中学习到科学知识。在此研究设计的基础上,作者提出以下研究问题。

①与教育视频组和传统组相比,游戏化学习组中学生是否有在指导下获得概念知识?

②在中学生的游戏化学习中,哪些类型的指导能促进学生的学习?

3.本研究如何设计和实施?

师:研究方案是整个研究的关键,在进行研究之前要详尽了解相关文献情况后制订细致的研究方案。对于上述研究问题,我们如何来设计研究方案?需要什么材料或工具?

(1)本研究的材料设计
1)基于学习弹力的游戏化学习系统设计

采用软件开发的游戏化学习系统包括两个模块。第一个模块(试验1)旨在让学生学习识别弹力存在的方法。第二个模块(试验2)旨在帮助学生确定弹力的方向。

试验1中,在学习任务之前有一个带有故事设定的任务说明:"在一个虚拟的动物王国中,一只小猪过着吃睡懒的生活,长得像一个小球一样丰满,甚至移动很困难。它的主人(游戏玩家)需要找到一种方法,利用弹力的知识来帮助它移动,并通过几个游戏关卡逐渐减肥。"故事设定旨在通过角色扮演,在愉快的学习环境中激发学习者的学习动机。

在学习任务中,学生将学会识别弹力的存在。试验1的任务共7个级别,每个不同级别的场景都与学生学习中发现的易出错问题有关,由简单到复杂,由一般到具体。以第5级为例。图4-1(a)展示两个场景,让学生识别弹力的存在——左边两个小球相互接触不挤压,右边两个小球相互接触挤压。在图4-1(b)所示的任务中,学生被允许移动障碍物到不同的点,观察小猪和气球之间是否发生挤压和弹性形变,以及是否导致小猪打滚。通过演示一个有明显形变的气球,帮助学生通过任务认识到产生弹力的条件——接触和弹性形变。

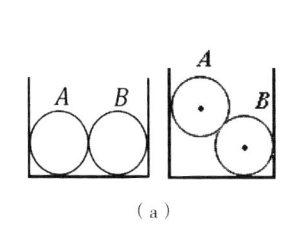

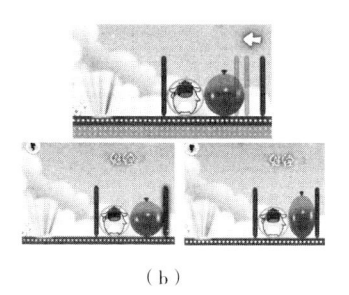

图 4-1 识别弹力的存在的情境和动画

为了帮助学生将学习任务与具体的科学知识联系起来,一些测试问题在任务结束后需要学生提供即时反馈。例如,在第 5 级的任务之后,有两个问题:①两个接触的物体之间是否总是存在弹力?学生被要求选择"是"或"否"来回答这个问题。②物体之间产生弹性需要什么条件?让学生选择"接触"或"接触与弹性形变"来回答这个问题。这里采用了知识提示的设计,学生在提交答案后会立即反馈。

试验 2 的设置与试验 1 相似。学习任务之前的故事设置是:"在一个愉快的下午,玩家需要通过按'左'或'右'箭头键控制枪管方向,并使用'空格'键发射'子弹'击中目标。若玩家能正确利用弹力方向,使'子弹'成功返回转盘,他将享受一个有美味零食和可爱动物陪伴的下午。"在完成试验 2 的过程中,玩家会了解到弹力的方向与形变方向相反。

根据学生在学习中容易出错的情况,任务包括两个物体之间不同类型的接触场景:平面与平面、平面与曲线、曲线与平面、曲线与曲线、点与平面、点与曲线共 6 个。任务级别被设计成从简单到复杂,首先是平面到平面,最后是点到曲线。

例如,图 4-2 中的图片分别描述了两个物体之间的接触是平面对平面(Level 1)、曲线对曲线(Level 4)和点对曲线(Level 6)的情况。

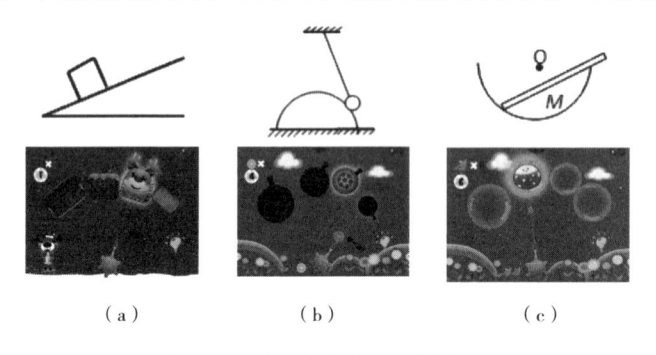

(a)　　　　　　(b)　　　　　　(c)

图 4-2　不同类型的接触场景

与试验 1 一样,为了增强学生对学习任务中科学知识的理解,在任务结束后进行小测验,进行即时反馈。例如,在第 4 级两个物体之间的曲线对曲线接触的任务之后,有一个小测验问题(图 4-3):"当把一个足球和一个西瓜放在桶里时,哪一幅图正确地描述了西瓜对足球的弹力方向?"这里采用了应用提示的设计,回答提交后立即给予反馈。

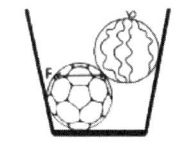

(a)两个物体面与面接触　　(b)两个物体之间的曲线接触　　(c)两个物体之间的点对曲线接触

图4-3　桶内西瓜与足球接触

在游戏化学习任务中存在一些特殊的设置和指导设计。在交互方式上，采用鼠标和键盘作为任务中的交互媒介，鼠标定位位置，左右方向键控制方向，空格键决定任务进度。在按钮设置上，每一关都有一个"灯泡"按钮，可以在需要时提供帮助，还有"退出""音量""菜单"等按钮，保证了任务的运行。

此外，设置"刷新"（重放）、"刷屏""截图""备注"等工具按钮，方便玩家在执行任务过程中进行分析、记录和总结，更好地发挥游戏化学习的教育功能。在反馈机制上，每一步都有相关的文字、动画说明和声音，丰富玩家的学习体验。在每一阶段结束时，给出相应的任务评价。积极评价是胜利和通过下一关的声音，而消极评价则是失败和自动重放的声音。

2）学习弹力的教育视频设计

设计两个视频片段作为第一讲和第二讲，分别演示了"确定弹力的存在"和"确定弹力的方向"的内容知识。第一讲介绍了奥运会蹦床比赛，弹性形变的概念和类型，微形变的演示，弹力的概念及其在日常生活中的应用。第二讲首先介绍了力的矢量性质，有利于学生学习弹力的方向。通过介绍和分析形变明显的典型蹦床，得出"弹力的方向与形变方向相反"的结论。这两段视频用软件制作合成，旨在让学生利用多媒体进行自主学习，替代阅读传统的纸质材料。

传统组和教育视频组都准备了一份工作表。工作表中的问题来自游戏化学习系统中试验1和试验2。作业表的设计是为了弥补3种不同学习策略带来的不一致性。

3）弹力测试题

为了评定3组学生的学习效果，3组学生在完成学习任务的一周后同时接受一项30分钟的测试。其中包括作者设计的关于弹力的14道题，用以评价学生如何识别弹力是否存在和如何确定弹力的方向。在这些问题中，Q1～Q6是选择题，Q7～Q14让学生画出弹力的方向。

Q1～Q5 考查学生对弹力是否存在的掌握情况，Q6～Q14 考查学生对弹力方向的理解。弹力条件多项选择题样图如图 4-4 所示。

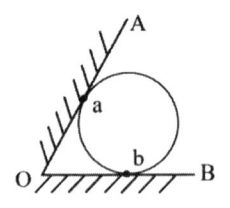

图 4-4　弹力条件多项选择题样图

水平地面（OB）和斜面（OA）无摩擦，球与水平地面（OB）和斜面（OA）同时接触，a 点和 b 点是否存在弹力？

① a 点和 b 点都有。

② a 点有，b 点没有。

③ b 点有，a 点没有。

④ a 点和 b 点都没有。

图 4-5 中假设所有接触面均为无摩擦，请画出施加在静杆 A 上的所有弹力。

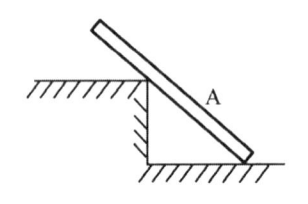

图 4-5　弹力题样图

在评分时，多项选择题和弹力绘制题采用两种不同的评分。在多项选择题中，每答对一个题得 1 分，答错不得分。在绘制弹力的问题中，根据绘制弹力的正确性和完整性给出 2 分、1 分或 0 分，画出所有的弹力且方向正确的有 2 分，画出弹力不全或力的方向不正确的给 1 分，画出的弹力不全且方向不正确的给 0 分。

（2）研究对象

本研究以广州某中学高一年级的 155 名学生为研究对象。参与者中有 78 名男生和 77 名女生，平均年龄为 16 岁。参与者来自 3 个平行班级，具有相似的知识水平。每个班 52 名学生，其中有一名学生因病假缺席。所有的学生都没有在学校课程中学习过如何识别弹力的存在以及如何确定弹力的方向。所有参与者被随机分为 3 组：传统组、教育视频组和游戏化学习组。

（3）研究实施流程

为了了解弹力的一般教学实践，更好地组织和安排设计的内容知识，研究人员先对64名中学10年级物理教师进行了试点访谈。通过访谈得知，传统教育中的学生很难掌握弹力的内容知识。而由于弹力的不可见性，传统的教学方法中教与学弹力的两大困难是弹力的识别和方向的判断。

在学习过程中，每组利用30分钟完成学习任务，图4-6展示了3个小组学习的场景。然后，游戏化学习组的学生在完成学习任务后，他们被4位研究助理安排访谈。一周后，3组人同时接受一项30分钟的测试，其中包含14道关于弹力的问题。

（a）传统组　　　（b）教育视频组　　　（c）游戏化小组

图4-6　三个小组的学习场景

（4）分析方法

本研究主要从两方面分析数据。①分析不同教学方法对学生学习成绩的影响，其中利用方差分析（ANOVA）检验3个组的学生在弹力章节的整体测试成绩上是否存在差异，然后利用单向方差分析检验三个组的学生分别在识别弹力和确定弹力方向这两个方面的表现是否存在显著差异。

在检验出学生的表现存在显著差异时，研究人员进一步作出比较，研究哪两个组之间存在差异。②在收集到学生的访谈数据后，计算学生提到的对学习弹力的内容知识有帮助的不同类型的提示数量，对每种提示被提及的比例进行比较和排名。

4.本研究获得了什么结果？

　　师：研究结果是一篇论文的核心，其水平标志着论文的学术水平或技术创新的程度,是论文的主体部分。我们收集到的数据结果可以得出什么样的结论?如何来回应我们的研究问题?其中用到了什么数据分析方法?

(1)不同教学方法对学生成绩的影响

为了检验传统学习组、教育视频学习组和游戏化学习组学生学习弹力的整体成绩是否存在差异,此研究采用方差分析(ANOVA)进行分析。以3组学生为自变量,以学生弹力评价成绩为因变量。采用Levene's检验法检验方差齐性,结果显示各组间方差无显著差异($p=0.53$)。如表4-1所示,方差分析结果表明,学生在弹力评估方面的表现存在显著差异,埃塔平方值为中等效应量[$F(2,152)=8.01$,$p<0.001$,$\eta^2=10$]。

表4-1　3组学生学习成绩的方差分析结果

	组	人数	$M(SD)$	值	F	df	Error df	p	进一步比较(LSD)
整体表现	传统	52	13.58(3.60)	—	8.01***	2	—	0.001	游戏化学习>教育视频($p=0.03$) 游戏化学习>传统($p<0.001$)
	教育视频	51	14.86(4.22)	—					
	游戏化学习	52	16.48(3.24)	—					
弹力的存在	传统	52	3.73(1.01)	—	6.40**	2	—	0.002	游戏化学习>教育视频($p=0.005$) 游戏化学习>传统($p=0.001$)
	教育视频	51	3.65(0.87)	—					
	游戏化学习	52	4.27(0.99)	—					
弹力的方向	传统	52	9.85(3.26)	—	6.53**	2	—	0.002	游戏化学习>传统($p=0.001$) 教育视频>传统($p=0.04$)
	教育视频	51	11.22(3.92)	—					
	游戏化学习	52	12.21(2.80)	—					
Wilk's统计量	—	—	—	0.87	5.52	4	302	0.001	—

注　***$p<0.001$。

为了进一步研究3组学生的教学方法对学生在弹力评估中的整体表现的影响,我们再次进行比较。从结果来看,游戏化学习组与教育视频组、游戏化学习组与传统学习组之间存在显著的统计学差异。游戏化学习组学生在弹力评估上的表现($M=16.48$,$SD=3.24$)明显高于教育视频组($M=14.86$,$SD=4.22$;$p=0.03$)、传统组($M=13.58$,$SD=3.60$;$p<0.001$)。然而,教育视频组与传统组之间无统计学差异($p=0.08$)。

弹力评估是为了测试学生对弹力概念的理解情况,并检验其对弹力方向的判断。为评价3种教学方法(传统组、教育视频组和游戏化学习组)在这两个方面的效果,采用单向方差分析。以3个不同教学方法为自变量,以学生识别弹力存在和确定弹力方向的成绩为两个因变量。Levene's检验的方差同质性在两组之间均得到满足($p=0.49$为识别存在性,$p=0.46$为确定方向)。

如表4-1所示,MANOVA结果与之前的结果一致,学生在弹力评估上的表现存在显著差异(Wilk's 统计量 $=0.87$[$F(4,152)=5.52$,$p<0.001$]。后续采用方差分析来确定教学方法在哪些方面产生显著差异。两者的存在性识别 [$F(2,152)=6.40$,$p<0.01$,$\eta^2=0.08$] 和确定方向 [$F(2,152)=6.53$,$p<0.01$,$\eta^2=0.08$] 是显著的多变量效应,效应中等。

进一步比较后分析了3种不同教学方法在识别存在和确定方向两个方面对学生成绩的影响。可以看出,游戏化学习组在识别弹力存在上的表现($M=4.27$,$SD=0.99$)明显优于教育视频组($M=3.65$,$SD=0.87$;$p=0.005$)和传统组($M=3.73$,$SD=1.01$;$p=0.001$)。

但教育视频组与传统组之间无统计学差异($p=0.66$)。还可以看出,游戏化学习组在确定弹力方向方面的表现比传统组要好得多($p=0.001$)。教育视频组的问题解决能力水平高于传统组($p=0.04$),而游戏化学习组与教育视频组在这方面无显著差异($p=0.13$)。

(2)学生对从游戏化学习中学习的认知

在完成学习任务后,游戏化学习组的46名学生接受了采访,并通过询问"是什么让你从游戏化学习中学习到科学知识?"这个问题,了解学生认为哪种类型的指导可以增强其游戏化学习。

如图4-7所示,在46名受访者中,76.1%的人认为嵌入在学习任务之间的小测验最能帮助他们在游戏化学习中挖掘知识。在游戏化学习设计中,试验1中游戏任务结束后立即设置一些小问题作为知识提示,试验2中设置其他小测验作为应用提示,目的是加强学生对学习任务中科学内容知识的理解。这个设计得到了学生的积极反馈。其次,52.2%的学生认为学习任务中的交互运算对掌握弹力的内容知识有很大帮助。在目前的研究中,交互方式主要是鼠标和键盘的结合,从结果来看,得到了大多数学生的认可。再次,41.3%学生认为操作任务要求和过程中的提示对他们在游戏中的知识学习有积极影响。此外,32.6%的受访者提到游戏化学习的反馈机制(包括动画反馈和声音反馈)也促进了他们的知识获取。在游戏化学习设计中存在两种类型的反馈,包括学生完成任务的过程中给予的即时反馈以及提交小测验答案后的即时反馈。最后,少数受访者表示,故事设置(21.7%)有效地激励了他们,给了他们明确的学习目标。

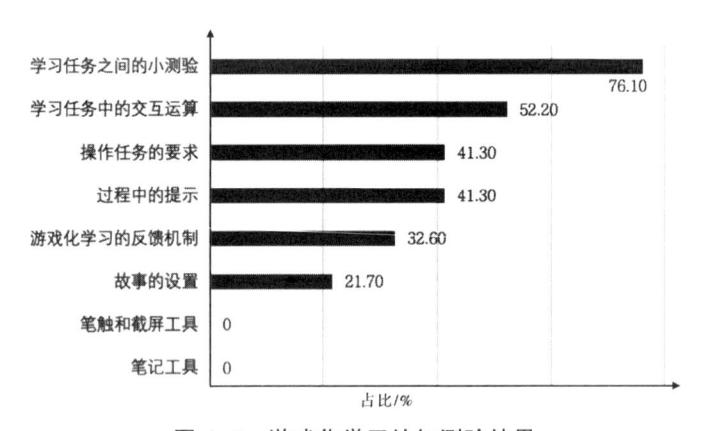

图 4-7　游戏化学习认知测验结果

5. 如何评价本研究结果?

师:基于结果的讨论是展现作者学术成果和逻辑思维的重要部分,也是学术文章的最大的价值。对于上述的结果,我们可以有怎样的思考?可以从哪些方面入手?

(1)不同教学方法对学生学习成绩的影响

本研究结果证实游戏化学习对学生的概念学习有显著的正向影响。在识别弹力存在方面,游戏化学习组的成绩显著高于传统学习组,也显著优于教育视频组。在弹力方向的确定上,游戏化学习组的表现也优于传统组,而教育视频组优于传统组。

总之,游戏化学习组在三组中表现最好,其次是教育视频组,而传统学习组的知识获取水平最低。教师在访谈中反映,学生很难感知弹力的存在和弹力的方向。在本研究中,学生有机会在游戏化学习环境中体验困难概念,它提供了更直观和可感知的演示和操作机会。研究结果支撑了之前的观点,即游戏化学习是增强学生学习抽象概念的有效方法。

研究结果还表明,教育视频组学生识别弹力存在的能力远远落后于游戏化学习组。尽管两者均融合了文本、图表、图片及动画等媒体资源,但成效却大相径庭。受访的大部分学生(52.5%)认为游戏化学习中的交互操作对他们掌握弹力的概念有很大的帮助,这说明游戏化学习的优势一方面体现在互动性特点上。学生能够在游戏化学习的过程中观察和体验他们的操作在完成学习任务时是如何失败或成功的,促进学生对复杂的概念理解。另一方面体现在游戏化学习让学生有存在感,让他们沉浸在虚拟环境中的观察和探索中。此外,游戏化学习可以使学生产生学习兴趣和动机,有助于集中学生的注意力和保持更长时间的注意力。

(2)指导在游戏设计中的作用

前文提到,游戏化学习设计中融入不同水平的指导可能会给学生的学习成绩带来不同的影响。本研究为游戏化学习设计提供指导,并提供直接和即时的反馈:试验1在识别弹力存在时设计知识提示,试验2在确定弹力方向时设计应用提示。研究假设结合知识提示和应用提示,并给予直接和即时的反馈,能够提升学生的学习效果。程序中未直接嵌入内容知识指示。

此外,在学习任务前未提供预习材料或相关指导。结果表明,游戏化学习组的学生在三组中表现出了最高的知识获取水平。因此,有76.1%的受访者认为学习任务之间嵌入的提示有效地建立了游戏环境与知识结构之间的联系。

研究坚持建设性学习的观点,让学生接受游戏化学习和最低限度的指导,可以看出,在没有直接指导的情况下,学生是能够高效地完成知识获取的,最低限度的指导可能有利于学生的认知参与。

从访谈中可以看出,除了游戏化学习的互动式特点和任务中嵌入的指导原则之外,很多学生对设计的其他特点进行了投票,包括任务执行要求(41.3%)、提示功能(41.3%)、反馈机制(32.6%)和故事设置(21.7%)。这表明,可能需要不同类型的指导,以支持学生更好地完成学习任务,达到教学目的。

就任务要求而言,有一个带有故事背景的任务学习模块,通过角色扮演在愉快的学习环境中激发学习者的学习动机。游戏化学习在试验1中分为7个阶段,在试验2中分为6个阶段,由简单到复杂,由一般到具体,符合学生由易到难、由浅到高的认知发展。学生在开始操作前了解任务的目标和要求,有助于激发他们的学习动机,让他们勇于挑战困难。因此,学生会有意识地做任务,思考完成任务的策略。

在提示功能方面,学生的反应表明,当他们遇到困难,无法继续游戏任务时,可以借助提示功能,顺利进行并实现游戏目标。学生在游戏化学习中没有教师的直接干预和指导,如果缺少提示,可能会遇到困难。提示引导可以帮助学生建立自信心,为解决游戏化学习中的困难提供必要的支持。通过提示功能,可以训练学生决定是否使用提示来解决困难。

反馈是考虑的关键因素之一。与提示一样,即时反馈可以减少学生对任务操作的挫败感,鼓励学生理解游戏化学习中的知识,并为如何更好地将内容知识应用到任务中提供清晰的指导。

但是,在访谈中没有学生提到游戏化学习设计中的画笔、截图按钮和笔记工具对他们有所帮助。可以看出,游戏化学习需要定制合适的指导来提高学习效果。适当的指导将使学生在游戏化学习中获得有效帮助,提高学习效果。在不恰当的指导下,游戏化学习效果会受到很大的限制。

三、对研究结果的深度剖析和拓展

(一)基于本案例的深度剖析

①本案例中研究题目的关键词是什么?该项调查想研究什么?
②本案例如何体现研究的重要性、必要性和价值?
③研究者是怎样提出两个研究问题的?
④本案例的研究结果如何?是怎么回答研究问题的?
⑤如何基于数据结果进行讨论?
⑥关于本案例,你有什么思考?本案例中的不足之处如何进一步改进?

(二)基于本案例的拓展研究

1. 本案例在研究对象和试题材料上可以改进吗?

参考:研究内容和试题材料局限于弹力这一章节,研究对象也局限于广州某中学高一年级的学生,数量相对有限。为了增加结论的普遍适用性,研究内容可以涵盖更多章节的物理知识,并扩大研究对象的范围。

2. 本案例在研究方法上可以改进吗?

参考:本研究在定量分析的基础上辅以定性方法,同时采取了数据分析和访谈调查,进一步探讨学生对游戏化学习过程的真实想法。未来可以将这种定量与定性分析相结合的方法应用于教育教学研究中,以期探索出更多的研究结论。

3. 本案例在研究设计上可以改进吗?

参考:本研究在传统教学组、教育视频组和游戏化学习组之间取得了显著的成果,但仍有改进空间。研究主要局限在比较游戏化学习与传统教学的效果,未能明确游戏化学习在不同指导强度下的表现。此外,研究侧重从学生的主观视角分析,而缺乏对游戏化学习效果及其引导方式的深入探讨。

研究仅对游戏化学习组体验者进行了访谈,未充分了解学生如何体验游戏化学习与传统教学的差异。未来研究应扩大指导方式的比较范围,考查不同指导水平对学习效果的影响,以确定最小指导与直接指导相比是否更具优势,或它们是否同样有效。

思考:根据本案例,你还可以提出什么研究问题?

（三）基于课程与教学领域的拓展研究

1. 中西融合课程体系研发

课程与教学领域的创新需要有更全面、更开阔的视野，着眼于东西方，同时关注发达国家与发展中国家的教学研究，取长补短，融合中西文化精髓。中西结合课程可以为学生提供浸润式双语环境，提升学生的学习方式，发展跨文化交流能力。

2. 创新课程与教学问题实证研究方法

随着时代的发展，教育实证研究过程得到了信息技术的支持，使得课程与教学问题的研究朝着研究方法多样化发展。有许多学者采取质性研究方法，比如有的研究提到，选定 16 位教师参与研究，在资料收集时将内隐的道德观念外显化，借鉴科尔伯格"道德两难法"，使受访教师通过回忆教学生涯中的"关键事件"，来反思道德决策的依据。

但是，需要研究者从教师的话语、表情、反映等数据作深入的理解性分析。随着研究方法的多样化发展，从事研究时对研究者的研究能力与素养要求逐渐提高，要求深刻地理解研究问题。

（四）可研究问题的建议

1. 科学知识论研究促进课程与教学改革

我国当前的基础教育课程改革步入了认识论阶段，要求知识论的研究成果在课程改革的理念、目标、内容中体现与落实。知识论是课程改革与教学革新的内在推动力，但是长期以来，知识论的研究没有进入一线教师的视野。

这警示我们需要重视知识论的研究，将其纳入教师专业发展的范畴中，成为一线教师专业知识的核心内容之一。只有这样，才能有效地推进我国的基础教育课程改革。

2. 核心素养视域下融入大观念课程与教学研究

近年来，各国都在致力于核心素养的研究，以迎接信息时代的挑战。尽管核心素养作为教育目的已经获得了普遍共识，但在课程设计与实施方面仍然缺乏核心素养培育的有力抓手和有效途径。

目前，"大观念"重构学科知识体系与课程内容结构能帮助学生建立联系，提升学生知识迁移和运用能力，也是核心素养在课堂中有效落实的途径。如何理解"大观念"的课程理念，促进大观念"本土化"进程，为我国课程与教学发展提供具体有效的实施路径是可研究的问题。

四、案例教学指导

（一）教学目标

1. 适用课程

本案例适用于《教育研究方法》《物理教育研究方法》《教师专业发展》等课程。

2. 教学对象

本案例适用于学科教学（物理）硕士研究生、课程与教学论（物理方向）硕士研究生、物理学（师范）专业学生及参与教师专业发展的在职教师。

3. 教学目的

①学习如何开展中学物理游戏型学习软件的设计开发与应用研究。
②学会如何进行设计和开展物理教育调查类研究。

③了解课程与教学在国际物理教育中研究的进展和意义。

④渗透教育教学研究意识,培养学生发现教学问题、探寻理论基础并进行科学教学改进的实践路径培养。

⑤培养学生教育教学实践中的创新精神和研究素养。

(二) 启发思考题

①高中一年级学生在学习弹力时,可能存在哪些困难?

②教师在教学过程中发现了哪些问题?是如何解决的?

③游戏化学习系统对学生的物理学习有哪些意义?

④阅读本案例,谈谈你认为高中物理课程中有哪些可以改进之处?

⑤思考题:基于物理课程与教学的论文主题,设计一个新的研究题目,并简单介绍如何开展研究。

(三) 分析思路

物理是研究自然世界的科学,其原理、规律、原则和结论均源自对自然界的深入探索和高度抽象化总结。只有将这些概念应用于具体情境,它们才能生动地展现出来。教育改革强调营造探究性学习环境,激励学生参与知识构建,提升他们的分析、问题解决能力,以及沟通和协作技巧。

传统上,纸质媒体是传授知识的主要方式,但这在一定程度上限制了知识的生动性和实用性,进而影响了学生对物理概念的理解和掌握。然而,在"互联网+教育"的背景下,多媒体教育资源的优势日益凸显。特别是游戏化学习软件,凭借其多样化的知识表征、高互动性、及时的反馈和趣味性,越来越受到国内外教学研究者的青睐。

该案例是一篇涉及课程与教学的研究调查。案例提出基于中学物理教育游戏的游戏型学习软件的设计开发,针对学生的学习现状,从不同的教学模式出发,提出研究目的和问题。根据已有的研究方法,结合新开发的游戏化学习系统开展研究。此案例将学生完成学习任务一周后的弹力测试成绩作为衡量学生学习效果的标准。

对 3 组学生采用不同的教学模式,分别为利用纸质材料的传统教学模式,观看多媒体视频的教育视频教学模式和利用游戏化学习系统的游戏化学习模式,通过分析这 3 组学生的成绩差异探究游戏化学习对学生概念学习的影响。同时,利用访谈法从学生的角度来挖掘利于提升游戏化学习有效性的学习指导类型。

本案例的学习以教学研究的过程为主线,为学生梳理物理教育调查类研究的一般研究思路。关注课程与教学领域的研究现状和发展,捕捉课程与教学发展热点,加深学生对课程知识体系的理解,学会寻找或设计出适合本土学情的学习模式。

(四)案例分析

1. 相关概念

(1)游戏化学习

游戏化学习是指将学习内容与数字游戏相结合,通过将学习内容应用到现实世界中,帮助学习者获得特定的学科知识。与传统多媒体学习相比,游戏化学习具有更多的交互性特征,包括模拟、交互性和临场感。模拟使教育者能够将现实现象带入游戏中,引导学生将虚拟游戏与现实生活联系起来。

互动性是游戏与玩家之间的充分反应,可以激发学生的强烈兴趣和促进他们高效学习。临场感允许学生参与和体验虚拟环境,并沉浸在观察、探索和判断中。Gros(2007)指出,没有互动游戏的多媒体学习倾向于促进文本理解,而有互动游戏的学习倾向于促进复杂的概念理解。Ritterfeld等人证明,游戏化学习在强化参与者现有概念知识方面比预先录制的游戏视频剪辑效果更好。

(2)学习指导

为了提高游戏化学习在教学过程中的有效性,设计师在定制的游戏化学习中加入适当的指导。Palinscar和Brown(1984)指出,学习指导是帮助学习者提高学习能力的重要教学策略。Jabbar和Felicia(2015)描述了游戏化学习应该包含基于学生学习需求的适当指导,以此来帮助学生解决问题,完成学习任务。

Fisch(2005)指出,设计良好的指导可以完善学习者游戏化学习策略,提高学习效果。但是,游戏化学习中设计不同的指导水平可能会导致不同的效果,所以各种学习指导的有效性仍然存在争议。

(3)教育游戏设计理论

教育网络游戏"探索亚特兰蒂斯"(Ouest Atlantis,QA)的研究设计中提出概念性游戏空间理论(Conceptual Play Spaces,CPS)。"概念性"是指学科内容、实践和相关情境,其中学科内容包括事实、概念、方法、工具和过程。该理论关注在具体的问题情境中探索知识,因为在具体情境中"参与"是学生学习学科内容的最佳方式,而这种"参与"是通过精心设计的教育游戏实现的。

"概念性游戏"指的是一种投入状态,包括:①融入角色之中;②融入不完全属于幻想的问题情境中;③必须应用概念性理解来理解情境并最终改变情境。"概念游戏空间"的设计包括四个核心元素:学科内容、游戏规则、故事框架、合理参与。四个核心元素之间需要相互平衡,共同发挥作用,并融合在有意义的体验中。在设计过程中要确保对学科内容的学习和支持合情合理的参与,同时确保与游戏规则的互动和与故事框架的结合,方能"寓教于乐",体现游戏的意义。

2. 关键能力点

(1)开展教育调查类研究的能力

具备开展研究的能力和良好的量化研究方法素养对教育研究者具有重要意义。学生需要加强基础研究意识和方法论的培养,提高逻辑分析能力和统计应用技能的训练。该案例展示了探究学生在游戏化学习模式下的学习效果的研究过程,通过该案例的学习,学生应了解实证研究是一种通过观察、实验或对研究对象的调查来分析和解释收集到的数据或信息的研究方法,掌握开展教育调查类研究的一般方法。

(2)数据统计分析能力

数据统计分析在教育研究中扮演着至关重要的角色,它有助于揭示教育活动的特点和内在规律。在国际教育研究领域,统计分析已成为执行教育研究不可或缺的工具。掌握这一技能,不仅能够锻炼教育研究者的逻辑分析能力,还能深化其对数据的统计学分析技巧。在本案例中,研究者采用了 SPSS 软件进行方差分析和单因素方差分析,这突出了掌握数据处理技能在研究中的重要性,并强调了教育实践者和研究者应具备的相关能力。

3. 课程与教学工作中的探索与创新

（1）从文献综述中捕捉研究问题

通过文献综述理解研究的概念、体现论文价值和研究重要性从而找到研究问题是学生必备的科研技能之一。该案例中帮助学生克服传统教学的弹力学习困难是教师的重要教学目标之一。因此，游戏化学习是否能比其他教学模式更有效地帮助学生克服学习困难，使学生在概念学习方面取得更好的学习效果，以及如何在此基础上提高游戏化学习的教学有效性是我们值得研究的问题。

本案例利用软件开发的游戏化学习系统探究游戏化学习的有效性，同时研究哪种类型的指导能提高学生的学习效果。这有利于游戏化学习在教育领域的广泛普及和效仿，以及让教师学会在学习过程中设计适当、适量的指导，给学生提供有效帮助，以提高他们的学习效果。

（2）创新研究方法

发现问题与创新密切相关，发现问题是一种创新，创新能解决我们发现的问题。本案例中研究者为探索游戏化学习的有效性，设计比较研究，体现出对研究设计的创新。

从研究思路来看，案例中将学生分为传统教育组、教育视频组、游戏化学习组，并进行分组教学。其中，通过设计学习单等材料的方式消除不同学习组之间的教学差异。在教学后利用学生一周后弹力测试的成绩，进一步比较组与组在识别弹力存在性和判断弹力方向这两方面知识的学习效果，以保证研究结果的科学性和严谨性。

从数据分析方法来看，案例中教师将定量分析方法与定性分析方法相结合。对定量数据进行分析后，利用访谈调查进行辅助，以获得学生在实验过程中的真实想法，也进一步印证了研究结论，保证了研究的完整性。

（五）课堂设计

①时间安排：大学标准课堂4节，160分钟。
②教学形式：小组合作为主，教师讲授点评为辅。
③适合范围：50人以下的班级教学。

④组织引导：教师明确预习任务和课前前置任务，向学生提供案例和必要的参考资料，提出明确的学习要求，给予学生必要的技能训练，便于课堂教学实践，对学生课下的讨论予以必要的指导和建议。

⑤活动设计建议：提前布置案例阅读和汇报任务。阅读任务包括案例文本、参考文献和相关书籍；小组汇报任务包括对思考题的见解、合作完成的教学设计。小组讨论环节中需要学生明确分工，做好发言记录和最后形成综合观点记录。在进行小组汇报交流时，其他学习者要做好记录，便于提问与交流。在全班讨论过程中，教师对小组的设计进行点评，适时提升理论，把握教学的整体进程。

⑥环节安排如表 4-2 所示。

表 4-2 课堂环节具体安排

序号	事项	教学内容
1	课前预习	学生对课堂案例、课程设计等相关理论进行阅读和学习
2	小组研读案例、讨论及思考	案例讨论、模拟练习、准备汇报内容
3	小组汇报，分享交流	在进行小组汇报交流时，其他学习者要做好记录，便于提问与交流。在全班讨论过程中，教师对小组的设计进行点评，适时提升理论，把握教学的整体进程
4	教师点评	教师在课中做好课堂教学笔记，包括学生在阅读中对案例内容的反应、课堂讨论的要点、讨论中产生的即时性问题及解决要点、精彩环节的记录和简要评价。最后进行知识点梳理及归纳总结
5	学生反思与生成新案例	学生课后对这堂课的自我表现给予中肯的评价，并进行学生合作式案例再创作

（六）要点汇总

1. 物理教育实证研究中质性与量化相结合的研究思路

本章案例采用的数据统计分析方法为质性研究和量化研究相结合。在物理教育实证研究中，结合质性和量化研究范式的研究思路是多维度的。首先，明确研究问题并进行广泛的文献回顾，构建研究的理论框架。

接着,设计包含量化和质性方法的混合研究方案,例如,通过问卷调查收集量化数据,同时运用访谈和观察来获取质性见解。数据收集后,对量化数据进行统计分析,对质性数据进行深入的内容分析。然后,将两种研究结果进行整合,以获得更全面的视角,进而在讨论部分将这些发现与现有理论相联系,探讨其对教育实践的意义。

最后,得出结论并提出建议,将研究成果撰写成论文发表,并在整个过程中进行批判性反思,确保研究的伦理性和科学性。这种综合研究方法能够为物理教育领域提供更深刻的洞察和更有效的解决方案。

2.游戏式学习模式对中学物理教学的指导作用

物理是一门自然学科,其中所囊括的原理、规律、原则、结论等都是来自对自然深入探究和高度抽象的结果。而这些看似很枯燥和乏味的原理、规律、原则、结论等当还原到具体情境下时,其效果是纸质型媒介所不能比拟的。

此外,仅仅通过图像和文字传播知识,不仅隐藏了知识的活力和实用性,而且在一定程度上阻碍了学生对物理知识的理解和获取。因此,在多感官体验中最大限度地刺激学生、加强刺激和提供探索环境作为学生学习资源展示的工具变得尤为重要。

中学物理游戏型学习软件,利用多媒体技术,通过图像、文字、音频、视频、动画等多种直观生动的表达方式呈现物理现象、揭露物理问题、为物理研究创造学习环境并评估学习效果,帮助学生了解知识产生和发展的过程,从而促进学生对知识的深刻理解。

综合教育游戏正是一个精心打造的学习园,让学生在其中探索、获取和应用知识。在教育信息化时代潮流中,开展中学物理游戏型学习软件的设计开发与应用研究,对推进物理信息化教育有重要的研究意义和参考价值,对通往游戏化学习的道路上有重要的启示作用。

3.教学手段的革新和教学成效的生成

本案例的研究内容涉及物理课程与教学,通过对该案例的研讨、辩论、汇报和展示,了解具体课程与教学研究的进展与意义。目前课程研究领域的理论视角和新概念很多,其研究范式从偏向哲学化,以概念辨析为主,逐渐开始重视实践研究。通过教学实践成效验证教学策略、方法手段的实施效果。

教学研究领域几乎都采用实证研究,且注重新的研究方法与技术研发,研究问题与教学改革趋势高度相关。学生在研习案例时还可以学会运用其研究的设计、过程、方法等,拓宽国际视野,了解课程与教学研究的论文范式,落实课程的创新性标准。

(七)推荐阅读

[1] 派纳. 理解课程 [M]. 北京:教育科学出版社,2003.

[2] 泰勒. 课程与教学的基本原理 [M]. 北京:中国轻工业出版社,2008.

参考文献

[1] 杨斌. 教学过程本质研究30年:回顾与反思 [J]. 当代教育与文化,2009(4):33.

[2] 陈觐熊. 关于教学过程的本质 [J]. 教育研究,1981(9):60.

[3] 叶澜. 重建课堂教学过程观 [J]. 教育研究,2002(10):24.

[4] 洪宝书. 教学过程本质若干问题之我见 [J]. 教育研究,1984(11):35.

[5] 蒲心文. 教学过程本质新探 [J]. 教育研究,1981(1):43.

[6] 迟艳杰. 教学本体论的转换 [J]. 教育研究,2001(5):58.

[7] 张广君. 本体论视野中的教学与交往 [J]. 教育研究,2000(8):54—59.

[8] 黄甫全. 课程本质新探 [J]. 教育理论与实践,1996(1):21.

[9] 丛立新. 课程论问题 [M]. 北京:教育科学出版社,2000:76.

[10] 和学新,吴杰. 课程实验论 [M]. 桂林:广西师范大学出版社,2008:4.

[11] 派纳. 理解课程 [M]. 北京:教育科学出版社,2003.

[12] Bobbitt F. The Curriculum[M]. Boston: Hought-on Mifflin, 1918.

[13] Bobbitt F. How to Make a Curriculum[M]. Boston: Houghton Mifflin, 1924.

[14] 泰勒. 课程与教学的基本原理[M]. 北京: 中国轻工业出版社, 2008.

[15] 张华. 走向课程理解: 西方课程理论新进展[J]. 全球教育展望, 2001 (7): 40—41.

[16] Searsj T. Marshall J D. Generational Influences on Comtemporary Curriculum Thought[J]. Journal of Curriculum Studies, 2000, 32 (2): 199—214.

[17] Yong M, Lambert D, Roberts C, et al. Knowledge and the Future School: Curriculum and Social Justice[M]. London: Bloomsbury, 2014: 30—32.

[18] Ruichao L. Progress and Reflection on the Research of Curriculum and Teaching Theory under the Background of Internet[C]// 2018.

[19] Mcknight L, Morgan A. Why 'clinical teaching'? An interdisciplinary analysis of metaphor in initial teacher preparation[J]. Journal of Education for Teaching: International Research and Pedagogy, 2019, 46 (3): 1—12.

[20] Doucette D, Daane A R, Flynn A, et al. Teaching Equity in Chemistry[J]. Journal of Chemical Education, 2022, 99 (1): 301—306.

[21] Boaler J. Learning from teaching: Exploring the relationship between reform curriculum and equity[J]. Journal for Research in Mathematics Education, 2002, 33 (4): 239—258.

[22] Yu Z, Liu Y. A Theoretical Model for the Design and Development of C-STEM Curriculum in China[C]//2021 3rd International Conference on Computer Science and Technologies in Education (CSTE). IEEE, 2021: 64—68.

[23] Ban L. Research on the Effective Education Mode based on MOOC Platform and Traditional Teaching Auxiliary Pattern[C]// 2016 2nd International Conference on Social Science and Technology Education (ICSSTE 2016). 2016.

[24] Smith K A. Cooperative learning: Effective teamwork for engineering classrooms[C]//Proceedings frontiers in education

1995 25th annual conference. Engineering Education for the 21st Century. IEEE,1995,1: 2b5. 13-2b5. 18 vol. 1.

[25] Abramczyk A S. Cooperative Learning as an Evidence-Based Teaching Strategy: What Teachers Know, Believe, and How They Use It.[J]. Journal of Education for Teaching: International Research and Pedagogy,2020,46.

[26] Chen M P, Chen Y H, Huang H L, et al. Learning Health Concepts through Game-Play[C]//2018 7th International Congress on Advanced Applied Informatics (IIAI-AAI). IEEE,2018: 354—357.

[27] Zhu C, Zou H. Inquiry learning based on blended learning for undergraduate[C]//Proceeding of the International Conference on e-Education, Entertainment and e-Management. IEEE,2011: 344—347.

[28] Chang C C, Liang C, Chou P N, et al. Is game-based learning better in flow experience and various types of cognitive load than non-game-based learning? Perspective from multimedia and media richness[J]. Computers in Human Behavior,2017,71: 218—227.

[29] Raybourn E M, Bos N. Design and evaluation challenges of serious games[C]// Extended Abstracts Conference on Human Factors in Computing Systems. DBLP,2005.

[30] Cheng M T, She H C, Annetta L A. Game immersion experience: its hierarchical structure and impact on game - based science learning[J]. Journal of Computer Assisted Learning,2015,31(3): 232—253.

[31] Mayo, Merrilea J. Games for science and engineering education[J]. Communications of the ACM,2007,50 (7): 30.

[32] Quintana C. A Scaffolding Design Framework for Software to Support Science Inquiry[J]. Journal of Learning Sciences,2004, 13: 337—386.

[33] Ching-Huei, Chen, Kuan-Chieh, et al. The Comparison of Solitary and Collaborative Modes of Game-based Learning

on Students' Science Learning and Motivation[J]. Journal of Educational Technology & Society, 2015, 18 (2): 237—247.

[34] Indicated N. Scaffolding vector representations for student learning inside a physics game[D]. Tempe: Arizona State University, 2010.

[35] Young M F, Slota S, Cutter A B, et al. Our Princess Is in Another Castle: A Review of Trends in Serious Gaming for Education. Review of educational research, 2012, 82 (1): 61—89.

[36] Faiola A, Newlon C, Pfaff M, et al. Correlating the effects of flow and telepresence in virtual worlds: Enhancing our understanding of user behavior in game-based learning[J]. Computers in Human Behavior, 2013, 29 (3): 1113—1121.

[37] Schrader C, Bastiaens T J. The influence of virtual presence: Effects on experienced cognitive load and learning outcomes in educational computer games[J]. Computers in Human Behavior, 2012, 28 (2): 648—658.

[38] Sitzmann T. A meta-analytic examination of the instructional effectiveness of computer-based simulation games[J]. Personnel psychology, 2011, 64 (2): 489—528.

[39] Palinscar A S, Brown A L. Reciprocal Teaching of Comprehension-Fostering and Comprehension-Monitoring Activities[J]. Cognition and Instruction, 1984, 1 (2): 117—175.

[40] Bruner J. Vygotsky: A historical and conceptual persp-ective[J]. Culture, communication, and cognition: Vygotskian persp-ectives, 1985, 21: 34.

[41] Abdul J A I, Felicia P. Gameplay engagement and learning in game-based learning: A systematic review[J]. Review of educational research, 2015, 85 (4): 740—779.

[42] Moreno R. Decreasing Cognitive Load for Novice Students: Effects of Explanatory versus Corrective Feedback in Discovery-Based Multimedia[J]. Instructional Science, 2004, 32 (1-2): 99—113.

[43] Kirschner P A, Sweller J, Clark R E. Why minimal guidance

during instruction does not work: An analysis of the failure of constructivist, discovery, problem-based, experiential, and inquiry-based teaching[J]. Educational psychologist, 2006, 41 (2): 75—86.

[44] Adams W K, Paulson A, Wieman C E. What levels of guidance promote engaged exploration with interactive simulations?[C]// AIP conference proceedings. American Institute of Physics, 2008, 1064 (1): 59—62.

[45] Prensky M. Digital game-based learning[J]. Computers in Entertainment (CIE), 2003, 1 (1): 21—21.

[46] Gros B. Digital games in education: The design of games-based learning environments[J]. Journal of research on technology in education, 2007, 40 (1): 23—38.

[47] Ritterfeld U, Shen C, Wang H, et al. Multimodality and interactivity: Connecting properties of serious games with educational outcomes[J]. Cyberpsychology & Behavior, 2009, 12 (6): 691—697.

[48] Fisch S M. Making educational computer games educational" [C]//Proceedings of the 2005 conference on Interaction design and children. 2005: 56—61.

第五章　案例四：评价

一、评价的相关研究

（一）评价的研究现状

评价是指在不同背景下，出于一定的目的，使用一定的技术方法，对研究对象进行一系列活动、行为的评估，观察研究对象在评估过程中的表现或是评估结果，获取足够的信息进而进行充分的判断。

在物理教育研究中，评价聚焦于对教学过程和结果进行评估，包括知识、能力、态度、兴趣等，侧重量表开发、信效度评估及测量结果表现。由评价的测量结果，获得对研究对象清晰的认识。物理教育研究中"评价"主题的研究内容主要包括评价学生物理学知识与能力、评价模型、方法与理论的使用、跨学科评价等方面。

1. 评价物理学内容与实验能力

物理学中包括各类子领域内容，如力学、电磁学、热力学、量子力学等，针对不同的物理领域开展研究，能够更加深入地了解学生对某一内容的理解程度。同时，物理学是一门以实验为基础的学科，实验中包含探究能力、合作能力、数据处理能力、推理能力等，需要对学生的实验能力进行评价与考查。因此，评价物理学内容知识、实验能力是评价主题研究中常用的方法手段。

例如,徐王熠采用概念框架表示来模拟学生的理解,并指导动量评估测试的设计,对美国大学新生与高中生进行动量理解的测试。科尔沃尔什开发了判断学生在物理实验背景下的批判性思维技能,通过定性和定量的方法,证明了该工具在测量学生批判性思维技能时的效度和信度。咸钟月开发了初中生物理实验能力评价量表,评价学生的实验认知、实验设计和实验操作等能力。杨夏开发了高中生提出物理问题能力的评价量表,对个体提出问题的能力进行了解构,编制问卷定量评价学生能力。

2. 评价模型、方法与理论的使用

教育评价研究的过程深受所选研究方法和分析技术的影响。该领域涉及多种理论,包括经典测量理论、概化理论、项目反应理论等。根据不同的研究目标选择合适的理论和分析模型,有助于深入探究研究细节。

在国际研究中,有学者运用 Rasch 模型分析了向量理解测试,以评估该问卷对于特定样本学生的功能有效性及适用难度。有研究则采用项目反应理论对多项选择题的错误反应进行排序,旨在通过学生的选择来评估他们对材料的整体知识与理解,超越了简单的对错区分。

也有学者基于 SOLO 分类理论对学生的思维能力进行了分层评价,将思维能力分为五个层次:单点结构、多点结构、初级关联结构、高级关联结构和抽象拓展结构,并分析了学生思维能力在不同层次的分布情况。

3. 跨学科评价

现有的教学方式是以单一学科背景为主的学科教学,在教学过程中教师很少涉及其他学科的知识,学生学到的知识局限于单一学科,导致各学科间的知识割裂,无法形成统一的整体。而跨学科教学是在学科教学的基础上,进行学生思维能力与知识的综合培养,构建各学科之间的知识延伸、协调配合,促进知识整合的正迁移。在跨学科教学的兴起下,针对跨学科教学开展的评价应运而生。

托德哈斯凯尔开发并验证了一种跨学科工具,以衡量学生如何能够将来自不同学科的思想结合成对一种现象的连贯理解,建立了"跨学科学习指数(CDLI)",将跨学科的评价拓展到定量模型层面。李文智将高中化学、物理、生物学科知识进行整合,分别对学生自评、同学互评和教师评价进行分析,认为这种跨学科教学模式中学生参与度与认可度较高。

(二)评价领域的一般研究思路

1. 开端：挖掘教学过程中需要评估的现象和内容

在确定评价研究的主题内容时,首先要在教学时有一双发现问题的眼睛,在学生、教师与教学环境中进行细致的观察,发现适合评估的内容。其次从文献检索开始,阅读大量评价领域的文献与书籍,丰富自己的认知与知识储备、学习研究方法,进而关注研究主题的最新进展。

2. 设计：学习研究理论和研究方法

评价领域研究中需要利用相关的教育测量和评价理论作为研究的基础,根据教育评价理论指导研究的开展。不同的评价理论依托于不同的学者、不同的评价方法与分析思路,自成框架。研究者需要在挖掘问题后,结合相应的理论进行研究设计。

3. 核心：选定评价内容和问题

基本具备研究方法后,根据已挖掘出的现象,进一步完善研究问题,将单薄的研究点拓展成为能够支撑起一个研究的完备问题,确定具体研究的对象、内容、要点、形式等,建立起研究框架和研究计划。

4. 调控：元认知监控研究过程

在评价研究进行的过程中,不断进行自我元认知监控,关注研究的进展是否依据研究计划进行。通过选择合适的策略、比较研究进展与预设目标,确保所研究的问题得到充分的讨论研究。

二、评价的案例再现

二阶问题评分方法分析:劳森科学推理课堂测试的案例研究[①]

摘要:劳森科学推理测试量表(LCTSR)是测量学生科学推理能力发展的工具。该测量表包含二阶题目的设计,因此会导致多种评分方式和相应解释的出现。本研究提出二阶题目的计分改进,并将其用于LCTSR控制变量推理维度的分析。研究数据来自美国和中国的四年级到大学的学生,研究分析和比较不同年级和不同推理发展水平的学生对2组二阶题目的答题情况。根据学生的答题情况,建立6个水平等级作为控制变量推理能力发展水平的指标。改进的计分方式能够得到学生的控制变量推理能力与年级、科学推理能力发展水平之间的关系,为测评学生科学推理能力的发展水平提供有效依据。

关键词:控制变量;年级水平;计分方式;科学推理能力

(一)研究背景

在STEM教育领域,科学推理能力越来越受到科学教育工作者和研究者的关注。齐默尔曼认为科学推理包括实验探究、证据评估和推理论证的思维和推理技能,从而形成有关自然和社会的概念及理论。两项评估项目指出科学推理能力在发展学生创造性思维和解决问题能力方面起着至关重要的作用,这是学生在课堂内外不可或缺的技能。

在K-12教育中,艾迪研究指出提高科学推理能力对学生的学习成

[①] 本案例来源于作者的研究成果,引用如下:Shaona Zhou, Qiaoyi Liu, Kathleen Koenig, et al. Analysis of Two-Tier Question Scoring Methods: a Case Study on the Lawson's Classroom Test of Scientific Reasoning[J]. Journal of Baltic Science Education, 2021, 20(1): 146-159.

绩有深远影响,科莱塔和菲利普斯发现学生的科学推理能力与学习成绩存在正相关关系。此外,约翰逊和劳森研究表明,与以往评价相比,科学推理技能水平是一个更好衡量学生学习情况的指标。因此,学生需要在扎实的理论知识基础上,不断发展科学推理能力。

教育研究者开发和使用了很多测量工具定量测量学生科学推理能力的发展,如 the group assessment of logical thinking test（GALT）, the test of logical thinking（TOLT）, the Lawson's Classroom Test of Scientific Reasoning（LCTSR）。LCTSR 是测量学生从小学到大学科学推理能力的常用工具,其有效性已得到研究证实。然而,研究者对 LCTSR 二阶问题的多种计分方式有不同的解释,但并未对不同难度的二阶题目计分进行区分,从而忽略了能够体现学生科学推理能力水平的难度维度。

2001 年我国实行了第八次课程改革,其中就包括学生评价改革,为评价改革提供了更广阔的空间。《义务教育物理课程标准（2022 年版）》与《普通高中物理课程标准（2017 年版 2020 年修订）》均强调了评价的重要性,突出评价的育人功能,促进学生核心素养的发展。通过创建目标明确、主体多元、方法多样、既重视结果亦重视过程的物理课程评价体系,帮助学生认识自我、建立自信、改进学习方式,发展核心素养。评价不仅可以促进学生全面而充满个性地发展,还可以促进教师对教学的反思和改进。

以核心素养为背景的评价,要能够体现出学生的不同层次水平,获得学生的真实表现与思维能力、知识水平间的分布,帮助我们了解学生能力、技能的发展水平,并提出相应的教学措施和策略。

（二）案例描述

1. 为什么进行本研究？

师：该案例的研究对象是中美两国不同年级学生,主要内容是调查不同年级学生的科学推理水平以及整体推理水平的发展。在学习过程中,科学推理能力作为一个内隐能力,不仅影响着学生的实验探究、证据评估和推理论证等技能,还影响着学生的学习成绩。为什么作者要利用劳森科学推理测试量表（LCTSR）对学生的科学推理能力进行评价呢？

（1）科学推理能力发展机制

许多研究以了解科学推理能力的过程机制，并提出有效的教学策略以帮助学生习得和迁移科学推理能力。齐默尔曼在一篇关于科学推理的综述研究中发现，调查技能与科学知识的相互作用能够促进科学推理能力的发展，同时他还发现科学推理需要一套复杂的认知技能，其发展遵循一个漫长的路径，并且学生科学推理能力水平会随着这一路径的进展而变化。

（2）劳森科学推理测试量表（LCTSR）的适用性

为解决传统皮亚杰认知任务的耗时问题和对研究者及设备要求较高的局限性，劳森在1978年设计了形式推理课堂测试（CTFR-78），满足了对一个既可靠又方便的测量工具的需求。CTFR-78包括教师在全班面前进行演示，之后向全班提出问题，学生在测试册中标记答案。测试册包含问题和几个备选答案。对于每个测试项目，学生必须选择正确答案并提供合理的解释才能得分，形成了双层测试设计。

为验证CTFR-78的有效性，劳森对513名8～10年级学生进行了测试，并挑选了72名学生参与访谈，这些访谈采用了反映3种推理水平（具体推理、过渡推理和形式推理）的皮亚杰任务。通过比较测试分数和访谈回应，劳森发现CTFR-78的结果与临床访谈结果具有良好一致性。2000年，劳森对CTFR-78进行了修订，推出了劳森科学推理测试量表（LCTSR），这是一个包含24个项目的双层多项选择测试。

（3）基于量表改进对学生回答模式的评价方式

在LCTSR中，学生必须答对二阶问题中的两小题才能得分，在一组二阶题目中两小题都答错说明科学推理水平最低，两小题都答对说明科学推理水平最高，只答对其中一小题则水平没有区别。然而，已有研究指出二阶问题具有两个潜在特征：第一小题的问题回答是了解结果；第二小题的回答原因解释这个结果。

研究表明，解释原因比单纯正确回答问题代表了更高的技能水平。这表明学生可能在能够解释问题原因之前就已经知道答案。因此，不同的理解层次，对应不同的回答模式。对于二阶多项选择题对，存在4种不同的正确和错误回答模式："00"表示答案和推理都错，是学生表现的最低水平；"11"表示答案和推理都对，是最高水平。两种中间模式中，"01"通常被视为猜测，即答案错但推理对；而"10"可能代表比猜测更高的理解水平，即答案对但推理错。

在评估二阶多项选择题时，通常采用3种评分方法：单独评分法、对式评分法和部分积分评分法。单独评分法将题目对中的每个问题独立评分。对式评分法则将题目对视为一个整体，只有两个问题都答对才得分。部分积分评分法基于学生可能先知道答案再能解释推理的假设，为不同的回答模式分配不同的分数。Rasch分析用于探讨不同评分方法对LCTSR数据的影响，结果表明，"10"模式代表的科学推理水平高于被视为猜测的"01"模式。

在以往的二阶多项选择题分析研究中，一些研究仅分析了单独的题目对，而其他研究则将不同的题目对视为独立的组合，对每一对题目单独评分后简单相加得到总分。然而，这些方法忽略了可能存在的多个题目对探测相同科学推理方面但难度各异的情况。无论是单独检查题目对还是简单累加分数，都没有充分利用题目难度这一维度。

根据皮亚杰的认知发展理论，科学推理的发展遵循从简单到复杂的规律，学生很可能在解决同一领域的复杂问题之前先获得解决简单问题的能力。因此，学生在同一科学推理维度、不同难度的二阶题目上的答题情况能够为学生的科学推理发展提供重要信息。在量表的基础上，改进计分方式，并使用该方法分析研究学生在不同难度水平二阶问题的答题情况，比较学生科学推理发展水平，能够获得学生科学推理发展水平的更多细节。

2. 本研究提出了什么问题？

师：教育研究者已经开发了很多评价工具定量测量学生科学推理能力的水平及其发展情况，不同研究者对二阶问题的计分方式提出了不同的看法，但并未对不同难度的二阶题目计分进行区分，从而忽略了能够体现学生科学推理能力水平的难度维度。根据皮亚杰的研究，我们已经知道学生的科学推理能力发展存在一定的过程，需要对不同难度的二阶题目进行深入分析，关注学生的答案决策和解释推理能力。基于此，我们可以提出什么样的研究问题？

在以往工作的基础上,本研究旨在建立一种评估 LCTSR 中二阶题目的模式分析方法。模式分析是数据挖掘中的一种常见技术,通过研究过程、算法和机制,从数据收集中检索潜在的知识,能够直观调查学生对不同困难水平的项目对的表现。通过对学生回答的模式分析,可以通过检查不同年级水平的学生数据的情况来探究学生的科学推理发展水平的更多细节。

研究提出了一种改进的计分方式,分析学生在 LCTSR 中二阶问题的回答情况。在分析学生对控制变量的推理时,特别关注学生在 LCTSR 中 4 小题的答题情况,分别为题目背景 1、2 的答案决策和解释推理题。已有研究表明,解释原因代表着比正确回答问题更高的推理水平,且题目背景 1 难度较低,题目背景 2 难度较大。

同时特别关注学生两方面:①在同时答错题目背景 2,但在题目背景 1 中单独回答正确解释原因或选项选择的情况;②同时答对题目背景 1,但在题目背景 2 中单独回答正确解释原因或选项选择的情况。研究使用该计分方法分析研究学生在不同难度水平的二阶问题的答题情况,横向比较不同年级水平的中美学生科学推理发展水平。

研究问题如下:
①中间计分模式是否反映不同年级学生的推理水平?
②中间计分模式是否反映学生整体发展的不同推理水平?
③对不同难度题目的综合计分模式是不是推理发展水平的良好指标?

3. 本研究如何设计和实施?

师:研究方案是整个研究的关键,在进行研究之前要详尽了解相关文献情况后制订细致的研究方案。对于上述的研究问题,我们如何来设计研究方案?需要什么工具?

(1)材料和设计

在 LCTSR 设计之初,测试项目分为三个难度等级:具体水平、过渡水平和形式水平。例如,在测量控制变量维度的题目中,有两道二阶题目已被证明存在明显的难度差异,如图 5-1 所示。

其中,每一小题分别被标记为 P1(钟摆答案)、P2(钟摆推理)、F1(试管中的苍蝇答案)和 F2(试管中的苍蝇推理)。P1 和 P2 构成第一对题目,

F1和F2构成第二对。每对题目包含一个答案项和一个推理项,其中答案项的正确性用每对中的第一个数字表示,推理项的正确性用第二个数字表示。作为难度的一个基本衡量,正确率是依据中学生(6～7年级)、高中生(9～10年级)和大学生对这四项单独题目的评分结果计算得出的,具体结果见表5-1。

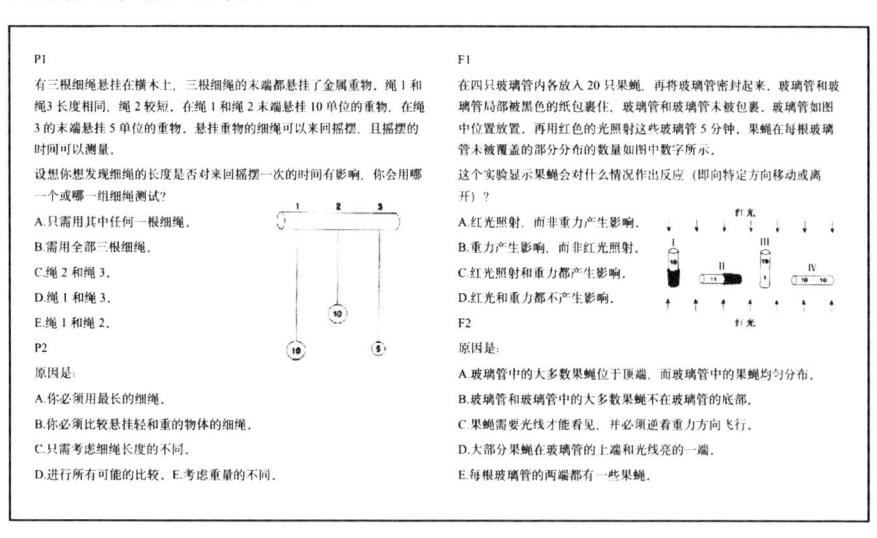

图 5-1　研究所使用的 LCTSR 二阶问题

表 5-1　所有年级学生表现

年级	排名占比 /%	得分/分	人数/人	不同回答模式的占比 /%			
				01-00	10-00	11-01	11-10
6~7 年级	低分段 30	0 ~ 5	433	6.2	7.8	1.6	0.9
	中分段 42	6 ~ 9	616	5.8	8.6	1.6	1.1
	高分段 28	10 ~ 19	404	4.0	11.6	3.5	6.2
9~10 年级	低分段 33	0 ~ 8	991	7.8	11.3	2.4	3.1
	中分段 40	9 ~ 13	1211	2.6	11.8	3.5	10.2
	高分段 27	14 ~ 20	804	2.2	8.4	3.2	23.1
大学生	低分段 29	0 ~ 11	523	1.1	3.4	4.2	9.2
	中分段 40	12 ~ 16	724	0.1	1.4	6.2	20.8
	高分段 31	17 ~ 20	573	0.2	0.2	2.3	33.6

从表5-1可以看出,所有年级的学生在第一对题目(P1和P2)上的表现普遍优于第二对(F1和F2),因此可以推断第一对题目相对容

易,第二对较难。本研究专注于分析学生在LCTSR中控制变量(COV)子技能的这四项题目(P1、P2、F1和F2)上的表现。

(2)研究对象

由于学生的科学推理发展水平对本研究具有重要意义,因此研究对象由不同年级的学生组成,分别为美国和中国的4～12年级学生以及美国中西部一所大学的大一学生。因为Bao Lei等人的研究已表明这两个群体的科学推理水平相当,所以本研究分析中不区分中美学生的答题情况。测试对象共有10 707名学生,其中包含小学生、初中生、高中生和大学生。小学四年级336人,五年级547人,六年级588人。初中有七年级868人,八年级606人,九年级1 489人。高中一年级1 520人,高二年级2 083人,高三年级847人。另外,有1 823名大学一年级学生参与了研究测试。

(3)数据收集

在考试进行方面,所有学生自愿参加LCTSR测试,美国的学生使用英文版测试卷,而中国的学生使用中文版测试卷。为了确保两个版本的一致性,测试卷由精通两种语言的6名教师翻译和校正。所有学生都有足够的时间完成测试。低年级学生需要45～50分钟进行测试,而大学生大约需要30分钟。在正式实施测试前,已对小学生和大学新生进行了抽样测试,以确保所提供的时间是恰当的。

(4)分析方法

本研究在分析学生对控制变量的推理时,主要关注学生在LCTSR中4小题(P1、P2、F1和F2)的答题情况。在每道二阶题目中,学生在第1小题选择问题的答案,在第2小题选择解释的理由。答题情况用"0"表示不正确,用"1"表示正确。因此,00-00表示所有回答错误,11-11表示所有回答正确,11-10表示P1、P2和F1回答正确,F2的回答错误。由于每一小题都可以有正确和错误的回答,因此总共有16种计分情况:00-00、00-01、01-00、01-01、00-10、01-10、00-11、01-11、10-00、10-01、11-00、11-01、10-10、10-11、11-10和11-11。

由于解释原因所需的推理水平更高,学生很可能在能够清晰表达正确推理前,就已经具备提供正确答案的能力。因此,测试卷的4小题不同答题情况能够反映学生科学推理的中间水平。且另一个衡量学生科学推理发展水平的因素是题目难度。由于P1和P2被认为比F1和F2更容易,能正确回答F1和F2的学生被认为具有更高的推理水平。

基于上述假设,对16种计分情况进行分析,并匹配不同层次的推理水平。根据皮亚杰的认知发展理论,儿童的认知发展可以按年龄段分为四个阶段:感知运动阶段(0～2岁)、前运算阶段(2～7岁)、具体运算阶段(7～12岁)和形式运算阶段(12岁至成年)。因此,在高年级和整体科学推理能力更强的学生中,更有可能观察到科学推理某一维度的高能力水平,这一假设将作为分析不同年级学生和整体科学推理发展水平学生的答题情况的基础。

4. 本研究获得什么结果?

师:研究结果是一篇论文的核心,其水平标志着论文的学术水平或技术创新的程度,是论文的主体部分。我们收集到的数据结果可以得出什么样的结论?如何来回应我们的研究问题呢?用到了什么数据分析方法?

根据研究设计,分析职前教师的预测过程和预测结果。
(1)中间计分模式随学生年级的变化情况

由于第一个题目对(P1和P2)比第二个项目对(F1和F2)容易,首先比较01-00、10-00、11-01和11-10四个中间计分情况。结果表明,随着年级的增加,学生回答01-00的比例逐渐下降。回答10-00的比例从四年级开始上升,在初二达到峰值,然后逐渐下降。从小学四年级到初中二年级,10-00的增加表明认知发展随着年级的增长而提高,该计分情况在初二年级后的比例下降,原因可能是大部分学生进入到更高的发展水平(即正确回答P1和P2),表明学生的学习在该阶段发生了重大转变,也是学生科学推理发展的一个关键点。

在学生正确回答第一个题目对的情况下,11-01的百分比相对较小,且与年级无关,证明01模式并不能准确反映学生科学推理发展水平,很可能是猜测的结果。11-10的比例随着年级的增加稳步上升,从4年级的0.3%上升到大学的21.5%,表明10为高于00和01模式的科学推理发展水平。

综上所述,对从四年级到大学的学生的中间计分情况的横向研究证实,11-10和10-00分别代表了比11-01和01-00更高的科学推理发展水平。

（2）中间计分模式随学生整体发展的变化情况

根据学生的总体推理发展水平，分析学生对4小道控制变量题目的答题情况。为消除年级差异，研究根据年级划分3个样本子集，每个子集的学生至少涵盖两个年级：6~7年级、9~10年级和大学。根据LCTSR其余20道题测试成绩，将每组学生划分为3个不同的整体推理发展水平：低层次30%（0~11分）为具体水平、中间层次40%（12~16分）为过渡水平、高层次30%（17~20分）为形式水平，统计3组不同层次学生答题情况的计分。

首先，在所有年级中，01-00和11-01的比例相对较低，且在每一组中该百分比并不显著，与整体推理发展水平无关。这两个结果表明01模式并不代表有意义的推理发展水平，很可能是猜测。其次，在所有年级中，10-00和11-10的比例相对较高，且在每组子集中随着整体推理水平的提高，11-10的百分比也相应增加，与11-01比例百分比变化相反。该趋势在9~10年级和大学中更加明显。这也证实了10模式代表有意义的科学推理水平，而01模式表示猜测。

综上所述，对不同年级学生的答题情况和整体发展水平不同学生的答题情况分析表明，回答正确而推理错误代表推理发展处于中等水平，回答错误而推理正确代表猜测。因此，在LCTSR的16种二阶问题计分模式中，10-00和11-10分别代表了比01-00和11-01更高的科学推理发展水平。

（3）推理发展水平的良好指标

1）根据计分模式划分推理能力层级

由于01和10模式代表不同的发展水平，因此学生在控制变量维度的发展也可以根据4小题答题情况划分为不同水平，00-00代表最低水平，而11-11代表最高水平，中间水平根据以下规则排序：

①学生首先能够正确回答题目答案，其次进行正确推理。

②学生首先能够正确回答简单的问题，其次正确回答困难的问题。

③01模式（正确答案错误推理）是猜测的结果。

根据以上考虑，16种计分模式被分成6个水平层级：

第1级（00-00），学生给出所有不正确的答案，是推理发展的最低水平。

第2级（0×-××），包括学生对P1给出的不正确的答案，即为00-01、01-00、01-01、00-10、01-10、00-11、01-11 7种模式。根据规则，

如果学生不能正确回答 P1,很可能其他小题的任何正确答案都是猜测。

第 3 级(10-0×),学生对 P1 的正确回答、对 P2 的错误回答以及对 F1 的错误回答,即为 10-00 和 10-01。10-01 模式包含在此水平是因为 F2 的正确回答很可能是猜测的结果,该层次被认为高于第二层次是因为对 P1 的回答是正确的。

第 4 级(11-0×,10-1×),包括学生对 P1 和 P2 或 P1 和 F1 的正确回答,即为 11-00、11-01、10-10 和 10-11。这些模式被分在同一级是因为无法区分这些答题情况所代表的推理水平高低。"10-11"模式包含在此水平是因为学生可能会在答错 P2 的同时仍然完全理解 F1 和 F2,以及学生不太可能同时猜对 F1 和 F2。

第 5 级(11-10),学生对 P1、P2 和 F1 的正确回答以及对 F2 的错误回答,即为 11-10。这意味着学生完全理解了较容易的项目对(P1 和 P2),并在理解较难的项目对时处于中间水平。

第 6 级(11-11),学生对所有项目给出的正确答案,这代表了最高的发展水平。

2)科学推理不同发展阶段中的 6 级能力

为了探究 COV 控制变量技能的发展过程,根据 LCTSR 其余的 20 道二阶题目的总分排名占比,将科学推理发展划分为从 0 到 100% 变化的 11 个阶段,统计处于不同发展阶段的学生答题情况与不同发展阶段的计分级别变化趋势,如图 5-2 所示。

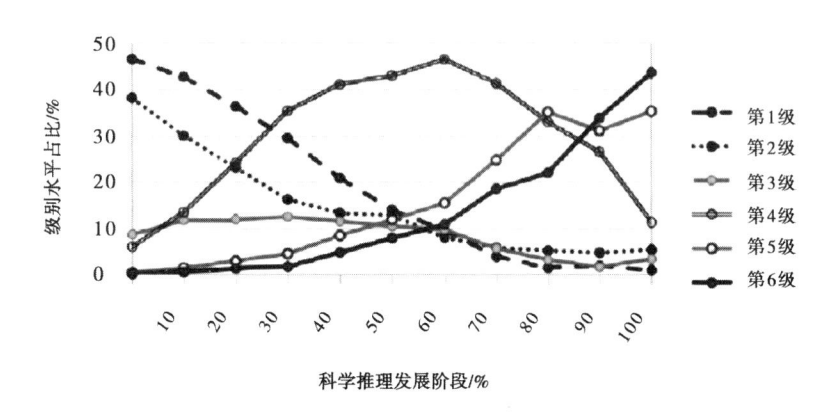

图 5-2 科学推理不同发展阶段学生 6 级分布情况

结果表明,第 1 级在推理发展的低阶段以高百分比开始,随着推理发展阶段的提升而稳步下降。第 2 级的占比也随着推理发展阶段的提升而下降,因为第 2 级的回答主要代表猜测,随着学生推理能力发展到更高阶段,猜测的结果会减少。对于推理发展低阶段和中阶段的学生而言,第 3 级的占比相对稳定,这部分学生通常能够正确回答 P1,但对 P2 的回答错误,这证实了答案往往先于推理。

同时,较高推理发展阶段的学生在第 3 级的占比较少,这表明推理发展高阶段的学生已同时发展了"知道"和"推理"技能。第 4 级的占比随推理发展阶段的提升先增后减,表明随着推理技能的发展,越来越多的学生能够正确回答 P1 和 P2,这是最初占比增长的原因。

随后,整体推理水平较高的学生开始正确回答 F1 和 F2,导致该级占比下降。第 5 级的占比随着推理发展阶段的提升而增加,并在最高阶段趋于稳定。同时,第 6 级的占比随着推理发展阶段的提升而稳步增加。这两种模式的增长在推理发展的第 7 阶段后更为显著,这表明当学生发展到形式推理阶段(前 30%)时,本研究对控制变量技能具有更全面的理解。

随后,研究分析不同计分模式随学生整体科学推理能力发展阶段的变化趋势。在 6 个水平层次中,第 4 级的趋势呈现倒 U 型,峰值大约出现在得分排名的 60% 处,其余水平层级均为单调递增或递减。这表明,第 4 级水平是重要的学习过渡阶段,学生的科学推理能力可能首先发展到第 4 级的水平,然后逐渐发展到高于第 4 级。因此,对 4 级模式的评估可能为学习过程中实质性的认知转变提供有用的指标。该级的测量能为学习认知的过渡阶段提供参考。

5. 如何评价本研究结果?

师:基于结果的讨论是展现作者学术成果和逻辑思维的重要部分,也是学术文章的最大的价值。对于上述的结果,我们可以有怎样的思考?可以从哪些方面入手?

(1)经典量表使用

在 LCTSR 传统计分方式中,并未对"01"和"10"回答模式进行明确的区分,这种计分方法忽略了学生从科学推理的最低水平到最高水平的中间阶段。通过提出测量中间阶段水平更细致的维度,结合皮亚杰认知发展理论,从年级水平和整体科学推理能力水平分析小学四年级到大学一年级的答题情况。

研究结果显示,正确答案与错误推理表明推理发展能力处于中等水平,错误答案与错误推理可能仅为猜测,因此,"10"比"01"代表更高水平的推理能力。另一方面,详细分析学生不同的整体推理发展水平也表明,正确的答案与不正确的推理表明中间水平的推理发展,而正确的推理并不代表一个有意义的推理发展,可能是猜测的结果。

传统的劳森测试评分只允许两个级别的表现,即答案和推理都需要是正确的,否则就不给予学分。研究证明,传统的评分方法并不能准确地反映学生可能的理解水平。因此,那些答案正确的学生应该比那些推理正确或两者都不正确的学生有更高的理解水平。

(2)数据趋势分析

基于上述研究,对两道二阶问题的16种计分模式划分6个等级水平,从低到高依次为00-00、0×-××、10-0×、11-0×和10-1×、11-10、11-11。利用该计分模式分析不同年级学生、科学推理能力不同水平学生的控制变量维度能力的变化趋势,发现第4级计分模式是重要的学习过渡阶段,许多中学生和大学生处于学习过渡阶段,该阶段的测量能为学习认知的过渡阶段提供参考。

采用模式分析方法,本研究揭示了学生控制变量技能与年级水平及整体推理发展之间的关系。研究发现,不同反应模式的分布趋势会随着学生的年级和推理发展阶段的变化而变化。

三、对研究结果的深度剖析和拓展

(一)基于本案例的深度剖析

①本案例中研究内容的关键词是什么?该项调查想研究什么?
②该研究如何体现研究的重要性、必要性和价值?
③研究者是怎么提出3个研究问题的?
④该研究使用的研究方法是什么?有什么特点?
⑤本案例的研究结果如何?是怎么回答研究问题的?
⑥如何基于数据结果进行讨论?

⑦关于本案例,你有什么思考?本案例中的不足之处如何进一步改进?

(二)基于本案例的拓展研究

1. 本案例在研究对象和试题材料方面可以改进吗?

参考:试题材料仅有 2 个二阶问题,共 4 小题,材料题目较有限。而研究对象覆盖四年级到大学学生,采样范围较大。为了增加结论的普遍适用性,测试材料可以涵盖更多的物理知识和不同难度层级的试题。

2. 本案例在研究方法上可以改进吗?

参考:可以在定量分析的基础上辅以定性方法,如访谈和问卷调查等,进一步调查参与者的真实想法,更加有力的支持研究结果。将测试卷计分结果与学生主观感受结合,为说明学生的推理能力作佐证。未来还可以将现代技术与测试过程结合,如利用眼动技术观测学生的注意力情况,从新的视角更加直观地反映个体在面对不同问题时的解决过程,以期发现更多学生推理能力的细节。

3. 基于本案例的研究结果,还可以进行什么拓展研究?

参考:研究结果中发现水平层次中第 4 级是重要的学习过渡阶段,可以就第 4 级与其前后的能力水平开展研究,评估第 4 级模式的表现方式,探究学习认知在第 4 级的过渡情况。

思考:根据本案例,你还可以提出什么研究问题?

(三)基于评价领域的拓展研究

1. 利用现代技术对学生进行综合、立体评价

在不同的教学环境和课程中,学生的表现可能有所差异。未来的研

究中可以利用现代技术,如脑电波、眼动追踪、脑磁图等,提供有效的生物数据辅助识别学生推理过程中的微妙特征,并建立推理发展的进阶水平。

同时,现代技术相较传统问卷量表,能够提供更多的数据信息,从更加综合的角度评价学生。通过识别不同发展水平上的不同表现途径及其状态,可以为未来的指导和评估提供有用的信息,促进评价类研究的发展。除此以外,还可以利用分层问题、结构化面试等从不同的角度评价学生,实现评价的立体化、多样化。

2. 完善评价量表的指标要素和评价标准

物理教育评价研究中,各类评价量表应用广泛。由于已有量表可操作性强、较为成熟、经过信效度检验,因此大多数研究者首选经典量表开展研究。不同评价量表的指标要素与评价标准因其考查内容而有所不同,对评价主题内容各指标和评价标准的可操作性还可加以完善。

除此以外,留存量表能否精确反映不同性别、年级、层次的学生之间的差异,应该使用更多样化的人群来探索在不同的教育环境和背景中的差异,充实量表的应用范围。

3. 重视评价观念,发展评价类型与形式

物理教育评价应基于核心素养,旨在服务教学。然而,一些教师在评价理论知识和实践能力方面存在不足,对评价能力的重视不够,特别是对评价的多种类型和方法不够熟悉。教师需要更新观念,实施多样化的评价方式。

以表现性评价为例,它是一种新型的评价模式,基于核心素养,其实践价值在于促进对工具理性的反思,强调价值理性,推动教学的深入进行。具体来说,表现性评价主要考查学生在完成实际任务时的表现,通过在真实情境中完成任务并对其进行评价。研究者应不断学习评价理论,深入理解评价领域的要义,并发展不同类型的评价方法。

(四)可研究问题的建议

1. 开发整体性物理自评与互评量表

罗格斯大学就科学能力的评估开发了一种评估和自我评估的工具表,每个量表代表一种广泛的科学能力(如收集和分析数据),其子量表包括确定自变量因变量等子能力内容和评估子能力发展到何种程度,通过引入量表来评估学生在物理实验室中的表现。目前现有的研究大多将各种物理能力分开,如问题解决能力、实验探究能力,而缺少整体性的评估量表。

除此之外,现有量表多从教师的旁观角度出发,缺少学生自评与互评的角度,无法对学生进行全面的评估。在学生进行物理内容的学习时,通过量表进行自评与互评、教师评估能够使学生获得对自己学习情况的主客观了解,有助于改善学习状态,帮助教师获得学生的综合情况。

2. 不同学业层次的学生与专家科学思维能力的差异

对于不同学业层次的学生来说,他们的问题解决能力存在差异,这可能与题目训练时长等因素有关。但学业层次能否作为学生科学思维能力的体现呢?传统学业层次的划分按照成绩将学生分为学优生、学中生、学困生,目前已有关注高中物理学困生成因及转化策略、针对课堂行为的教学策略等。通过调查不同学业表现层次的学生科学思维能力的表现,能够更好地理解学生的科学思维能力如何建立与培养,进一步帮助学生提升学业表现。同样,调查学生和专家的科学思维能力也能进行现状与策略研究。

四、案例教学指导

（一）教学目标

1. 适用课程

本案例适用于《教育研究方法》《物理教育研究方法》《教师专业发展》等课程。

2. 教学对象

本案例适用于学科教学（物理）硕士研究生、课程与教学论（物理方向）硕士研究生、物理学（师范）专业学生及参与教师专业发展的在职教师。

3. 教学目的

①学会如何进行设计和开展物理教育评价研究。
②了解评价领域在国际物理教育中研究的进展和意义。
③培养研究中的创新精神和研究素养。

（二）启发思考题

①本案例如何体现研究的重要性、必要性和价值？为什么会提出这3个研究问题？
②针对本案例的研究问题，应如何进行调查？如果是你，会如何开展调查？

③该研究设计是否满足研究问题的需要,你认为还有什么需要补充?
④该研究结果如何回应研究问题?用到了哪些统计分析方法?
⑤思考题:基于物理评价的论文主题,设计一个新的研究题目,并简单介绍如何开展研究。

(三)分析思路

该案例是一篇经典量表计分方式的改进研究,针对劳森科学推理测试量表的二阶题目,对学生两个子问题的不同回答情况作出区分。在区别开"猜测"和"推理"的基础下,将两道二阶题目的16个计分方式分为了6个推理能力等级,统计不同等级在科学推理能力不同阶段的占比情况,得到不同计分模式随学生整体科学推理能力发展阶段的变化趋势。

总的来说,相比于已有研究,该研究将量表中学生的不同回答情况所代表的能力水平进行了更细致的划分,同时统计了不同回答情况在科学推理能力发展阶段中的分布。通过学习该案例,可以帮助学生了解如何开展对经典量表的改进研究,梳理评价类研究的一般研究思路,认识评价领域的研究现状和发展,进而主动地从多元角度对教学过程中的各环节进行评价,挖掘可研究问题。

(四)案例分析

1. 相关理论

(1)学生评价理论

学生评价是指根据一定的标准,通过使用一定的技术和方法,以学生为评价对象所进行的价值判断。学生评价的直接目的是评估学生的表现,根本目的是促进教育教学改革与学生的全面发展。因此,评价体系是否合理,直接关系到教育目标和学生发展。

传统的评价以测验为主,发展到泰勒的"目标模式",学生评价理论有了质的飞跃,随着社会发展和理论自身的成熟而不断更新。金娣和王钢(2011)总结了当代学生理论的发展趋势:重视联系实际,重视跨学科知识和能力的考查;重视批判性思维等一般能力与思维技能的考核;

重视实际操作能力的考核;重视学生心理和思想的评价;学业评价技术现代化。不难看出,现代学生评价理论以追求科学评价、多元评价和开放评价为路径,不局限于定量评价,不断推陈出新,为更好地评价学生提供思路与工具。

(2)LCTSR量表的发展

皮亚杰的认知任务被广泛认为是评估学生科学推理能力的标准方法。然而,这种方法耗时较长,对设备和研究者的要求也较高。1978年,Lawson设计了形式推理课堂测试(CTFR-78),这一纸笔测试工具以其可靠性和便捷性满足了对科学推理能力测量工具的需求,并在课堂环境中更为实用。相较于皮亚杰任务,CTFR-78更适合课堂应用。后续研究验证了CTFR-78的有效性,发现其与访谈任务具有较高的一致性,尽管它可能轻微低估了学生科学推理能力的发展。

2000年,Lawson对CTFR-78进行了修订,推出了劳森科学推理测试量表(LCTSR)。LCTSR是一个包含24个项目的两级多项选择题测试。该量表由12组二阶题目构成,每组包含两个小题:第一个小题是决策题,第二个小题要求解释前一个小题的答案选择。根据LCTSR的设计,学生必须正确回答二阶问题中的两个小题才能得分。如果在一组二阶题目中两个小题都答错,则表明学生的科学推理水平最低;如果两个小题都答对,则表明科学推理水平最高;如果只答对其中一个小题,则无法区分其科学推理水平。

2. 关键能力点

(1)开展教育评价研究的能力

物理教育评价研究需要具备评价理论基础,了解基本的量化、质性方法,与真实教学背景相联系,揭示研究对象完成任务的过程、对知识结构的掌握。该案例展示了对经典量表LCTSR开展的计分方式研究,通过对二阶题目计分方式的改进,分析处于不同推理能力层次学生的分布。对该案例进行学习后,应了解评价领域中的经典量表,能够总结教育评价研究的一般研究思路,具备对真实教学过程提出问题的能力。

(2)数据统计分析能力

掌握数据统计分析能力不仅有利于培养教育研究者思辨的逻辑分析能力,而且有利于培养其深入分析数据的统计学能力。在该案例中,研究者基于不同计分层次对科学推理发展阶段进行统计分析,得到曲线分布。

评价研究中还常用到 SPSS 软件进行信效度分析、方差分析、相关分析等,不同的分析方法适用范围不同。数据统计分析方法是教育研究方法论体系中非常重要的数据分析方法,它有助于表明教育活动或现象的特点和规律。目前,在国际教育研究方法领域,统计分析方法已成为保障实施教育研究的重要工具。

3. 评价工作中的探索与创新

(1)基于经典量表的改进

评价领域研究中常以评价内容、评价量表等作为研究主题,通过对教学过程的观察或对经典量表的学习,发现其中可改进的内容、结构等,进而提出研究问题。该案例以经典量表为出发点,通过阅读有效性检验文献,发现量表中可改进的计分方式,分析了改进后的计分方式对推理能力的体现。研究发现,改进后细致的计分方式更能体现学生推理能力的差异,将学生的技能水平确定在更细致和集中的维度。研究结果使教师和学生更加直观地认识不同表现对应的推理水平高低,为发展学生的认知提供帮助。

(2)研究设计与分析的创新

发现问题与创新密切相关,发现问题是一种创新,创新能解决我们发现的问题。该案例不仅改进了计分方式,还对 LCTSR 量表的二阶题目建立了等级水平,分析不同等级在科学推理中不同阶段的分布趋势,得到中间第 4 级模式可能是学习的一个重要过渡阶段。通过设计创新,深入挖掘学生对每个维度的中间水平差异的表现,提出对中间水平进行区分的计分模式分析,为学生的认知发展提供动力,也能让教师关注到学生从"知道"到"理解"水平的过渡阶段,及时把握学生在每个不同难度维度的中间水平表现。

(五)课堂设计

①时间安排:大学标准课堂 4 节,160 分钟。
②教学形式:小组合作为主,教师讲授点评为辅。

③适合范围：50 人以下的班级教学。

④组织引导：教师明确预习任务和课前前置任务，向学生提供案例和必要的参考资料，提出明确的学习要求，给予学生必要的技能训练，便于课堂教学实践，对学生课下的讨论予以必要的指导和建议。

⑤活动设计建议：提前布置案例阅读和汇报任务。阅读任务包括案例文本、参考文献和相关书籍；小组汇报任务包括对思考题的见解、合作完成的教学设计。小组讨论环节中需要学生明确分工，做好的发言记录和最后形成的综合观点记录。在进行小组汇报交流时，其他学习者要做好记录，便于提问与交流。在全班讨论过程中，教师对小组的设计进行点评，适时提升理论，把握教学的整体进程。

⑥环节安排如表 5-2 所示。

表 5-2 课堂环节具体安排

序号	事项	教学内容
1	课前预习	学生对课堂案例、课程设计等相关理论进行阅读和学习
2	小组研读案例、讨论及思考	案例讨论、模拟练习、准备汇报内容
3	小组汇报，分享交流	在进行小组汇报交流时，其他学习者要做好记录，便于提问与交流。在全班讨论过程中，教师对小组的设计进行点评，适时提升理论，把握教学的整体进程
4	教师点评	教师在课中做好课堂教学笔记，包括学生在阅读中对案例内容的反应、课堂讨论的要点、讨论中产生的即时性问题及解决要点、精彩环节的记录和简要评价。最后进行知识点梳理及归纳总结
5	学生反思与生成新案例	学生课后对这堂课的自我表现给予中肯的评价，并进行学生合作式案例再创作

（六）要点汇总

1. 开展物理教育评价研究

学会开展物理教育评价研究是学生开展科研活动的必备技能。评价类研究内容主要包括评价学生物理学知识与能力、评价模型、方法与理论的使用、跨学科评价等。一般是采用经典量表或自编量表对教学过程进行评价,分析现状或影响因素。

首先要挖掘教学过程中需要评估的现象和内容,在学生、教师与教学环境中进行细致的观察,发现适合评估的内容。其次从文献检索开始,阅读大量评价领域的文献与书籍,丰富自己的认知与知识储备、学习研究方法,进而关注核心内容的最新进展。然后,学习评价领域的教育测量理论,根据理论指导开展研究。在选定评价内容和问题后,将单一的研究点拓展成为能够支撑起一个研究的完备问题,确定具体研究的对象、内容、要点、形式等,建立起研究框架和研究计划。

2. 评价领域在国际物理教育中研究的进展和意义

以一篇涉及评价的研究作为本章的案例,学习国外的教育评价研究现状与优秀案例。目前,在国际物理教育研究领域,评价的热点内容包括物理学内容与能力的评价、各类模型方法理论使用情况的评价、跨学科评价等。

评价主题研究已从简单评价学生能力或教学过程,发展到不断改进评价的模型方法,将单一学科评价拓展到多学科、跨学科评价,在一定程度上反映了国际物理教育领域的维度变化呈现由点及面的趋势。通过对教育教学进行评价,能够监控现行的教学措施等的落地实施情况,结合学生真实表现,开拓未来的教育研究主题内容、促进物理教育研究的发展。

(七)推荐阅读

[1] 黄光扬. 教育测量与评价 [M]. 上海:华东师范大学出版社,2012.
[2] 金娣,王钢. 教育评价与测量 [M]. 北京:教育科学出版社,2011.

参考文献

[1] Xu W Y, Liu Q Y, Koenig K, et al.Assessment of knowledge integration in student learning of momentum [J].Physical Review Physics Education Research, 2020（1）：1—15.

[2] Walsh C, Quinn K N, Wieman C, et al.Quantifying critical thinking：Development and validation of the physics lab inventory of critical thinking[J].Physical Review Physics Education Research, 2019（1）：1—17.

[3] 咸钟月.初中生物理实验能力评价量表的开发与应用研究 [D].兰州：西北师范大学, 2022.

[4] 杨夏.高中生提出物理问题能力评价量表的编制与应用 [D].曲阜：曲阜师范大学, 2018.

[5] Susac A, Planinic M, Klemencic D, et al.Using the Rasch model to analyze the test of understanding of vectors[J].Physical Review Physics Education Research, 2018（2）：1—6.

[6] Smith T I, Bendjilali N.Motivations for using the item response theory nominal response model to rank responses to multiple-choice items[J].Physical Review Physics Education Research, 2022（1）：1—13.

[7] 徐婉卿.基于SOLO分类理论的高中物理教材课后习题研究及其对学生思维能力评价的指导意义 [D].武汉：华中师范大学, 2022.

[8] Haskell T, Borda E, Boudreaux A.Cross-disciplinary learning index：A quantitative measure of cross-disciplinary learning about energy[J].Physical Review Physics Education Research, 2022（1）：1—17.

[9] 李文智.高中化学、物理、生物跨学科知识整合与实践研究 [D].银

川:宁夏大学,2020.

[10] Zimmerman C.The development of scientific thinking skills in elementary and middle school[J].Developmental Review,2007,27(2):172—223.

[11] Caleon I S, Subramaniam R.Development and application of a three-tier diagnostic test to assess secondary students' understanding of waves[J].International Journal of Science Education,2010,32(7):939—961.

[12] Zhou S, Han J, Koenig K, et al. Assessment of scientific reasoning: The effects of task context, data, and design on student reasoning in control of variables[J].Thinking Skills and Creativity,2016,19:175—187.

[13] Adey P, Shayer M.Accelerating the development of formal thinking in middle and high school students[J].Journal of Research in Science Teaching,1990,27(3):267—285.

[14] Coletta V P, Phillips J A. Interpreting FCI scores: Normalized gain, reinstruction scores, and scientific reasoning ability[J]. American Journal of Physics,2005,73(12):1172—1179.

[15] Johnson M A, Lawson A E.What are the relative effects of reasoning ability and prior knowledge on biology achievement in expository and inquiry classes?[J]. Journal of Research in Science Teaching,1998,35(1):89—103.

[16] Xiao Y, Han J, Koenig K, et al. Multilevel Rasch modeling of two-tier multiple-choice test: A case study using Lawson's classroom test of scientific reasoning[J].Physical Review Physics Education Research,2018,14.

[17] 李翀. 基于模拟 PISA 测试的学生评价的研究 [D]. 桂林:广西师范大学,2018.

[18] Joep V D G, Eva V D S, Gijsel M, et al. A combined approach to strengthen children's scientific thinking: Direct instruction on scientific reasoning and training of teacher's verbal support[J]. International Journal of Science Education,2019,41(9):1119—1138.

[19] Pratt C, HackerR G.Is Lawson's Classroom Test of Formal Reasoning Valid? [J].Educational and Psychological Measurement,1984,44（2）:441—448.

[20] Stefanich G P, Unruh R D, Perry B, et al.Convergent validity of group tests of cognitive development[J].Journal of Research in Science Teaching,1983,20（6）:557—563.

[21] Lawson A E. Classroom test of scientific reasoning: Multiple choice version. Based on a. E. Lawson, "development and validation of the classroom test of formal reasoning" [J]. Journal of Research in Science Teaching,2000,5（1）:11—24.

[22] Tsai C C, Chou C.Diagnosing students' alternative conceptions in science[J].Journal of Computer Assisted Learning,2002,18（2）:157—165.

[23] Bayrak B K.Using two-tier test to identify primary students' conceptual understanding and alternative conceptions in acid base[J].Mevlana International Journal of Education,2013,3（2）:19—26.

[24] Caleon I S, Subramaniam R.Do students know what they know and what they don't know? Using a four-tier diagnostic test to assess the nature of students' alternative conceptions[J].Research in Science Education,2009,40（3）:313—337.

[25] Caleon I S, Subramaniam R. Development and application of a three-tier diagnostic test to assess secondary students' understanding of waves[J].International Journal of Science Education,2010,32（7）:939—961.

[26] Chang H P, Chen J Y, Guo C J, et al. Investigating primary and secondary students' learning of physics concepts in Taiwan[J]. International Journal of Science Education,2007,29（4）:465—482.

[27] Norton M J. Knowledge discovery in databases[J].Library Trends,1999,48（1）:9—21.

[28] Lawson A E.The development and validation of a classroom test of formal reasoning[J].Journal of Research in Science Teaching,

1978,15（1）：11—24.

[29] Bao L, Cai T, Koenig K, et al. Learning and scientific reasoning[J].Science,2009,323（5914）：586—587.

[30] 李昱蓉. 表现性评价的实践价值与反思 [J]. 思想政治课教学,2018（5）：79-83.

[31] Faletic S, Planinsic G.How the introduction of self-assessment rubrics helped students and teachers in a project laboratory course[J].Physical Review Physics Education Research,2020(2)：1—21.

[32] 屈越. 高一物理学困生的成因及转化策略研究 [D]. 重庆：西南大学,2022.

[33] 周南君. 转化物理学困生课堂学习行为的有效教学策略 [D]. 长沙：湖南师范大学,2014.

[34] 全国十二所重点师范大学联合编写. 教育学基础 [M]. 北京：教育科学出版社,2007.

[35] 金娣,王钢. 教育评价与测量 [M]. 北京：教育科学出版社,2011.

第六章 案例五：态度与信念

一、态度与信念的相关研究

（一）态度与信念的研究现状

在物理教学过程中，无论是教师、学生还是助教的认识论、态度和信念，都可能影响教学效果。相关的研究也愈加受到关注。19世纪末期，心理学家朗格对态度展开研究，在一项关于反应时间的实验中，他发现那些对即将发生的事情做好准备的人的反应时间更短。他称这种心理上的准备状态为态度。在后来的研究中，西方心理学界对态度产生了多种定义。

1935年，心理学家阿尔波将态度定义为："态度是心理和神经中枢的准备状态，它们通过经验来组织，并施加直接的或间接的与所有对象或情境有关的个体反应"。霍夫兰和卢森堡的3个态度要素是科学界相对公认的态度结构理论，分别是认知要素、情感要素和行为倾向要素。至此，态度的定义和层次基本形成。在后期的研究中，研究者更倾向于调查态度的现状，研究态度与行为的关系。

关于态度与信念的研究，大部分研究是关于开发应用学生态度和信念的量表、问卷，如经典的科罗拉多科学态度测量量表CLASS（the colorado learning attitudes about science survey）和马里兰州物理期望调查MPEX（maryland physics expectation survey），以及近几年开发的科罗拉多科学实验态度量表ECLASS，物理自我效能感问卷PSEQ （physics self-efficacy questionnaire），科学本质观问卷 VNSQ（view of nature of science questionnaire）和物理目标定向调查 PGOS（physics goal orientation scale）等。

教师的态度和信念研究主要采取问卷和访谈的方法，如 David Woitkowski 等人对德国教授进行半结构式访谈，针对他们的科学本质观进行调查，Adrian Madsen 等人对物理系教师进行现象学访谈，调查他们对基于研究的评价的实施情况和理解。

1. 物理学中的认识论

为了探讨物理学中的认识论信仰，Hammer（1996，1994，2010）开发了一个框架，从 3 个尺度来表征学生对物理的态度和信念：碎片连贯性（pieces coherence）、公式概念（formulas concepts）和权威独立（by authority independent）。Elby 的研究扩展了 Hammer 的观点，以探索学生对物理课程的期望以及认识论信念与学习之间的关系。

2. 物理态度调查工具的开发与应用

为了更好地描述学生在课程前、课程中或课程后的态度和信念，研究人员开发了各种态度调查工具。最早开发的调查之一是 MPEX，探讨了学生对学习物理的六个维度的期望。随后，研究人员从不同视角开发了各种测试工具，如经典的科罗拉多科学态度测量量表 CLASS 和马里兰州物理期望调查 MPEX，以及近几年开发的科罗拉多科学实验态度量表 ECLASS，物理自我效能感问卷 PSEQ，科学本质观问卷 VNSQ 和物理目标定向调查 PGOS 等。

Mason 和 Singh（2010）完善了一种测量学生问题解决的态度和信念的工具，称为 AAPS 调查，并比较了不同群体的调查结果：物理和天文学专业的本科生、研究生和教师。Douglas（2014）利用 CLASS 问卷调查学生的科学态度，Gray（2008）对 CLASS 问卷进行了修订，并据此对大学生对待物理的态度展开了调研。

3. 认识论与学习成果之间的关系

一些研究探索了认识论和学生理解物理概念之间的关系,通过概念清单或其他课程测量的表现来衡量。Halloun(1997)报告了 VASS 评分、FCI 增益和课程成绩之间的显著相关性。例如,在 VASS 调查中被归类为"专家"的学生更有可能在物理课上获得高分。

May 和 Etkina(2002)要求物理初学者每周提交报告,反映他们是如何学习电和磁物理的一个特定主题的。将学生的反思质量与他们在不同概念清单中的表现进行比较,比如用 FCI、MBT 和 CSEM 的方法。他们发现,在比较前后标准化程度较高的学生在认识论上的复杂程度更高,比如会提出有深刻见解的问题,并试图理解材料的意义,而并非只是学到了公式。

4. 提高学生认识论信念的教学策略

Hammer(2003)和 Elby(2001)开发了一套教学材料和策略来解决学生的认识论信念,发现这些材料和策略在 MPEX 调查中产生了显著的有利转变。不过实施这些材料和策略会减少教学内容,因为需要保持教学计划的灵活性,以留出时间来解决学生的困难。有效的教学实践包括布置作文问题,让学生必须论证或反对多个观点,要求学生反思他们的答案是否符合他们在实验室活动中的"直觉",并提交总结报告,让学生反思他们学习物理所使用的策略(记忆、总结文本、解决问题等)。

当前,我国心理学界比较认同的态度定义为"态度是个人对某一事物的评价总和及内在的反应倾向"。考虑到学习态度对学生学习活动的重要性,国内学者对其展开了广泛研究,并逐渐深入到各个学科领域。其中以对体育、英语、数学学科学习态度的研究居多,对物理学习态度的研究数量相对于其他学科较少。

学习态度的研究主要聚焦在以下几个方面:

一是物理学习态度的性别差异,例如,王南方等人(2011)利用 CLASS 对高二和大学生进行测试,结果显示在兴趣、独立性表现等方面存在着性别差异。

二是物理学习态度与成绩的相关性研究,例如,鲁志祥等人(2015)

采用 CLASS 对高一和部分大学生进行测试,结果显示"概念的关联"和"概念的应用"这两个方面与学生的成绩联系密切;高中生和大学生的物理学习态度对学习成绩的影响程度不同,物理学习态度与学习成绩的相关性有很大的性别差异,在高中阶段尤为明显;曾光曙(2018)深入分析了学生物理学习态度和物理成绩之间的关联性,从具体问题的角度阐述了物理学习态度会直接影响到物理成绩。

三是物理学习态度现状研究。例如,聂卓丹(2015)改编吴明隆《数学学习经验问卷》中的《数学态度量表》,对农村两所高一、高二的学生的物理学习态度进行了测量,关注到了城乡学生物理学习态度的显著差异。杨晓慧(2007)运用自编量表进行测量,结果显示,男生的得分平均数高于女生的得分平均数,并存在显著性差异;学生就读的年级(高一、高二、高三)也存在显著性差异。

(二)态度与信念领域的一般研究思路

1. 明确研究背景与目的

需要明确物理教育态度与信念研究的重要性及其在当前教育环境中的意义。这包括理解物理学科在基础教育及高等教育中的地位,以及学生态度与信念如何影响他们的学习成效和未来发展。明确研究目的,即希望通过研究解决哪些具体问题,如探讨哪些因素影响学生的物理学习态度,或者评估教师信念如何影响物理教学效果等。

2. 文献综述与理论框架构建

广泛检索国内外关于物理教育态度与信念的文献,了解该领域的研究现状、主要理论观点、研究成果及存在的争议点。通过文献综述,明确研究的理论基础和已有研究的不足之处。

基于文献综述,构建适合本研究的理论框架。这包括界定物理教育态度与信念的概念,明确其内涵和外延,以及分析影响这些态度和信念的因素,如个人经历、教学环境、社会文化等。

第六章 案例五：态度与信念

3. 确定研究方法与工具

根据研究目的和理论框架，选择合适的研究方法，如问卷调查、访谈、实验、案例研究等。确保方法能够有效地收集和分析数据，以揭示物理教育态度与信念的实质和规律。设计或选择适当的研究工具，如问卷、访谈提纲、实验设计等。确保研究工具的信度和效度，以便能够准确地测量和评估学生的物理教育态度与信念。

4. 数据收集与分析

按照研究方法和工具的要求，收集相关数据。这可能包括学生的问卷回答、访谈记录、实验数据等。运用统计软件或其他分析工具对收集到的数据进行处理和分析。通过描述性统计、相关性分析、回归分析等方法，揭示物理教育态度与信念之间的关系及其影响因素。

5. 结果与讨论

根据数据分析的结果，找出物理教育态度与信念的现状及其背后的原因。这可能包括不同群体之间的差异、特定因素对态度和信念的影响等。将研究结果与已有研究进行比较和讨论，分析其异同点及可能的原因。同时，探讨研究结果对物理教育实践的启示和建议。

6. 结论与展望

总结研究的主要发现和结论，明确回答研究问题。指出研究的局限性和不足之处，并提出未来研究的方向和建议。同时，强调研究成果对物理教育改革的潜在贡献和意义。

7. 实践应用与反馈

将研究成果应用于物理教学实践中，观察并评估其效果。通过教师反馈和学生表现的变化，不断调整和完善教学策略和方法，以促进学生物理教育态度与信念的积极转变。

二、态度与信念的案例再现

学生物理学习认识论信念的专业、性别和大学层次差异[①]

摘要：研究表明，学生的认识论信念对其物理学习具有显著影响。本研究采用中文版科罗拉多科学学习态度调查（CLASS）工具，对来自中国10所大学、3个年级的817名本科生进行了调查。通过三因素方差分析，我们深入探讨了专业、性别及大学层次对学生CLASS表现的影响。

结果显示，专业因素的主效应具有统计学意义，具体表现为教育专业学生的物理学习态度明显优于非教育专业学生，这一趋势不受性别和大学层次影响。此外，性别与大学层次之间虽未各自呈现显著主效应，但两者间存在显著的交互作用。值得注意的是，专业、性别与大学层次之间并未发现三因素交互作用。

本研究明晰了物理学习认识论信念与大学专业、学生性别及学习内容性质之间的关系，为后续研究提供了方向。未来研究可进一步探讨年级对学生物理学习认识论信念的影响，以及年级与专业、性别和大学层次之间的复杂交互关系。鉴于专业因素的显著作用，探索认识论信念与职业兴趣或职业期望之间的关联亦具有重要意义。

关键词：物理；认识论信念；专业；性别；大学层次

[①] 本案例来源于作者的研究成果，引用如下：Luchang Chen, Shaorui Xu, Hua Xiao, et al. Variations in Students' Epistemological Beliefs towards Physics Learning across Majors, Genders, and University Tiers[J].Physical Review Physics Education Research,2019,15（1）: 010106-1-11.

第六章 案例五：态度与信念

（一）研究背景

学生对物理学习的态度、信念及期望深刻影响着他们在物理课程中的行为表现。常见的误区是学生认为物理学是零散的信息集合，因此他们依赖记忆公式而非理解背后的基础概念和原理。在研究学生态度、信念及其对学习物理影响的领域中，学者们采用了诸如态度、信念、价值观、期望、观点、个人兴趣、学习取向、动机及认识论信念等多样化术语，以探讨学生的学习方法。

近20年来，物理教育者的目光日益聚焦于学生的物理认识论信念上。认识论信念是指学生的"个人知识或认识是其态度和主观行为规范的先决条件"，直接关系到学生参与物理学习的意愿及学习状态。在物理教育研究中，认识论信念常与学生的学习观点、期望及信念并行进行研究，研究显示，学生在学习物理时，不仅展现出与初学者相似的理解水平，还有一系列与专家不同的个人认识论信念。

（二）案例描述

1. 为什么进行本研究？

> 师：该案例的研究对象是本科生，众所周知，学生的认识论信念对其物理学习具有显著影响，为什么作者要探讨了学生的专业、性别及大学层次对学生物理学习态度表现的影响呢？

许多研究致力于探究学生对物理学习的认识论信念。研究发现，学习方法和教学实践显著影响学生态度。例如，不同学习方法能在不同程度上提升学生态度。教学策略对学生态度的影响也得到了研究证实。Sahin 的研究调查了基于问题的学习（PBL）策略对大学新生物理认识论信念及其对牛顿力学概念理解的影响，结果显示，PBL 组与传统教学组学生的信念相似。

另有研究指出，学期结束后学生对科学的态度有积极变化，这种变化受教育背景影响，特别是那些在大学前已修过物理课程的学生。还有研究在2007—2008学年对修读微积分基础物理课程的大一学生进行了调查，目的是评估他们对课程的初始期望。这些期望与学生在期末考试中一般问题解决能力的得分呈显著正相关。此外，对物理相关态度和原则的调查已在广泛的学生群体中开展，包括高中毕业生、本科生、研究生。

另外一项研究结果显示，即使经过多年传统教育，学生对物理的认识论信念也趋向于非专家化。同时，研究发现女生和男生在物理学习动机和持续参与方面的认知并无本质差异。

评估学生对物理学习的认识论信念并非易事。为此，研究者开发了多种调查工具，用于评估学生对物理学作为科学表现及学习方式的信念。在众多相关调查中，有4种工具尤为知名：马里兰物理期望调查（MPEX）、科罗拉多科学学习态度调查（CLASS）、物理科学认识论信念评估（EBAPS）和科学观点调查（VASS）。这些工具各有侧重，有的深入探究学生的期望，有的则考查信念的广度。

2. 本研究提出了什么问题？

师：文献综述对整篇论文的创作具有举足轻重的地位。通过文献的梳理，我们知道许多研究致力于探究学生对物理学习的认识论信念，大量的研究表明，学生对物理学习的认识论信念不仅影响他们的学习，而且这些信念本身也受教育背景、教学方法和性别等因素的影响。然而，这些因素在以往研究中多被单独考查，缺乏综合分析。基于此，我们可以提出什么样的研究问题？

先前研究揭示了物理学领域中认识论、教学和学习间的重要联系。学生对物理学习的认识论信念不仅影响他们的学习，而且这些信念本身也受教育背景、教学方法和性别等因素的影响。然而，这些因素在以往研究中多被单独考查，缺乏综合分析。因此，有必要探究不同专业、性别和大学层次学生对物理学习的认识论信念的差异。我们特别关注教育专业与非教育专业学生、一本院校与二本院校学生以及不同性别学生在这些信念上的表现。

在我国，不同层次的大学在教学重点上存在差异，一本院校更注重培养学生的理论和基础见解,而二本院校则更侧重应用知识和职业准备。我们假设这些差异可能影响学生对物理学习的认识论信念。性别因素也备受关注,研究将探讨性别是否会影响学生对物理学习的认识论信念。

在评估学生态度和信念的工具中,CLASS 因其全面性和适用性而受到科学教育研究者的青睐。它基于 MPEX、EBAPS 和 VASS 三种现有工具构建,旨在覆盖所有科学课程,适用于各个学习阶段的学生。CLASS 是目前最广泛使用的态度调查问卷,支持多种语言,包括本研究所必需的语言。基于此,我们选择使用 CLASS 来研究不同专业、性别和大学层次学生对物理学习的认识论信念,并提出以下研究问题:

①教育专业和非教育专业的大学生的 CLASS 表现如何?
②一本院校和二本院校的大学生的 CLASS 表现如何?
③不同性别的大学生的 CLASS 表现如何?

3. 本研究如何设计和实施?

师:研究方案是整个研究的关键,在进行研究之前要详尽了解相关文献情况后制订细致的研究方案。对于上述的研究问题,我们如何来设计研究方案?需要什么工具?

(1)CLASS 问卷

近几十年来,为了增强学生对物理学的积极态度,CLASS 问卷已成为评估课程改革效果的重要工具。CLASS 问卷的目的在于评价学生对物理课程内容和学习过程的看法,而非他们对物理学的喜好。该问卷包含一个筛选项和 41 个陈述句,学生需要选择第 4 类作为可接受的答案。

这些陈述句被分为个人兴趣(PI)、现实世界联系(RWC)、一般问题解决(PSG)、问题解决信心(PSC)、问题解决复杂性(PSS)、理解或努力(SM/E)、概念联系(CC)和应用概念理解(ACU)等类别。CLASS 问卷的创建者对 PI、RWC、CC 和 SM/E 等类别进行了明确定义,并将 PSG、PSC、PSS 和 ACU 归类为数学与物理的联系。此外,有研究者进一步将问题解决定义为"利用特定模式理解问题,并运用模式的技巧和方程式解决问题的能力"。

CLASS 问卷已广泛应用于物理教育研究(PER),清晰和简洁的陈述使其适用于不同的物理课程。该问卷已在包括中学生和大学教职工在内的多个参与者群体中进行过研究。相关研究不仅限于北美和欧洲的学术机构,也扩展到了中国、泰国、沙特阿拉伯等国家。CLASS 问卷已被翻译成多种语言,例如,在张和丁的研究中,问卷被翻译成普通话,用于评估我国学生的态度。

此外,CLASS 问卷也被用于评估不同科学领域学生的认识论信念。基于 CLASS 问卷,已经开发了多种特定领域的调查工具,如针对物理学、化学和生物学的 CLASS-Phys、CLASS-Chem 和 CLASS-Bio。CLASS 问卷还被用于评估工程专业和计算机科学专业学生的专家思维。

(2)学生测试

本研究旨在探究不同背景的学生对物理学习认识论信念的差异,选用中文版 CLASS 问卷,对中国 10 所大学的学生们进行了书面调查。调查对象涵盖不同专业、性别和大学层次的学生。在中国,根据大学入学考试成绩,一流大学招收前 10% 的学生,二流大学招收近 40% 的学生。

参与研究的学生专业多样,包括物理教育、科学教育、电子与电气、计算机科学、通信工程、机电工程和环境工程等,分为教育类和非教育类两大类。物理或科学教育专业的学生构成教育组,他们立志成为未来的物理或科学教师;而其他专业的学生则构成非教育组。所有参与者都需修读物理相关课程,如力学、电磁学、光学、热物理、原子物理等。

2017 学年第二学期结束时,共有 948 名学生参加了 CLASS 测试。根据学校的课程表,在课后向学生分发了纸质问卷,测试耗时约 10 分钟。对于不确定的题目,学生被要求留空。数据收集后进行了记录和分析。

为确保问卷有效性,排除了第 31 题未选择"4"作为答案的问卷,以及连续选择相同选项或顺序编号有误的问卷。最终,获得了 817 份有效问卷,有效率 86.18%。学生的具体分布情况,包括性别、年级和大学层次,具体见表 6-1。其中,男性 484 人,女性 333 人;来自一流大学的学生 548 人,二流大学的学生 269 人。大多数参与者属于教育组(684 人),其余为非教育组。年级分布为大一 325 人,大二 307 人,大三 185 人。

第六章 案例五：态度与信念

表6-1 测试者性别、年级和大学层次统计分析

性别	年级	一本院校/人	二本院校/人	总计/人
男性	一年级	87	75	162
	二年级	195	8	203
	三年级	88	31	119
男性人数总计		370	114	484
女性	一年级	63	100	163
	二年级	66	38	104
	三年级	49	17	66
女性人数总计		178	155	333
总计		548	269	817

表头高校类型

4. 本案例获得什么结果？

师：研究结果是一篇论文的核心，其水平标志着论文的学术水平或技术创新的程度，是论文的主体部分。我们收集到的数据结果可以得出什么样的结论？如何来回应我们的研究问题呢？用到了什么数据分析？

在本研究中，使用SPSS数据分析对CLASS量表进行信度评估，其提供的简要的总结性描述显示CLASS量表的信度（Cronbach's alpha）系数为0.765，表明本研究结果具有充分一致性。

如上所述，CLASS调查结果可能受到三个独立变量（专业、性别和大学层次）的影响，三者也可能存在交互作用，因此，本研究运用三因素方差分析（three-way ANOVA）检验学生成绩在此三者间的主效应和交互效应。

首先，检验各个变量的主效应，分析该变量对CLASS调查结果是否有影响。其次，对变量间的交互效应进行分析，以便更全面地了解每个主效应是否受另一个变量的影响。例如，如果专业存在主效应，而专业与性别之间没有交互效应，那么就可以得出结论：专业的主效应不依赖于性别。

但如果专业不存在主效应,而专业与性别之间存在交互效应,则可以认为专业影响学生的 CLASS 表现,且其作用取决于性别。考虑到变量之间的相互作用,本研究运用 Sidak 成对比较分析一个变量在另一个变量的不同水平上的影响差异。此外,本研究运用三因素方差分析(three-way ANOVA)和 Sidak 成对比较,对不同专业、性别和大学层次的学生认识论信念的不同类别进行了比较分析。

(1)学生在 CLASS 问卷中的总体表现

表 6-2 展现了全部学生以及根据专业、性别、大学层次和年级等不同变量划分的各组学生的 CLASS 表现的描述性统计。学生的 CLASS 整体平均得分高于 3(平均分 =3.29,标准差 =0.30)。

专业方面,教育专业的学生(平均分 =3.37,标准差 =0.29)表现比非教育专业的学生更好(平均分 =3.28,标准差 =0.30)。

性别方面,男生的平均得分与女生的接近。此外,一本院校的学生平均得分(平均分 =3.28,标准差 =0.30)略低于二本院校的学生(平均分 =3.33,标准差 =0.28)。

年级方面,从一年级到三年级学生的平均得分相差无几。由于学生样本中二年级只有 8 名男生,三年级只有 17 名女生,为了确保数据分析的统计有效性,接下来的交互分析中将不包括年级变量。

表 6-2 学生 CLASS 问卷表现描述性统计

类别		N	平均分(标准差)	最高分	最低分	总体平均分(标准差)
专业	教育	684	3.37(0.29)	4.20	2.24	3.29(0.30)
	非教育	133	3.28(0.30)	4.12	2.59	
性别	男	484	3.30(0.28)	4.12	2.41	
	女	333	3.28(0.32)	4.20	2.24	
大学层次	一本院校	548	3.28(0.30)	4.20	2.25	
	二本院校	269	3.33(0.28)	3.95	2.59	
年级	一年级	325	3.30(0.29)	3.98	2.24	
	二年级	307	3.31(0.30)	4.20	2.39	
	三年级	185	3.27(0.30)	4.12	2.59	

为了探究不同被试组别中学生物理学习认识论信念的差异,我们比

较了不同专业、性别和大学层次的学生在 CLASS 调查中的表现。数据分为 8 组,分别来自 2 个专业 ×2 个性别 ×2 个大学层次的学生。计算各组的平均得分,如图 6-1 所示。

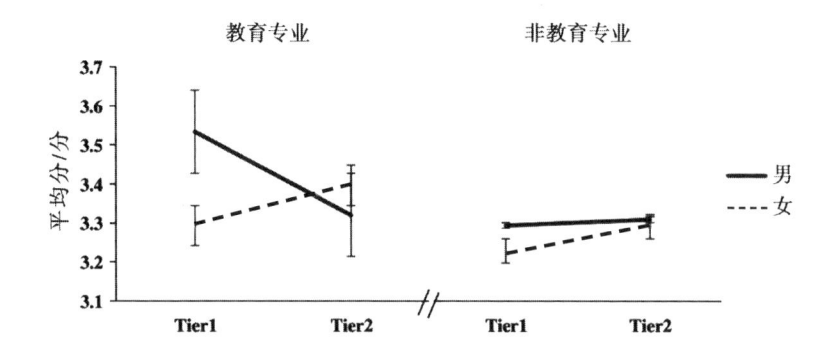

图 6-1 不同专业、性别和大学层次的学生 CLASS 总体表现

注 左侧为教育专业学生的平均分,右侧为非教育专业学生的平均分;Tier1 表示第一阶答案平均分,Tier2 表示第二阶答案平均分;线条代表男性学生,虚线代表女性学生;各数据点表示各组平均得分,误差线表示标准误差。

总体而言,无论何种性别和大学层次,教育专业的学生对物理学习的态度始终优于非教育专业的学生。在一本院校中,教育专业的学生对物理学习的态度优于非教育专业的学生,并且没有性别差异。而二本院校的学生在专业和性别上的表现都没有太大差异。此外,男生的表现与女生的表现大体相当。然而,在一本院校的教育专业中,男生的表现优于女生。

随后,在基于三变量模型的相关性分析视角下,探究本研究中三个变量之间的关系。我们对每组数据进行了基于 Kolmogorov-Smirnov 检验(KS 检验)的正态检验,结果显示各组数据均呈正态分布(所有 $p>0.08$)。Levene's 方差齐性检验则表明组间方差无显著差异($p>0.10$)。在评估上述两个前提条件后,我们以学生的 CLASS 表现为因变量,进行了三因素方差分析(2 专业 ×2 性别 ×2 大学层次)。

从表 6-3 的三因素差分析结果来看,专业的主效应显著($F=7.900$, $p=0.005$),表明教育专业和非教育专业的学生物理学习认识论信念有差异。然而,专业和性别之间的交互效应($F=0.285$, $p=0.593$)以及专业和大学层次之间的交互效应($F=1.563$, $p=0.212$)并不影响这一主效应。上述交互效应表明,专业主效应在性别和大学层次之间没有差异。

表 6-3 学生物理学习认识论信念总体表现的三因素方差分析

来源	Ⅲ型平方和	自由度	均方	F	p
专业	0.682	1	0.682	7.900	0.005
性别	0.235	1	0.235	2.727	0.099
大学层次	0.004	1	0.004	0.045	0.831
专业 × 性别	0.025	1	0.025	0.285	0.593
专业 × 大学层次	0.135	1	0.135	1.563	0.212
性别 × 大学层次	0.509	1	0.509	5.897	0.015
性别 × 大学层次 × 专业	0.278	1	0.278	3.216	0.073

性别（$F=2.727$，$p=0.099$）和大学层次（$F=0.045$，$p=0.831$）没有主效应，表明学生物理学习认识论信念不取决于性别或大学层次，而性别和大学层次之间的交互效应具有统计显著性（$F=5.897$，$p=0.015$）。这表明性别的主效应可能取决于不同的大学层次，或者大学层次的主效应可能取决于不同的性别。专业、性别和大学层次之间不存在三因素交互效应（$F=3.216$，$p=0.073$）。由此可见，性别与大学层次的交互效应并不取决于专业。

为了进一步研究性别和大学层次这两个变量是如何相互作用的，我们进行了 Sidak 成对多重比较分析。在保证两个大学层次和两个性别分别独立的情况下，将专业组数据进行合并。

根据分析，一方面，在一本院校学生群体中，不同性别之间存在显著差异（$F=5.539$，$p=0.019$），表明男生（平均分 =3.30，标准差 =0.29）在物理学习认识论信念方面的表现明显优于女生（平均分 =3.23，标准差 =0.34）。在二本院校学生群体中，不同性别之间不存在显著的统计学差异（$F=0.607$，$p=0.436$）。另一方面，男生（$F=2.735$，$p=0.099$）和女生（$F=3.386$，$p=0.066$）中，来自两个不同层次的大学的学生群体之间都没有统计学上的显著差异。

（2）学生在物理学习认识论信念各类别上的表现

如前所述，CLASS 量表测量了学生物理学习认识论信念的不同类别，包括个人兴趣、现实世界联系、一般问题解决、解决问题的信心、解决问题熟练度、意义建构、概念联系和概念理解应用。为了明确学生物理学习认识论信念的不同类别与大学学科、学生性别和学习内容的性质之间的关系,我们比较了学生在这些类别上的表现在不同专业、性别和大学层次之间的差异。

同样地,取 8 组学生在 CLASS 中每一类别的平均得分,如图 6-2 所示。除了概念练习和概念应用理解这两个类别外,学生在其他六个类别的表现与图 6-1 中的 CLASS 整体表现相似。总体而言,一本院校教育专业的男生物理学习认识论信念各类别得分均高于二本院校教育专业的男生。

相比之下,除 CC 和 ACU 外,一本院校教育专业的女生物理学习认识论信念在大多数类别上得分均低于二本院校教育专业的女生。此外,在一本院校中,除 CC 和 ACU 外,教育专业的男生表现都优于女生,非教育专业学生在各个类别的表现上性别差异并不大。而二本院校的学生各类别表现上专业和性别的差异都不大。

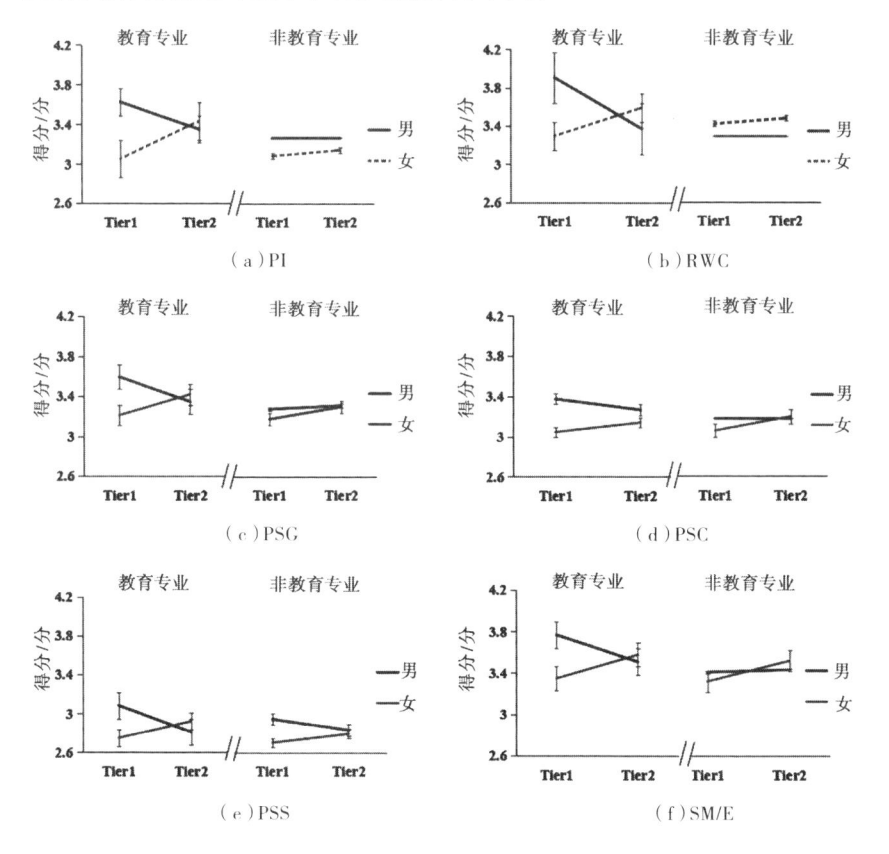

(g) CC　　　　　　　　　　　　(h) ACU

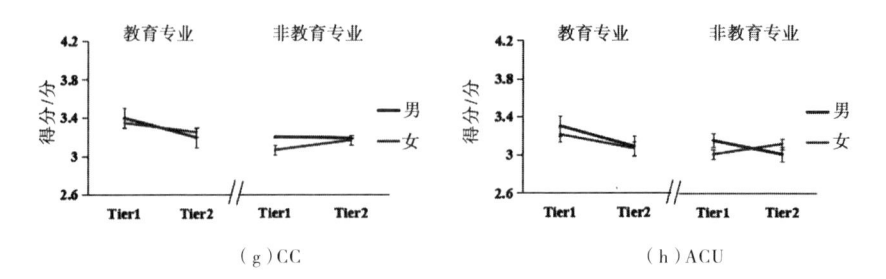

图 6-2　CLASS 测量物理学习认识论信念各类别表现

注　各小图分别代表：(a) 个人兴趣(PI)；(b) 现实世界联系(RWC)；(c) 一般问题解决(PSG)；(d) 解决问题的信心(PSC)；(e) 解决问题熟练度(PSS)；(f) 意义建构(SM/E)；(g) 概念联系(CC)；(h) 概念应用理解(ACU)。其余同图 6-1。

为了进一步探究专业、性别和大学层次对物理学习认识论信念各类别的影响，我们将此三者作为自变量，对学生物理认识论信念每一类别的表现进行了三因素方差分析，结果如表 6-4 所示。

表 6-4　物理学习认识论信念各类别三因素方差分析结果

类别	总分	PI	RWC	PSG	SM/E	PSS	CC	PSC	ACU
专业	0.005	0.013	0.027	0.039	0.037	—	0.033	—	—
性别	—	0.009	0.020	—	—	—	—	—	—
大学层次	—	—	—	—	—	—	—	—	—
专业 × 性别	—	—	—	—	—	—	—	—	—
专业 × 大学层次	—	—	—	—	—	—	—	—	—
性别 × 大学层次	0.015	0.018	0.012	0.033	0.005	0.020	—	—	—
性别 × 大学层次 × 专业	—	0.047	0.004	—	—	—	—	—	—

一般问题解决和意义建构两方面的三因素差分析结果与学生物理学习认识论信念的 CLASS 整体表现极为相似。其专业自变量主效应显著，且性别与大学层次之间存在显著的交互效应。在个人兴趣和现实世界联系两大类别中，除了上述相似的显著性效应外，性别的主效应具有统计显著性，专业、性别和大学层次之间存在三重交互作用。

学生在一般问题解决类别上的表现与在解决问题熟练度类别上的表现有很大差异。在解决问题熟练度方面,没有发现任一自变量有显著的主效应,只有性别和大学层次之间的交互作用具有统计显著性,而没有其他显著的交互作用。对于概念联系、问题解决的信心和概念应用理解这三个类别,从表6-4的三因素方差分析结果来看,除了概念联系这一类别存在专业的显著主效应外,没有发现其他主效应或交互效应。

为了以更简洁的方式展示研究结果,本研究对具有显著交互效应的类别采用Sidak成对多重比较进行了进一步的分析。结果表明,一本院校中,在个人兴趣和现实世界联系两大类别上,教育专业和非教育专业中性别的主效应均显著(PI: $F=10.136$, $p=0.002$; RWC: $F=5.257$, $p=0.022$)(PI: $F=5.050$, $p=0.002$; RWC: $F=5.552$, $p=0.019$)。

而在二本院校中,专业的主效应具有统计学意义,教育专业学生的得分高于非教育专业学生的得分(PI: $F=9.969$, $p=0.002$; RWC: $F=5.794$, $p=0.002$)。

研究还发现,在一般问题解决、解决问题熟练度和意义建构这三个类别上,一本院校中性别主效应显著(PSG: $F=4.793$, $p=0.029$; PSS: $F=5.704$, $p=0.017$; SM/E: $F=6.309$, $p=0.012$),且男生表现更好。

表6-4列出了所有8个类别的方差分析结果的p值,$p<0.05$表明显著性水平为0.05时自变量存在显著主效应或自变量之间存在显著交互效应。

综上所述,女学生群体中,在个人兴趣、一般问题解决以及意义建构3个类别的表现上,大学层次具有显著统计差异。专业方面,在问题解决的信心、解决问题熟练度和概念应用理解三个类别上,专业差异均无统计学意义。然而,在其他5个类别上,教育专业的学生表现明显优于非教育专业的学生。特别是专业对一本院校的男生在现实世界联系这一类别上的主效应有统计学意义,而对二本院校女生在个人兴趣和现实世界联系这两项上的主效应有统计学意义。

5. 如何评价本研究结果?

师:基于结果的讨论是展现作者学术成果和逻辑思维的重要部分,也是学术文章的最大的价值。所在对于这个结果。

对于上述的结果,我们可以有怎样的思考？可以从哪些方面入手？

(1) 高等教育中学生物理学习认识论信念的专业差异

研究发现,专业对物理学习认识论信念有显著主效应,但并未在性别和大学层次间发现差异,这表明专业与性别、专业与大学层次之间不存在交互效应。在问题解决信心、问题解决复杂性和应用概念理解三个类别中,教育专业与非教育专业的学生信念无显著差异。然而,在其他类别中,教育专业的学生显示出比非教育专业学生更为成熟的认识论信念。特别是在一本院校中,男性学生在现实世界联系类别上,以及二本院校中女性学生在个人兴趣和现实世界联系类别上,表现出显著的效应。

在本研究中,根据不同科学领域,将电气与电子、计算机科学、通信工程、机电一体化工程、环境工程等专业的学生划分为非教育组,将物理教育和科学教育专业的学生划分为教育组,所有学生都有在中国进行中学物理学习以及参加高考的教育背景,并且在大学主修物理相关专业。

研究表明,教育组和非教育组的学生在CLASS上的不同表现可能不是中学教育造成的。Bates等人发现,计划主修物理的中学生的CLASS表现与主修物理的大一新生相差无几,但无此计划的中学生在CLASS中表现略为逊色。这说明在K-12教育中,物理相关的专业培养了学生专家型观点,即教育专业的学生在CLASS上有更好的表现应该归功于大学教育。也就是说,由于课程材料或教学方法不同,教育专业和非教育专业的课堂教学方式也不同。

研究证明,多样的教学方法有助于学生形成科学态度。与非教育专业的学生相比,教育专业的学生不仅接受科学内容知识教育,而且接受教育学和心理学教育。因此,师范生毕业后更有可能成为物理教师或科学教师的学生,对物理学持有更积极的态度,他们渴望体验学习活动,学习优秀的教学策略,以便从学生的角度在课堂上进行有效的教学。

(2) 学生物理学习认识论信念的性别差异

先前的研究表明,性别会影响学生对物理的信念和学习物理的信念。因此,研究性别与学生对专家型观点的信念的关系有重要意义。Gray等人(2008)认为,在相同课程中,女生的"物理专家"思想和"个人"思想之间的差距要比男生更大。这一差距表明,尽管女生更善于认识物理学家的观点看法,但她们更不倾向于相信这些观点是有根据的或是与她们的经验有关的。因此,大量文献表明,女生对物理的热情和参与度明显低于男生。

然而,本研究的数据并不能有力地支持上述观点。本研究结果表明,仅在一本院校中,学生的物理学习认识论信念存在显著的性别差异,而在二本院校中则没有这种差异。另外,无论大学层次如何,不同专业的学生的表现也没有明显的性别差异。虽然一本院校中,教育专业的男生总体表现优于女生,但其非教育专业的男生和女生的平均分比较接近。三因素方差分析结果表明没有性别主效应,因此学生的物理学习认识论信念不取决于性别。不同性别的学生表现出相近的能力水平和学习物理的信心,这意味着性别变量在学生的认识论信念中影响很小。

本研究进一步拓展补充了目前对学生物理学习认识论信念性别差异的认识。以往研究表明,对于学生在个别物理模块的能力,教师传达了性别偏见的观点。而在本研究中,男女生认为自己的能力是相同的,这对于教育研究者和实践者而言具有实质性的意义,能够避免教师产生性别差异期望带来的课堂实践偏见。

(3)学生物理学习认识论信念的大学层次差异

不同层次的高等教育的目标学习内容是有区别的。在我国,一本院校非常重视培养学生理论的、基础的视野,二本院校的学生则有更多机会学习应用知识和进行职业准备。如前所述,在知识分类模型基础上,一本院校和二本院校在理论概念或假设概念方面对学生的要求是不同的。然而,在学生物理学习认识论信念方面,不同层次大学的学生表现可能相差不大。

从研究结果来看,大学层次不存在主效应。虽然在大学层次和性别之间存在显著的交互效应,但进一步的Sidak成对多重比较表明,无论是在男生群体中还是女生群体中,两个层次大学之间都没有显著的差异。研究数据表明,大学层次不是影响学生物理学习认识论信念的因素。换句话说,在认识论信念方面,以理论概念学习为主的学生与以职业准备为主的学生差异不大。

三、对研究结果的深度剖析和拓展

（一）基于本案例的深度剖析

①本案例中研究题目的关键词是什么？该项调查的研究目的是什么？

②本案例如何体现研究的重要性、必要性和价值？

③研究者是怎么提出 3 个研究问题的？

④CLASS 评估工具是什么？为什么会采用 CLASS 评估工具进行研究？

⑤本案例的研究结果如何？是怎么回答研究问题的？

⑥如何基于数据结果进行讨论？

⑦关于本案例，你有什么思考？本案例中的不足之处如何进一步改进？

（二）基于本案例的拓展研究

1. 本案例在研究方法上可以改进吗？

参考：可以在定量分析的基础上辅以定性方法，如访谈和问卷调查等，进一步调查参与者的真实想法，以更加有力的支持研究结果。

2. 本案例在研究内容上可以改进吗？

参考：研究年级变量如何影响学生物理学习认识论信念，年级变量如何与专业、性别、大学层次相互作用。在目前的研究中，单因素方差分析结果表明，不同年级的学生表现没有显著差异（$F=0.684$, $p=0.505$）。

由于二年级的男生数量(只有8名)、三年级的女生数量较少(只有17名),故而年级变量不纳入交互分析范围中,因此关于年级如何与专业、性别和大学层次相互作用的问题可以成为后续研究的重点。

教育组和非教育组学生物理认识论信念与他们的职业兴趣或职业期望是否高度相关?从研究结果来看,专业有显著主效应,并且这一主效应在性别和大学层次之间没有差异。鉴于大部分教育专业的学生毕业后成为物理教师或科学教师的就业意向,在未来的研究中探讨认识论信念与职业兴趣或职业期望的相关性是有意义的。

思考:根据本案例,你还可以提出什么研究问题?

(三)基于态度与信念领域的拓展研究

1. 教师对教与学的信念和价值观

态度和信念是理解教师思想过程、课堂实践、专业发展和学习教学活动的重要指标。在1950—1970年的教师教育研究中,教师态度研究受到重视,但教师信念研究相对较迟。研究结果表明,态度和信念都促进了课堂教学活动,影响了教师的专业发展变化的过程。因此,教师的态度和信念是理解课堂教学实践和规划教师教育时要考虑的重要因素,有利于促进教师专业发展,成为专家型、学者型教师。

在促进教师专业发展变化的过程中,职前教师和在职教师的信念和态度强烈地影响了他们在接受教育过程中学习什么、如何学习。促进他们的信念和态度的改变也是教师教育活动的重要目标。

2. 不同教学环境下学生的态度与信念的变化

教学模式对学生的态度与信念也有影响。研究涉及较多的教学模式,包括STEM教育,线上线下混合教育等。例如,研究表明明确关注模型构建和培养专业信念能够显著改善信念,小型课程以及基础教育和非科学专业的课程也能提高信念,提高信念即提高态度组成成分中的认知水平,对改变态度,以及培养并形成良好的态度具有积极的作用。

积极参与的课堂、结合同伴教学、小组问题解决和直接教学的混合教学模式,以及对概念理解和成长思维的明确关注,可以为所有性别的学生带来高概念学习收益和积极的态度转变。与传统的讲座式课程相比,互动参与课程既能产生更高的学习收益,也能产生积极的态度影响,互动参与课程既能产生提高学生的学习效果,也能产生积极的态度影响。

在教学方法方面,教学方法或者教学模式存在一些问题,导致学生的学习态度下降,或者某种教学方法对学习态度的促进,例如,张征(2013)研究表明多模态 PPT 有助于提升学生的学习态度,且在研究过程中很多学生比较认同该模式,黄爱凤(2004)研究表明 RICH 学习法,能够极大地提升学生在课前的学习积极性和动机,使学生更加积极的学习,主动接受知识,从而提升学生的学习态度,张睿(2017)对同济大学的学生进行了研究,发现实行混合型教学,有利于大学生学习态度的提升。

(四)可研究问题的建议

1. 完善学生对物理学习态度的测评工具

近期研究指出,通过如 CLASS 这类问卷调查所衡量的学生态度,可能与学生实际学习科学的方式存在不一致性。在探讨科学本质(NOS)的信念方面,Sandoval(2005)提出了形式认识论与实践认识论的概念。形式认识论涉及学生对专业科学领域内知识及其产生过程的信念,而实践认识论则关乎学生在科学课程中对自己知识构建过程的信念。最新研究显示,这两种认识论并不总是相吻合。

例如,先前研究通过自我报告问卷工具测量了学生对 NOS 信念的差异,区分了陈述性 NOS 理解(即形式认识论)与程序性 NOS 理解(即实践认识论)。具体来说,尽管程序性 NOS 理解在研究型课程中随学期进展逐渐接近专家水平,但陈述性 NOS 理解的改变却微乎其微。

未来研究应着眼于开发和应用与学生实践认识论更紧密相关的评估工具,如 Rowe 和 Phillps(2016)开发的家庭作业编码。这将有助于进一步探究形式认识论与实践认识论之间的联系,评估实践认识论的测量工具是否比传统态度测评(如 CLASS 问卷)更能有效地预测学习成果。

2. 对物理课堂上助教的态度与信念的研究

研究生和本科生常在物理入门课程的实验或复习环节中担任助教。不同机构为助教提供的准备和教学支持程度各异,但目前对助教信念和实践的研究相对有限。助教的教学信念对其与师生互动的影响值得关注。

在科罗拉多大学博尔德分校(CU)和马里兰大学(UM),Goertzen、Scherr 和 Elby(2010)以及 Spike 和 Finkelstein(2010)通过访谈和课堂录像观察分析了助教的互动方式。其他研究则探讨了研究生和学习助理在问题解决、工作室式教学、互动参与式课程以及面向未来小学教师的探究式课程中的教学信念。

这些研究普遍认为,助教的教学行为差异导致了学生在课堂上的不同体验。为了深入了解助教的态度和信念,以及他们如何影响教学改革的成功和专业发展,需要进一步研究。目前,关于如何准备助教的指导,无论是作为入职培训计划的一部分还是在教学过程中持续的专业发展机会,都较为缺乏。

四、案例教学指导

(一)教学目标

1. 适用课程

本案例适用于《教育研究方法》《物理教育研究方法》《教师专业发展》等课程。

2. 教学对象

本案例适用于学科教学(物理)硕士研究生、课程与教学论(物理方向)

硕士研究生、物理学（师范）专业学生及参与教师专业发展的在职教师。

3. 教学目的

①学会如何进行设计和开展物理教育调查类研究。
②了解态度与信念在国际物理教育中研究的进展和意义。
③培养研究中的创新精神和研究素养。

（二）启发思考题

①本案例如何体现研究的重要性、必要性和价值？为什么会提出这3个研究问题？
②针对本案例的研究问题，应如何进行调查？如果是你，会如何开展调查？
③该研究设计是否满足研究问题的需要，你认为还有什么需要补充？
④该研究结果如何回应研究问题？用到了哪些统计分析方法？
⑤思考题：基于物理态度与信念的论文主题，设计一个新的研究题目，并简单介绍如何开展研究。

（三）分析思路

该案例是一篇涉及态度与信念的研究调查。该研究使用中文版本的CLASS量表研究大学生的物理学习认识论信念，共有来自中国10所大学、3个年级的817名本科生参加了本次研究。研究者比较了不同专业、性别和大学层次的学生在CLASS中的表现，发现专业的主效应具有统计显著性。无论是性别还是大学级别，教育专业的学生的物理学习态度始终优于非教育专业的学生。性别与大学层次没有显著的主效应，但性别与大学层次之间的交互效应具有统计显著性。专业、性别、大学层次之间不存在三因素交互效应，表明性别与大学层次的交互效应不取决于专业。

物理认识论信念各类别的三因素方差分析结果表明，学生在一般问题解决和意义建构两方面的表现与物理学习认识论信念的整体表现相似。在个人兴趣和现实世界联系方面，除了与上述类似的显著效应外，还存在性别主效应,并且专业、性别和大学层次之间存在三因素交互效应。然而,在一般问题解决、概念联系、问题解决的信心和概念应用理解这四个类别中,各自变量的主效应及三个自变量之间的交互效应都不显著。

通过学习本案例,可以帮助学生梳理物理教育调查类的一般研究思路,关注态度与信念领域的研究现状和发展,引导学生思考在学习和工作中如何渗透教学研究,在未来的学习和工作中如何提升自己的创新能力和科研素养。

(四)案例分析

1. 相关理论

(1)物理认识论信念

心理学领域的许多研究方向源自哲学的四大基本论域。"认识论"这一概念便是从哲学引入心理学的,它结合个体的内在背景,被定义为个体认识论,亦称为认识论信念(Epistemological Beliefs)。学术界普遍采用"认识论信念"这一术语。

自20世纪60年代末以来,教育学和教育心理学文献中将"认识论信念"描述为个体对知识本质的内在信念,涉及知识的确证性、结构、组织、来源和可管理性等方面。尽管对其概念的界定尚存在差异,但自1990年Schommer提出多维认识论信念理论并开发出相应的量表后,认识论信念的定量研究成为可能,进而推动了心理学和教育学领域对认识论信念与学习关系的关注。

大量研究证据表明,学生的认识论信念对其课堂学习及动机具有显著影响。相较于认识论信念成熟度较低的学生,具有更高级认识论信念的学生通常展现出更深层次的理解能力、更佳的学业成绩、更强的结构化问题解决能力。

此外,研究还发现,认识论信念成熟度较高的学生在学习内驱力方面也更为突出。还有研究者指出,认识论信念在不同程度上影响学生的批判性思维、成就目标定向和学习策略。因此,对认识论信念进行定量研究,对于揭示其对教育的关键影响至关重要,并对促进学生核心素养的发展具有重大意义。

（2）科罗拉多科学学习态度调查（CLASS）

对于物理学习态度的测量，目前国际上常用的相关测试量表主要有 MPEX、VASS（Views About Science Survey）、EBAPS（the Epistemological Beliefs Assessment about Physical Science）以及 VNOS（Views of Nature of Science）等。这些测试量表侧重点各有不同，有的侧重物理期望，有的侧重科学观点。

在此基础上，美国科罗拉多州立大学研制出一个新的科学学习态度量表——科罗拉多州科学学习态度调查 CLASS。该量表经过严格的信度及效度检验，是目前世界上对于科学学习态度检测方面应用最为广泛的量表之一。该问卷有 8 个维度，具有较高的信度和效度，能够比较准确地反映测试者的学习态度。

目前，在国际和国内都有许多应用 CLASS 量表对学生的物理学习态度进行测量和分析的研究，也有一些将量表进行调整后测量其他理科科目的，如化学和生物。对于 CLASS 量表的使用主要有：用不同的教学法对不同班级学生教学后进行对比测量并观察教学法实施效果的，其中涉及了各个不同学龄段实施的不同方法，如基于问题的学习法（Problem-Based Learning，PBL）、同伴教学法等，或者测量一些物理课程实施的结果。此外，量表也经常用于一些变量或者对比研究，常见的有与性别的关系以及其与成绩的相关性。

2. 关键能力点

（1）开展教育调查类研究的能力

教育调查是本专业学生发展的关键途径。学生应培养开展此类研究的能力。本案例中，通过使用中文版 CLASS 量表，研究了大学生的物理学习认识论信念。共有 817 名本科生参与，他们来自中国 10 所大学的 3 个不同年级。数据分析比较了不同专业、性别和大学层次学生在 CLASS 量表上的表现，揭示了这些群体间的差异。研究结果讨论了这些差异对高等教育中物理学习认识论信念的影响，为理解学生信念提供了新的视角，并为未来的教育实践和研究提供了方向。

（2）数据统计分析能力

统计分析是处理和分析调查数据、形成定量结论的重要技术。本研究中，CLASS 量表的结果可能受到专业、性别和大学层次三个独立变量的影响,以及它们之间可能的交互作用。为此,采用三因素方差分析来检验这些变量对学生成绩的主效应和交互效应。三因素方差分析适用于已知两个自变量与因变量有交互作用时,进一步判断第三个自变量是否对交互作用有影响的场景。此外,本研究还采用Sidak成对比较,对不同类别的学生认识论信念进行了详细分析。

3. 态度与信念工作中的探索与创新

(1)教育前沿和热点问题的把握能力

没有问题就没有研究,教育研究是基于一定的问题进行的。而教育前沿与热点是当下急需解决的问题,也是研究者的主要研究问题来源之一。科学研究能力和专门技术水平的具备与发挥,源于对相关问题的发现与解决。

本案例中,通过文献综述揭示了物理领域认识论,及其教与学之间的重要关联机制。根据以往的研究结果,学生对物理学习的认识论信念会影响他们的学习。此外,他们对物理学习的认识论信念受到教育背景、教学方法和性别等因素的影响。

然而,之前的任何研究都只单独研究某个因素的作用,而没有进行综合探究。因此,有必要调查和分析不同专业、性别和大学水平的学生对物理学习的认识论信念的差异,从而提出了三个研究问题。无论是理论研究或是实践研究,研究者都要具有较强的学术敏感性,能实时把握学科的前沿与热点问题,最好把这些问题与自己的研究方向相结合。

(2)研究设计的创新

本案例采用评估课程改革成效的重要工具CLASS,对来自我国10所不同大学的不同专业、性别和大学层次的学生进行了调查,此次调查中的学生主修不同科学领域专业,包括物理教育、科学教育、电气与电子、计算机科学、通信工程、机电一体化工程和环境工程,将这些专业分为教育类和非教育类。

利用SPSS数据分析对不同专业、性别和大学层次的学生在CLASS上的总体表现、不同专业、性别和大学层次的学生在物理学习认识论信念各类别上的表现。该案例的研究设计有效补充了对不同专业、性别和大学层次的学生的物理学习认识论信念差异的研究空白。

（五）课堂设计

①时间安排：大学标准课堂 4 节，160 分钟。
②教学形式：小组合作为主，教师讲授点评为辅助。
③适合范围：50 人以下的班级教学。
④组织引导：教师明确预习任务和课前前置任务，向学生提供案例和必要的参考资料，提出明确的学习要求，给予学生必要的技能训练，便于课堂教学实践，对学生课下的讨论予以必要的指导和建议。
⑤活动设计建议：提前布置案例阅读和汇报任务。阅读任务包括案例文本、参考文献和相关书籍；小组汇报任务包括对思考题的见解、合作完成的教学设计。小组讨论环节中需要学生明确分工，做好的发言记录以及最后形成的综合观点。在进行小组汇报交流时，其他学习者要做好记录，便于提问与交流。在全班讨论过程中，教师对小组的设计进行点评，适时的提升理论，把握教学的整体进程。
⑥环节安排如表 6-5 所示。

表 6-5　课堂环节具体安排

序号	事项	内容
1	课前预习	学生对课堂案例、课程设计等相关理论进行阅读和学习
2	小组研读案例、讨论及思考	案例讨论、模拟练习、准备汇报内容
3	小组汇报，分享交流	在进行小组汇报交流时，其他学习者要做好记录，便于提问与交流。在全班讨论过程中，教师对小组的设计进行点评，适时提升理论，把握教学的整体进程
4	教师点评	教师在课中做好课堂教学笔记，包括学生在阅读中对案例内容的反应、课堂讨论的要点、讨论中产生的即时性问题及解决要点、精彩环节的记录和简要评价。最后进行知识点梳理及归纳总结
5	学生反思与生成新案例	学生课后对这堂课的自我表现给予中肯的评价，并进行学生合作式案例再创作

（六）要点汇总

1. 选择研究切入点，培养科学研究素养

本案例首先通过文献的搜集、整理、分类和检索，拓展研究视野并夯实研究基础。在此基础上，提出了3个研究问题，并确定了相应的研究方法，包括评估工具的选择、学生样本的确定，以及对收集数据的分析，最终进行讨论。教育专业学生应培养探索教育教学规律、发现并解决教育实践中问题的能力。物理教育研究要求研究者掌握教育调查的一般流程和方法。

2. 态度与信念在国际物理教育中研究的进展和意义

本章以一篇关注态度与信念的研究作为案例，引入国外优秀的教育研究成果。研究表明，学生对物理学习的态度、信念和期望显著影响他们在物理课程中的行为和表现。

教师的信念，包括教授和研究生助教，同样会影响他们的教学决策和课堂互动。物理教育研究（PER）和一般科学教育的研究表明，教师的信念和实践常常存在不一致，需要进一步研究如何帮助教师改变态度、采取更有效的教学策略，以及如何帮助院系实施循证改革的奖励结构。

（七）推荐阅读

陶德清. 学习态度的理论与研究[M]. 广州：广东人民出版社，2001：186.

参考文献

[1] 刘蕾,闻明晶,李冉.社会心理学导论[M].吉林:吉林人民出版社,2016:80.

[2] 加涅·R.学习的条件和教学论[M].上海:华东师范大学出版社,1999.

[3] Hammer D. Misconceptionsorp-prims: How might alternative perspectives on cognitive structure in fluence instructional perception sandintentions[J]. J. Learn. Sci., 1996, 5: 97.

[4] Hammer D. Epistemological beliefs in introductory physics[J]. Cognit. Instr., 1994, 12: 151.

[5] Hammer D .Epistemological considerations in teaching introductory physics[J]. Science Education, 2010, 79(4): 393—413.

[6] Redish E F. Teaching Physics with the Physics Suite (JohnWiley& Sons, Hoboken, NJ, 2003). Journal of the physics education society of Japan, 2008, 57(72): 414—414.

[7] Redish, Edward F. Student expectations in introductory physics[J]. American Journal of Physics, 1998, 66(3): 212—224.

[8] Mason A, Singh C. Surveying graduate students' attitudes and approaches to problem solving[J]. Physical Review Special Topics. Physics Education Research, 2010, 6(2): 1—11.

[9] Bodin M, Winberg M. Role of beliefs and emotions in numerical problem solving in university physics education[J]. Physical Review Special Topics – Physics Education Research, 2012, 8(1): 010106.

[10] Douglas K A, Yale M S, Bennett D E, et al. Publisher's Note: Evaluation of Colorado Learning Attitudes about Science Survey

[J]. Physical Review Physics Education Research,2014,10（2）: 29901—29901.

[11] Gray K E, Adams W K, Wieman C E, et al. Students know what physicists believe, but they don't agree: A study using the CLASS survey[J]. Physical Review Physics Education Research,2008,4 （2）: 20106-20106.

[12] Halloun I. Views About Science and physics achievement: The VASS story[J]. American Institute of Physics,1997: 1—27.

[13] May D B, Etkina E. College physics students' epistemological self-reflection and its relationship to conceptual learning[J]. American Journal of Physics,2002,70（12）: 1249—1258.

[14] Elby A. Helping physics students learn how to learn[J]. American Journal of Physics,2001,69（S1）: S54—S64.

[15] Hammer D.Tapping epistemological resources for learning physicsl[J]. J.Learn.Sci.,2003,12: 53.

[16] 陶德清.学习态度的理论与研究[M].广州: 广东人民出版社,2001: 186.

[17] 王南方,冯秀梅.物理学习态度中的性别差异及其应对策略研究[J].物理教师,2011,32（12）: 6—8.

[18] 鲁志祥,董翠敏,冯秀梅,等.物理学习态度与成绩的关联研究[J].中学物理教学参考,2015,44（18）: 2—4.

[19] 曾光曙.学生物理学习态度和学习成绩之间的关系[J].中国高新区,2018（1）: 114.

[20] 聂卓丹.农村高中生物理学习态度调查研究——以广东一所农村高中为例[J].广西教育学院学报,2015（4）: 192—196.

[21] 杨晓慧.台州地区高中学生对物理学习态度的调查研究[D].上海: 华东师范大学,2007.

[22] Nespor J.The Role of Beliefs in the Practice of Teaching[J]. Curriculum Studies,1987,19（4）: 317—328.

[23] Pajares M F. Teachers' Beliefs and Educational Research: Cleaning Up a Messy Construct[J]. Review of Educational Research,1992,62（3）: 307—332.

[24] Peck R F, Tucker J A. Research on teacher education. InR. M.

Travers（Eds.），Second hand book of research on teaching[M]. Chicago：RandMcNally，1973：940—978.

[25] Madsen A，Mckagan S B，Sayre E C. How physics instruction impacts students'beliefs about learning physics：A meta-analysis of 24 studies[J]. Physical Review Special Topics-Physics Education Research，2015，11（1）.

[26] Robinson A，Richardson J，Wawro M. Positive attitudinal shifts and a narrowing gender gap：Do expertlike attitudes correlate to higher learning gains for women in the physics classroom?[J].2020.

[27] Hake R R. Interactive-engagement versus traditional methods：A six-thousand-student survey of mechanics test data for introductory physics courses Am[J]. J. Phys.，1998，66：64.

[28] Beichner R J，Saul J M，Abbott D S，et al. The Student-Centered Activities for Large Enrollment Undergraduate Programs（SCALE-UP）Project Abstract[J]. Higher Education Academy，2007：1—20.

[29] BBrewe E，Traxler A，Jorge D L G，et al. Extending positive CLASS results across multiple instructors and multiple classes of Modeling Instruction[J]. Physical Review Special Topics – Physics Education Research，2013，9（2）：020115.

[30] Lindsey B A，Hsu L，SadaghianiH，et al.Positive attitudinal shifts with the Physics by Inquiry curriculuma cross multiple implementations [J].Physical Review Special Topics-Physics Education Research，2012，8（1）：8.

[31] Cahill M J，Hynes K M，Trousil R，et al. Multiyear，multi-instructor evaluation of a large-class interactive-engagement curriculum[J]. Physical Review Special Topics – Physics Education Research，2014，10（2）：1179-1183.

[32] 张征．多模态PPT演示教学与学生学习态度的相关性研究[J]．外语电化教学，2013，151（3）：59—64.

[33] 黄爱凤．RICH教学学生学习档案评估模式研究[J]．浙江师范大学学报，2004（1）：79—83.

[34] 张睿，王祖源，徐小凤．混合型教学模式对物理学习态度的影响[J].

物理与工程,2017,27（3）:3—6.

[35] Sandoval W A. Understanding students' practical epistemologies and their influence on learning through inquiry[J]. Science Education,2005,89（4）:634—656.

[36] Salterand I Y, Atkins L J. What students say versus what they do regarding scientific inquiry[J]. Sci.Educ.,2014,98:1.

[37] Rowe G, Phillips M L. A comparison of students' written explanations and CLASS responses[C]//2016 Physics Education Research Conference Proceedings. 2016.

[38] Needham G. Accounting for tutorial teaching assistants' buy-in to reform instruction[J]. Phys.rev.st Phys.educ.res,2009,5（2）:020107.

[39] Goertzen R M, Scherr R E, Elby A. Tutorial teaching assistants in the classroom: Similar teaching behaviors are supported by varied beliefs about teaching and learning[J]. Physical Review Special Topics - Physics Education Research,2010,6（1）:17.

[40] Spike B T, Finkelstein N D. Examining the Beliefs and Practice of Teaching Assistants: Two Case Studies[J]. American Institute of Physics,2010.

[41] SLin S Y, Henderson C, Mamudi W, et al. Teaching assistants' beliefs regarding example solutions in introductory physics[J]. American Physical Society,2013（1）:1—9.

[42] DeBeck G, Settelmeyer S, Li S, and Demaree D, T A belief sin a SCALE-UP style classroom[J]. AIP Conf. Proc.,2010,1289:121.

[43] West E A, Paul C A, Webb D, et al. Variation of instructor-student interactions in an introductory interactive physics course[J]. Physical Review Special Topics - Physics Education Research, 2013,9（1）:13.

[44] Volkmann M J, Zgagacz M. Learning to teach physics through inquiry: The lived experience of a graduate teaching assistant[J]. Journal of Research in Science Teaching,2004,41（6）:584—602.

[45] Schommer M. Effects of Beliefs About the Nature of Knowledge on Comprehension[J]. Journal of Educational Psychology,1990, 82（3）:498—504.

[46] 桑青松,夏萌.初中生认识论信念及其与学习方式、学业成就的关系[J].心理学探新,2010,30（4）：70-75.

[47] 王婷婷,沈烈敏.高中生认识论信念调查研究[J].心理科学,2007,30（6）：3.

[48] Schraw G, Dunkle M E, Bendixen L D. Cognitive processes in well-defined and ill-defined problem solving[J]. Applied Cognitive Psychology,2010,9（6）：523—538.

[49] SSadi, Özlem, Dağyar, et al. High School Students' Epistemological Beliefs, Conceptions of Learning, and Self-efficacy for Learning Biology: A Study of Their Structural Models[J]. Eurasia Journal of Mathematics Science & Technology Education,2015,11（5）：1590—604.

[50] 余淞发,邓峰,钟媚,等.高中生化学认识论信念与化学学习策略及其关系研究[J].化学教育(中英文),2020,41（5）：73—77.

[51] 夏欢欢,钟秉林.大学生批判性思维养成的影响因素及培养策略研究[J].教育研究,2017,38（5）：67—76.

[52] Lederman N G, Fouad A F, Bell R L, et al. Views of nature of science questionnaire: Toward valid and meaningful assessment of learners' conceptions of nature of science[J]. Journal of Research in Science Teaching,2010,39（6）：497—521.

[53] Adams W K, Perkins K K, Podolefsky N S, et al. New instrument for measuring student beliefs about physics and learning physics: The Colorado Learning Attitudes about Science Survey[J]. Physical Review Special Topics Physics Education Research,2006,2（1）：87—92.

[54] Adams W K, Wieman C E, Perkins K K, et al. Modifying and Validating the Colorado Learning Attitudes about Science Survey for Use in Chemistry[J]. Journal of Chemical Education,2008,85（10）：1435.

[55] Semsar K, Knight J K, Birol G, et al. The Colorado Learning Attitudes about Science Survey（CLASS）for Use in Biology[J]. Cbe Life Sciences Education,2011,10（3）：268—278.

[56] Sahin M. Effects of Problem-Based Learning on University

Students' Epistemological Beliefs About Physics and Physics Learning and Conceptual Understanding of Newtonian Mechanics[J]. Journal of Science Education & Technology,2010, 19（6）: 511—521.

[57] 李沛. 大学生物理学习态度调查与分析 [D]. 武汉：华中师范大学, 2015.

[58] Brewe E, Kramer L, Brien G O. Modeling instruction: Positive attitudinal shifts in introductory physics measured with CLASS[J]. Physical Review Special Topics – Physics Education Research, 2009,5（1）: 392—392.

[59] 王南方,冯秀梅. 物理学习态度中的性别差异及其应对策略研究 [J]. 物理教师：高中版,2011（12）: 3.

[60] 冯秀梅,彭璐. 物理学习态度与成绩的关联研究 [C]// 第四届基础教育改革与发展论坛,2004.

[61] Perkins K K, Adams W K, Pollock S J, et al. Correlating Student Beliefs With Student Learning Using The Colorado Learning Attitudes about Science Survey[J]. American Institute of Physics, 2005（790）: 61—64.

第七章 案例六：认知心理学

一、认知心理学的相关研究

（一）认知心理学研究现状

　　国际物理教育研究表明，科学学习重要的作用之一是促进学生的认知构建和发展。在认知心理学领域，认知主义与联结主义作为两大主流范式，深刻影响着人类认知过程。针对物理学习中常见的推理难题，物理教育期刊深入探讨了推理认知过程，特别关注物理学习的心理表征、推理机制及元认知等方面。

　　认知心理学从信息加工的角度探究人类的认知机制。奈塞尔的《认知心理学》标志着该学科的正式确立，他将认知心理学分为视觉认知、听觉认知和记忆思维三个主要领域。奈塞尔认为，外部的物理能量和信息需转化为神经能模式，这是认知加工的基础。一旦感觉刺激的物理能量转换为神经能模式，未转化的物理能便不复存在。

　　根据计算机信息加工理论，人类的认知过程被划分为多个阶段，每个阶段都有特定的信息处理单元。接收刺激后，信息经过这些单元的处理，最终通过效应器引发行为反应。认知活动覆盖了心理过程的全域，包括信息检测、模式识别、注意力、记忆、学习策略、知识表征、思维、问题解决、概念形成、规则掌握、语言发展以及认知自我监控等。

　　在此基础上，研究者将认知活动定义为人脑对信息的加工过程、人脑对符号的处理过程、问题解决过程，从不同角度探讨了认知过程的实质,尽管仍存在其他主张,但都共同认可认知活动的实质及其特征不是被动地接受或加工信息、符号和解决问题的过程,而是一个主动地、积极地加工和处理输入信息、符号与解决问题的动态系统。

认知心理学对各类科学研究产生了巨大影响,在认知心理学的重要研究领域,如表象、注意、问题解决以及由它扩展的新课题,如表征、记忆机制、认知结构和认知策略等,都在心理学知识体系中得到恢复与体现。此外,该领域还推动了研究从心理物理函数的简单收集,深入到对人类内部心理机制的深入剖析。其中,心流体验作为重要研究成果之一,更是成了心理学及应用心理学领域广泛关注的热点。

米哈里·希斯赞特米认为,心理学家不仅需要研究病理心理学,人们更需要研究学习积极心理学,教人们如何更加幸福快乐地生活,于是在1960年首次提出心流的概念,他认为"心流即是人们在一项活动中非常投入,以至于其他事情似乎都不重要的状态;这种体验本身是极其令人愉快的,以至于人们会为了做这件事而不惜付出巨大的代价。"自此,心流逐步成为心理学和应用心理学领域的一个众所周知的概念。

1. 心流体验的结构

韦伯斯特等人(1993)指出心流的四种结构:控制、注意力集中、好奇心和认知享受。Ghani 和 Deshpande(1994)提出了两种心流结构:专注和享受。在上述工作的基础上,Pearce 等人(2005)提出了三种心流结构:享受、控制和投入。享受、控制和投入指的是学习者享受学习过程,拥有对学习的控制感,并投入和专注于学习活动。关于对个体心流体验的评测,由于 Pearce 提出的享受、控制和投入这三个结构具备简洁、具体且有效的特点,因此广泛适用于心流体验测量研究。

有关心流体验的具体阶段,国内外研究者将心流的过程分为多个阶段,并进行相应的说明。例如,Novak 和 Hoffman 依据心流体验的过程进一步归纳了心流产生的三类因素:条件因素、体验因素和结果因素。国外的 Chen 提出心流体验包括三个产生阶段:事前阶段、经验阶段和结果阶段。

2. 心流体验对学习的影响

心流体验理论已被实证研究证实对阅读水平有显著的正向影响，并且与学习成果保持较高相关性。学者提出心流理论从积极心理学视角为大学体育教学提供了新的洞见，有助于提升大学生上课的动力与兴趣。

有研究表明，在小学英语课堂中创造一种平静流畅的心理状态对学生的英语学业成就有积极作用。还有学者通过实证研究提出，学生可以通过情境体验、课堂参与以及互动学习与教学体验的结合来产生心流体验。

心流理论在教学领域的应用逐渐增多。教育课程的核心目标之一是培养学生解决问题的能力。物理问题解决作为一项综合性科学思维活动，是培养学生物理核心素养的关键策略，也是激发学生对物理学习热爱的重要心理过程。国内对心流理论的应用实践表明，它在教学领域具有良好的适应性。心流理论与教育的结合已成为教育心理学领域的一个重要研究方向。

3. 心流体验的产生条件

Bakker（2011）指出内在动机与心流体验存在正相关的关系。内在动机作为自主参与和自我决定行为的起源，也是人们作出选择和管理自己行为能力的核心。一般来说，外在动机的行为可能会剥夺行为者对自己行为的控制，而内在动机的行为是心流体验的前因。

当个体对于自主性、能力和关联性的心理需求得到满足时，个体就会出现内在动机行为。其中，自主性是指对行为起源的意识和行动的自我决定。能力是指有效执行必要行动并获得预期结果的能力。关联性指的是在社会环境中互动和整合的驱动力。

从三种基本心理需求来看，自主行为对学生的心流体验具有重要意义。满足学生的自主性对提升他们的心流体验至关重要。对学习内容的高度自我控制会带来更愉快的心流体验。当挑战水平适合学生掌握的技能水平时则能够产生心流体验。研究结果表明，在个体具备的能力和心流体验之间存在积极的联系。

此外,发生的社会交互越多,产生的心流质量就越高。然而由于源自外部的行为在不断变化和发展,个体活动的复杂性不断增加,为了让心流体验得以维持,个人必须持续发展越来越高的技能水平,实现认知的自主性、能力和关联性促进内在动机的行为,以迎接新的挑战,这将促使个体的身心在不断变化发展的同时产生高质量的心流体验。

4. 心流体验的影响因素

不同类型的教学行为对于个体心流体验会产生不同程度的影响,有些能促进内在动机的产生从而产生心流体验,有些则妨碍个体产生心流体验。教师教学过程中会使用支持自主型教学行为和控制型教学行为。支持自主型教学行为是指通过非控制性指令培养学生的内在动机并认可他们的观点和感受。相比之下,经历控制型教学行为后学生的观点很容易因为强制性指令而被忽视。

已有研究表明,接受支持自主型教学行为的学生表现出更高的学习成绩和学术成就。就不同的自我决定水平而言,Ryan 和 Deci（2000）主张支持自主的环境会促进学生的自我决定和内化,支持自主型教学能够培养学生的内在动机及自主性。然而,控制教学行为会破坏内在动机的质量并阻碍自主意识的形成。

（二）认知心理学的一般研究思路

1. 认知心理相关的教育现象与问题识别

教育教学实践是认知心理研究的沃土。研究者应敏锐捕捉教育过程中与认知心理紧密相关的现象,特别是那些亟待解决的实际问题。通过广泛的文献检索,不局限于权威期刊,还应深入挖掘图书馆中的经典与前沿专著,以全面了解该领域的研究现状与趋势。在此基础上,结合个人兴趣与教育实践,提炼出具有创新性和实践价值的研究主题。

2. 构建理论框架与指导思想

确立研究课题后,研究者需寻求坚实的理论基础和明确的指导思想。这有助于明确研究目的、界定研究范围,并为后续研究提供方向性指导。尽管个人知识可能存在局限,但研究者应勇于挑战,以实际问题为导向,选择或构建适用的理论框架。同时,确保所选理论既能解决实际问题,又能在学术界引起共鸣,推动学科发展。

3. 界定研究问题与变量

在认知心理研究中,特别是针对心流体验等复杂心理现象,研究者需精准界定研究问题,并明确关键变量。例如,探讨如何通过优化教学设计提升学生物理学习过程中的心流体验,进而提升学习成效和兴趣。这一过程中,需设计详细的研究方案,包括变量的操作定义、测量工具的选择等,以确保研究的科学性和可操作性。

4. 提出并论证研究假设

基于文献综述和理论构建,研究者应明确提出研究假设,并通过逻辑严密的论证过程,阐述假设的合理性与可行性。在撰写综述时,应全面梳理相关领域的研究成果,分析已解决的问题与未解之谜,从而为自己的研究定位提供坚实的依据。

5. 设计科学测量与评价方法

为了验证研究假设,研究者需设计科学、有效的测量手段和评价方法。在心流体验的研究中,可采用问卷调查、实验观察、访谈等多种方法收集数据。运用统计软件对收集到的数据进行深入分析,以揭示变量间的内在关系,验证假设的成立与否。同时,注重数据的可靠性和有效性,确保研究结论的准确性。

6. 总结成果并提出建议

最后,研究者应全面总结研究成果,包括研究意义、发现及其结论。针对研究过程中发现的问题和不足之处,提出切实可行的改进建议。同时,将研究成果与教育教学实践相结合,探讨其在实际应用中的可能性与效果,为教育实践提供有力的理论支持和指导。

二、认知心理学的案例再现

支持自主型和控制型教学行为对小学生STEM学习成绩和心流的影响[①]

摘要:此案例探究支持自主型教学行为和控制型教学行为对学生的STEM学习表现和心流体验的不同影响。将不同教学行为的小学生分为两组进行了STEM项目学习,对两组学生的学习成绩进行分析,探讨不同教学行为下学生学习的心流特点,以期调查学生STEM学习能力。

关键词:支持自主型教学;控制型教学;心流;学习绩效;内在动机;STEM项目

(一)研究背景

随着社会发展,对21世纪人才的技能需求不断增加,STEM教育越来越受到公众的重视。美国州长协会颁布的《创新美国:构建科学、技术、工程和数学教育议程》强调在知识经济领域的人才竞争中,STEM素养具有重要意义,而且提高学生对STEM学习的兴趣是促进STEM

---

① 本案例来源于作者的研究成果,引用如下:Chuyu Ou, Shaorui Xu, Chuting Lu, et al.The effects of autonomysupportive and Controlling teaching Behaviors on primary Students' STEM learning Performance and flow Experiencee[J].Journal of Baltic Science Education,2021,20(6):942-955.

人才发展的关键。

　　认知心理学认为人由两大系统组成：一个是维持生存的系统，涉及人类的情绪、需要、动机、意志以及维持与延续生命的部分；另一个是认知的系统，涉及个体获取知识和经验的内部心理操作过程，以及个体学习与运用知识的过程。当两个系统相互联系和相互作用时，人的心理活动得以调节与控制，从而达到对行为表现的调控，进一步产生心流体验。

　　在教学研究领域，心流体验已被证实对学习绩效有显著的正向作用。心流体验有助于学习者集中注意力，忽略干扰，忘却时间流逝，专注于学习本身，这不仅增强了学习的持久意愿，还激发了探索性学习行为，培养了面对挑战的积极态度，并促进了对新解决方案的理解和应用。自20世纪90年代心流体验研究起步以来，特别是自2007年起在物理教育领域逐渐成熟，研究重点涵盖心流体验的影响因素、相关教学游戏设计以及心流体验的培养方法。

　　在学习过程中，学生的心流体验与他们的学习成绩正相关，同时不同的教学行为可能会导致学生产生不同的心流体验和学习结果，尤其是在教师与学生之间实施高质量的学习互动时，能够显著地促进学生的心流、满意度和学习效果。创新的教学行为是提升教育教学质量的必要途径，其是否能改善学生的心流体验从而提高学生STEM兴趣和成绩的方法值得教学教育领域的关注。

(二) 案例描述

1. 为什么进行本研究？

　　师：该案例的研究对象是自愿参与STEM学习活动的小学生，主要内容是探讨不同的教学行为对学习绩效和心流体验的影响及其结构。教师是否具备关注和理解学生的能力直接影响着教师的教学质量，为什么研究者要设计STEM项目来研究物理教师实施不同教学行为是否影响学生的学习成绩和心流体验呢？

(1) 学生学习内在动机难以激发

在学习过程中,学习内在动机是激励学生努力学习以达到一定目标的关键动力。物理的学习内容和生活密切相关,和社会科学文化的发展及生产实际紧密关联。从外界得到的信息与学生头脑中已经形成的认知结构和期望之间很容易形成不一致,甚至存在分歧和矛盾,导致无法促进或激发学生在学习过程中内在动机的产生,进而导致学习兴趣降低,阻碍学习自主意识和能力的提高。

(2) 何种教学行为能够促进学生学习

在教育实践中,实施教学行为培养学生独立自主完成学习任务,将科学的物理知识灵活运用于问题解决是教师的重要教学目标之一,已有研究证实,采取不同的教学行为对学生的表现有不同程度的影响,然而,很少有关于两种教学行为对心流体验影响的对比研究。因此,探讨两种教学行为在学习绩效和心流体验方面的差异极其结构引起了研究者的关注。

一些研究表明,支持自主的教学行为被表达为信息反馈、无压力的意志和做选择的可能性。然而,控制型教学行为被表达为控制性反馈、有压力的意志和固定的任务连续性,其差异体现在教师对反馈的态度和学生安排任务的自由度上。两种教学行为对心流体验分别产生了不同的影响,支持自主的教学行为能够导致更好的心流体验以及持续的积极情绪。而控制教学行为会对享受和投入产生负面影响。

(3) STEM项目是教育教学研究的新方法

STEM教育是为了解决实际问题而有目的地整合各种学科的实践,由此教师可以通过灵活整合各学科和综合教学方法来实施。在教育过程中,使学生完成对科学、工程、技术和数学的跨学科整合。在教学方式上,STEM教育理念提倡激发学生的兴趣与热情,引导学生相互协作,并主动参与到学习探究活动中,从而达到培养学生创新思维和解决实际问题能力的目的,同时提高学生的创新能力,提升培养综合科学素养。

随着全球范围STEM教育的深入发展,整合STEM教育理念开展的课堂教学、实验教学,以及其他教学模式被广泛应用于各个研究领域。与传统的教学方法相比,融合STEM项目为教育教学研究者提供了一种更加有效的教学方法,可以促进学生将多学科知识与日常生活关联起来,从而加强对物理知识的理解,而不仅仅是学习结果。能够有效激发学生的物理学习兴趣,从而产生学习内在动机,促进心流体验产生,并培养学生的工程、科学素养及创新能力。

2. 本研究提出了什么问题?

师：文献综述对整篇论文的创作具有举足轻重的地位。通过文献的梳理，我们知道学生在学习过程中的心理状态会对学习成效产生很大的影响，大量的研究表明，教师所表现的教学行为会影响学生心流体验的产生。从心流理论的角度看，造成这一现状的原因可能是教学行为激发了学生不同程度的学习内在动机。现有的研究一部分关注教师的教学行为表现，另一部分则尝试测评学生学习时的心流体验产生情况。基于此，我们可以提出什么样的研究问题?

研究试图探讨教师实施支持自主型教学行为和控制型教学行为对学生STEM项目学习的影响，通过对比两种教学行为实施后学生的表现进一步调查学生的学习成绩和心流体验的影响如何。研究监测学生在支持自主型教学和控制型教学两种情况下完成STEM项目时的差异。

支持自主学习的小组采用学生主动发现过程，而控制组采用教师直接演示过程。与控制组相比，自主支持组通常有更大的自主性和更强的控制感，以及更多同伴互动。目的是激发学生在自主支持小组中更丰富的内在动机。研究问题如下：

①支持自主的教学行为比控制教学行为更能提高小学生的STEM学习成绩吗？

②支持自主的教学行为在促进心流体验及其结构（包括享受、参与和控制）方面是否比控制教学行为具有更积极的作用？

3. 本研究如何设计和实施？

师：研究方案是整个研究的关键，在进行研究之前要详尽了解相关文献情况后制订细致的研究方案。对于上述的研究问题，我们如何来设计研究方案？需要什么工具？

（1）本研究材料设计

本研究设计的STEM项目主题和内容取自中华人民共和国教育部

课程标准中关于水资源和水污染的小学环境科学课,选取源于现实的"我们的水资源是否取之不尽用之不竭"这一环境问题,涉及水源、水质检测(如pH)、水循环、水污染(如水体富营养化)、保护途径等知识,要求学生通过整合各种学科的知识来解决,如物理、化学、地理、环境、数学和便携式数字数据记录器技术的数据处理。

STEM项目被设计为三个部分:故事介绍、实验和宣传任务,以及报告和分享。第一部分为故事介绍,以一个名为"小水滴的冒险故事"作为教学背景和补充材料。实验和宣传任务包括关于使用便携式数字数据记录器技术测试不同水样的水质参数的学习任务,以及基于实验结果进行水资源保护的宣传设计。

在这一部分,学生不仅需要掌握与实验相关的技术和数学思维进行测量和数据处理,还要将自己的人文和艺术素养融入宣传设计任务中。在报告和分享部分,学生们讨论并报告了探索的结果,并分享了他们的学习经验。三个部分中,第二部分实验是通过整合科学、技术、工程和数学来传达可持续发展的重要思想的关键。

(2)研究对象

基础数据准备:在自愿的基础上,从某地两所小学招收共92名学生,其中,包括A学校的20名四年级学生和19名五年级学生,以及B学校的27名四年级学生和26名五年级学生,年龄从10.5岁到12.5岁不等,平均年龄为11.75岁。

(3)研究实施流程

参与者首先被随机分为自主支持组和控制组参与STEM项目学习。在STEM项目学习之前和之后进行了一次关于水资源和水污染知识的测试,作为对比的前测和后测。在STEM项目学习结束时,通过Chang等人使用的心流测试即时调查学生的心流体验。剔除无效数据后,有效数据为82份,其中45名为自主支持组,37名为控制组,数据有效率分别为98%和80%。

(4)分析方法

该研究从两方面分析数据结果。首先,对学生在经历两种教学行为后的STEM知识测试结果进行分析,根据答案的合理性,多选题或填空题的得分为0分或1分,主观题的得分为0分、1分或2分。其次,分析学生在经历两种教学行为后的心流体验数据。

从学习表现和心流体验的测量中获得的数据被描述为平均分数和

标准偏差。两组的克朗巴赫 α 系数分别为 0.76（自主支持）和 0.88（控制），证实了心流体验测量的内部一致性。此外，运用 t 检验统计、协方差分析（ANCOVA）和多元协方差分析（MANCOVA）分析了不同教学行为对 STEM 学习绩效和心流体验的影响。

4. 本案例获得了什么结果？

师：研究结果是一篇论文的核心，其水平标志着论文的学术水平或技术创新的程度，是论文的主体部分。我们收集到的数据结果可以得出什么样的结论？如何来回应我们的研究问题呢？用到了什么数据分析？

根据研究设计，分析两种教学行为对学生学习成绩和心流体验的影响。

（1）两种教学行为对学生学习成绩的影响

首先采用独立样本 t 检验分析学生的前测成绩。结果显示，支持自主型教学组和控制性教学组之间没有统计学显著差异（$t=0.357$, $df=80$, $p=0.722$），表明两组学生具有相似的环境科学概念背景知识。其次，配对 t 检验结果显示两组的后测均值均高于前测均值。此外，Cohen's d 效应量皆超过 0.8，表示两种教学行为都极大地促进了学生学习成绩的提高。最后，协方差分析结果说明两组在后测中没有显著差异，表明两种教学行为对学生学习成绩的提高没有显著差异。

（2）两种教学行为对学生心流体验的影响

在分析两种教学行为对学生心流体验的影响时，通过对两组学生数据进行协方差分析，发现自主支持型教学组学生较控制型教学组学生体验到更高水平的心流。进一步以知识前测分数作为协变量，运用多变量协方差分析（MANCOVA）探讨心流结构的差异，结果显示，在享受和控制两个维度上，两组存在显著性差异，分别对应中等效应量和小效应量。这表明自主支持型教学组学生感受到更多乐趣和更强的控制感，而两组学生在参与度上无显著差异（图 7-1）。

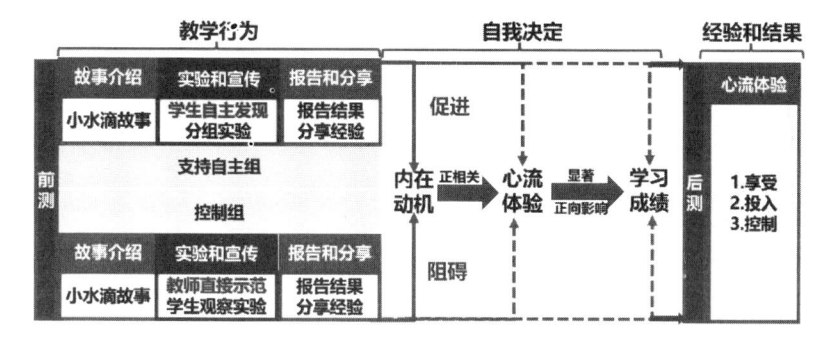

图 7-1 教学行为对学生的影响

5. 如何评价本研究结果？

师：基于结果的讨论是展现作者学术成果和逻辑思维的重要部分，也是学术文章的最大的价值。对于上述的结果，我们可以有怎样的思考？可以从哪些方面入手？

（1）学生的 STEM 学习成绩

职前教师对学生水平的预测与实际答题情况存在偏差，存在高估或低估现象。尽管如此，两组学生的 STEM 学习成绩在前后测中均呈现显著差异，但支持自主型与控制型教学行为之间并未在成绩变化上展现显著差异。这表明，知识水平相近的学生在参与 STEM 项目后均有显著提升，且两种教学行为均对 STEM 学习成绩有积极影响。本研究结果与先前研究一致，支持自主型教学行为有助于学生学业成绩的提高，它促进了学习的内化过程，从而提升了学习质量。

值得注意的是，接受控制型教学行为的学生成绩同样优异，不低于接受自主型教学的学生。在控制型教学中，学生需遵循教师的具体要求，这种外在动机可能激发了他们的自我意识和自尊，进而促进了学习。因此，控制型教学下的成绩提升并非源于自我决定，而是外在动机的驱动。Wagner 等人的研究也支持了这一点，未发现自我决定与控制教学行为成就之间的直接联系。

此外，成绩的提升还可能归因于创新内容的吸引力。Berlyne 指出，新奇情境能激发学习兴趣。在本研究中，由于实验内容对参与者而言新颖且具有吸引力，即便在控制型教学下，学生也展现出了强烈的学习动力,从而与自主型教学下的学生取得了相似的学习进步。因此,创新内容和外在取向的共同作用,使得两种教学行为下的学生均能获得显著的学习成果。

(2)学生的STEM学习心流体验

接受自主支持型教学行为的学生相较于接受控制型教学行为的学生,体验到了更强烈的心流状态。这一发现与现有研究相符。支持自主的教学行为能够促进学生的专注力,而控制型教学则可能阻碍心流的产生,这一点由Hofferber等人提出。从自我决定理论的视角看,自主支持型教学行为激发了学生的内在动机。学生在主动探索的过程中,需要评估实验情境、与同伴交流并独立操作,这增强了他们的自主性、能力感和关联性。

在对心流体验的深入分析中,自主支持型与控制型教学行为在享受和控制感方面表现出显著差异,而在投入度方面则无显著区别。自主支持型教学行为使学生在学习中感受到更多乐趣并拥有更强的控制感。这与Jose等人的研究结果一致,表明社会互动性的增强与幸福感的提高相关。

尽管如此,所有学生都积极参与了STEM项目。Basten等人的研究也发现,两组学生对学习活动表现出同等的兴趣。研究表明,创新性的实验内容能强烈吸引学生,而外在动机则推动他们满足学习要求。同伴的行动和对教师回报的期望也激发了学生的学习热情,无论教学行为如何。因此,由于受新颖的实验内容、外在动机和从众心理的影响,不同教学行为下学生表现出相似的投入水平是合理的。

三、对研究结果的深度剖析和拓展

(一)基于本案例的深度剖析

①本案例中研究题目的关键字是什么?该项调查想研究什么?
②如何体现研究的重要性、必要性和价值?
③研究者是如何提出两个研究问题的?

④心流体验有何特征？为什么要研究学生的心流体验？
⑤本案例的研究结果如何？是如何回答研究问题的？
⑥如何基于数据结果进行讨论？
⑦关于本案例，你有什么思考？本案例中的不足之处如何进一步改进？

（二）基于本案例的拓展研究

1. 该案例在研究对象和研究时间上可以改进吗？

参考：STEM教育的普及性及其跨学科特性为研究提供了丰富的样本。为了增加结论的普遍适用性，STEM项目研究材料可以提高难度并融合更多的物理知识，尝试针对大量高年级研究对象开展调查，并落实长期的随访获得证据来验证目前的结果。

2. 该案例在研究方法上可以改进吗？

参考：该研究采用控制变量法和数据分析法进行研究，完成定量分析后可以采用如访谈和问卷调查的定性方法，进一步调查参与者的真实想法和心理变化，得出更加有力的研究结果。

3. 该案例在研究内容上可以改进吗？

参考：教学行为激发的内在动机对学生的学习成绩和心流体验有间接影响。研究中直接测量了学生参与STEM项目后的学习成绩和心流体验，但内在动机如何具体作用于心流体验，以及如何受教学行为的直接影响，仍是值得深入探讨的问题。

思考：根据该案例，你还可以提出什么研究问题？

(三)基于心流体验领域的拓展研究

1. 权威的心流体验测评量表

心流研究主要采用半结构式访谈,即研究者在与测试者进行访谈时预先做好准备,但在实际过程中又会根据具体情况而灵活变化。这种面谈的最大特点是可以在真实的生活场景中对测试者的心流体验进行具体而细致的了解,可以确定心流的动力学特征和大致范围。但这种方法也容易导致访谈结果的信、效度出现问题。基于此,Jackson 和其同事共同编制心流状态量表(flow state scale,FSS)和倾向性心流量表(dispositional flow dcale,DFS),以改善访谈的缺陷。

FFS 主要用来测量个体产生的心流状态的连续统一性而非片段性,最初也被用来研究各种体育运动中个体所体验到的心流,现在其他领域的心流研究也常采用此量表。DFSI 则是对心流的倾向性进行测量,是用来评估个体参与某项活动时产生心流体验的可能性及其具体的体验程度。现在这两个量表已在原有基础上得到了进一步的修订,此外还有心流特质量表(flow trait scale)等测量工具,其主要用来测量心流体验产生的个体间差异。

2. 创新心流体验测评

心理体验抽样法(ESM)为心流体验研究提供了一种新的视角。ESM 的思想核心在于多次重复评估个体在日常行为中对自己和环境的感受,从而保证结果的准确性和客观性。这种方法要求测试者佩戴一个能发声的电子仪器(类似于 BP 机),当测试者收到一个声音信号时,立即完成一份相应的问卷并把它传给主试。主试呼叫测试者的时间及测试者完成的问卷等都是预先设计好的,可根据研究者的具体目的来决定。

ESM 的最大特点是可以收集被测试者时的认知、情绪和动机状态信息,也就是说,可以搜集测试者的即时活动和即时体验,清晰地呈现出测试者的日常生活状态,从而帮助研究者了解或获得个体真实的生活体验以确保研究的准确性和客观性。此外,这种方法还可以进行持续性研究,从而帮助研究者更好地掌握测试者心流状态。

心流的 ESM 研究主要关注个体在一些典型时刻的信息资料,如心流体验条件出现的具体时间、心流体验出现的具体时刻等。研究者通常用一个 10 点计分量表来测量,将测试者的注意力集中程度、参与度和愉悦度三个方面的自我报告水平相加得出测量结果。

尽管 ESM 比 FSS 和 DFS 更客观、更精确,但这种方法存在的一个明显缺陷,即妨碍测试者的活动表现,有研究表明运动情境下此方法会影响运动员的发挥。

以上是心流研究的主要研究方法,不过随着当代科学技术的不断发展,已有研究者开始尝试运用其他方法来测量心流状态,如 Kivikangas 就使用心理生理学方法对心流进行了探索性研究,这种方法将心理指标和生理指标相结合。Kivikangs 认为心理生理学方法可以在测试者不知不觉的情况下对其进行测量,测试者因而不会意识到用心理生理学方法评估心流体验的过程,而且这种方法还可以持续地监控和记录测试者的生理过程。

(四)可研究问题的建议

1. 研究对象 STEM 学习成效

当前,实施 STEM 教育的教育教学研究多在小学开展,但并未覆盖高年级或教育资源匮乏的地区,导致已有研究结论的普遍性较低,针对性较强。因此,探索研究不同年级、性别、地区、专业的学生参与 STEM 项目学习后的学习成效很有必要,不仅能有效地教授给学生整合和应用多学科知识点的策略,还有利于提高学生解决现实问题的能力。

2. 不同教学行为对心流体验的影响

当前,已有不少关于心流体验的文献提出许多可以有效促进学生产生心流体验的教学行为。然而还需要更多的研究来确定这些教学行为是如何影响学生产生心流体验的,明确哪些教学行为能够更高效地在学生学习物理知识的过程中引导学生产生心流体验,这是未来研究的一个重要方向。

现有的大部分研究中,在实施教育教学干预时,仅仅关注单一教学行为产生的效果,并未探究清楚为什么会产生该种影响。然而,厘清心流体验产生和变化的原因及影响因素是产生物理学习心流体验的关键,若能建议在物理教学中采取多样化、不同自由度等各具特征的教学行为干预,有助于探索适合各类学生产生心流体验的教学行为,培养学生的物理核心素养。

四、案例教学指导

(一)教学目标

1. 适用课程

本案例适用于《教育研究方法》《物理教育研究方法》《教师专业发展》等课程。

2. 教学对象

本案例适用于学科教学(物理)硕士研究生、课程与教学论(物理方向)硕士研究生、物理学(师范)专业学生及参与教师专业发展的在职教师。

3. 教学目的

①学会如何设计和开展物理教育调查类研究。
②了解心流体验在国际物理教育中研究的进展和意义。
③培养研究中的创新精神和研究素养。

（二）启发思考题

①本案例如何体现研究的重要性、必要性和价值？为什么会提出这2个研究问题？

②针对本案例的研究问题，应如何进行调查？如果是你，会如何开展调查？

③该研究设计是否满足研究问题的需要，你认为还有什么需要补充？

④该研究结果如何回答研究问题？用了哪些统计分析方法？

⑤思考题：基于心流体验的论文主题，设计一个新的研究题目，并简单介绍如何开展研究。

（三）分析思路

该案例是一篇涉及心流体验的研究调查。该研究针对学生的现状，从自我决定理论中的"内在动机"出发，提出研究目的和问题。针对已有研究采用的对心流体验有影响的教学行为，进行对比研究。教师实施支持自主型教学和控制型教学前后测量学生STEM学习成绩，可以作为衡量学生学习成绩的重要指标。

在STEM项目实施后对两种教学行为下学生产生的心流体验进行追踪，以探究不同教学行为如何影响学生学习成绩和心流体验。通过学习该案例，可以帮助学生梳理物理教育调查类的一般研究思路，关注心流体验领域的研究现状和发展，引领学生初步了解教育教学研究的思路和框架，培养具有国际视野的研究站位，为学生提供有效的研究方法。

（四）案例分析

1. 相关理论

自我决定理论是指人们作出选择和管理自己行为的能力。内在动机作为自主参与和自我决定行为的起源，也是自我决定理论的核心。此外，自我决定理论认为一旦三个基本的心理需求得到满足（包括自主性、能力和关联性),就会出现内在动机行为。

已有众多学者在教学领域运用自我决定理论展开深入研究。调查发现,自我决定理论中的动机连续体同样适用于大学英语学习者,且英语水平较高的学生相比一般水平的学生,在学习动机上展现出更强的自我决定性。还有学者基于自我决定理论,深入探讨了教师支持对大学生学习投入的影响路径。研究表明,教师的自主支持、情感支持及能力支持均对大学生学习投入产生显著正向影响,同时学业自我效能与学业任务价值在其中发挥了重要的中介作用。

2. 关键能力点

(1) 开展教育调查类研究的能力

具备设计研究框架和定量分析的能力是教育研究者必备技能。学生需要加强研究思路严密性和研究实施的持续性,提高定性和定量分析相结合的能力。该案例展示了通过控制变量法研究不同教学行为对学生 STEM 学习成绩和心流体验的研究过程。通过该案例的学习,学生应掌握开展教育调查类研究的一般方法,懂得结合已有研究结果和相关文献结论对实证调查数据进分析和归因,从而提出对教育教学有益的建议。

(2) 数据统计分析能力

在本案例中,研究者采用了 SPSS 软件中的多种分析方法,包括独立样本 T 检验、协方差分析、信效度检验,以及协方差分析(ANCOVA)和多变量协方差分析(MANCOVA)。通过协方差分析,研究者检验了不同教学行为对提升学生 STEM 学习成效和心流体验的效果。利用协方差分析(ANCOVA),研究者排除了预知测试的干扰因素,深入探讨了教学行为对心流体验的具体影响。而多变量协方差分析(MANCOVA)则用于细致分析两组学生心流体验结构的差异。

在教育研究领域,数据统计分析能够帮助我们揭示教学行为或现象的内在特征和规律。当前,数据统计分析方法在教育研究方法论中占据了重要地位,成为确保教学科学研究严谨性和有效性的关键手段。

3. 心流体验研究工作中的探索与创新

（1）教育教学研究发现可研究区域的准确性

通过文献综述掌握当前研究主题的发展现状和研究空白区域，从而提出研究目的并设计研究步骤是学生必备的创新技能之一。本案例首先通过调研发现大部分关于心流体验的研究出现在英语、体育、语文教学领域，并通常以单一教学行为的实施或教育手段的干预为主，较少与物理教育教学相关联，几乎不对比各教学行为对学生学习表现和心流体验的影响，而这在教学实践中尤为重要。

因此在该案例中，研究者采取融合多种学科知识的STEM项目作为着力点，在教学干预前后对研究对象进行知识水平测试，有利于教师掌握学生学习实际情况和心理状态，从而有针对性地培养学生物理核心素养，塑造创新型人才。

（2）教育教学研究模式的创新

打破传统研究模式、突破已有文献的研究设计框架，是目前教育教学研究创新的关键，在该案例中实施两种在以往的研究中被证实能够影响心流体验的教学行为，借助控制变量法对随机分组的学生实施不同教学行为，但学习内容一致，从而开展对比研究，可以有效了解学生认知加工知识的程度和心理状态的变化，将学生头脑中的内隐信息外显化，从而验证以往研究结论或达到研究目的。

（五）课堂设计

①时间安排：大学标准课堂4节，160分钟。
②教学形式：小组合作为主，教师讲授点评为辅。
③适合范围：50人以下的班级教学。
④组织引导：教师明确预习任务和课前前置任务，向学生提供案例和必要的参考资料，提出明确的学习要求，给予学生必要的技能训练，便于课堂教学实践，对学生课下的讨论予以必要的指导和建议。
⑤活动设计建议：提前布置案例阅读和汇报任务。阅读任务包括案例文本、参考文献和相关书籍；小组汇报任务包括对思考题的见解、合作的教学设计。小组讨论环节中需要学生明确分工，做好发言记录和

形成最后的综合观点记录。在进行小组汇报交流时,其他学习者要做好记录,便于提问与交流。在全班讨论过程中,教师对小组的设计进行点评,适时提升理论,把握教学的整体进程。

⑥环节安排如表 7-1 所示。

表 7-1　课堂环节具体安排

序号	事项	教学内容
1	课前预习	学生对课堂案例、课程设计等相关理论进行阅读和学习
2	小组研读案例、讨论及思考	案例讨论、模拟练习、准备汇报内容
3	小组汇报,分享交流	在进行小组汇报交流时,其他学习者要做好记录,便于提问与交流。在全班讨论过程中,教师对小组的设计进行点评,适时提升理论,把握教学的整体进程
4	教师点评	教师在课中做好课堂教学笔记,包括学生在阅读中对案例内容的反应、课堂讨论的要点、讨论中产生的即时性问题及解决要点、精彩环节的记录和简要评价。最后进行知识点梳理及归纳总结
5	学生反思与生成新案例	学生课后对这堂课的自我表现给予中肯的评价,并进行学生合作式案例再创作

(六)要点汇总

1. 掌握认知心理领域的一般研究方法

掌握涉及认知心理的教育研究一般思路是学生开展科研活动的必备技能之一。认知心理领域的物理教育研究与一般教育调查之间联系紧密,从明确研究问题及目标、设计研究方案、选择或编制调查工具,再到数据分析与解释都与其密切相关。因此,我们可以在教育调查的一般思路上形成对于心理认知领域的物理教育研究方法。

本章所用案例从心理认知与物理教育之间的关系出发,选取学生学习过程中心流体验指标和 STEM 学习成绩作为研究调查指标,探究不同教学行为对学生成绩和心流体验的影响,为我们提供了一个认知心理领域物理教育研究的范式。

在研究中,还需注意以下3点:①确保调查工具的科学性和有效性,遵循科学原则,确保问题的有效性和可靠性;②注重样本的代表性和多样性,更全面地了解不同学生群体的心理认知特点;③综合运用多种研究方法,结合质性和量化的研究手段,提高研究的全面性和准确性。

2. 认知心理领域在国际物理教育中研究的进展和意义

本章以认知心理学的个案研究为基础,结合国外相关教学行为研究实例,指导同学们站在国际研究高位学习教育教学研究开展的一般思路和方法,在了解认知心理领域重要研究成果的同时拓展国际视野。①让学生在问题解决时进行出声思维的方法,对物理学科中专家和新手的解题差异进行研究;②通过实证发现运用元认知策略能更好地促进知识迁移,小组合作式的教学情景等是强有力的训练环境;③研究学生学习时在头脑内主动建构知识的过程,从而提出有助于知识建构的教学策略等,并引导学生在了解研究设计和处理过程中逐步掌握必要的数据统计方法。

开展认知心理学相关研究进一步培养教师明确教学过程中学生是在主动构建认知结构,形成教师是学生的高级合作者的角色意识,促进教师用真实任务驱动学生产生主动学习的心向,支撑学生从目前的水平向上更进一步,从而逐步形成独立探索学习的习惯,进一步为开展创新教育教学研究奠定基础,同时了解物理教学与科研的前沿环境。

(七)推荐阅读

彭聃龄. 普通心理学[M]. 北京:北京师范大学出版社,2012.

参考文献

[1] Csikszentmihalyi M. Flow: The psychology of optimal experience[M]. New York: Harper & Row, 1990.

[2] Chang C C, Liang C, Chou P N, et al. Is game-based learning better in flow experience and various types of cognitive load than non-game-based learning? perspective from multimedia and media richness[J]. Computers in Human Behavior, 2017, 71（6）: 218—227.

[3] Wang W, Shi R, Li X. Factors influencing the continuance intention of online learning from the perspective of flow theory[J]. Distance Education in China, 2017, 5（5）: 17—23, 79.

[4] Skadberg Y X, Kimmel J R. Visitors' flow experience while browsing a website: Its measurement, contributing factors, and consequences. Computers in Human Behavior, 2004, 20（3）: 403—422.

[5] Sun J C Y, Kuo C Y, Hou, H T, et al. Exploring learners' sequential behavioral patterns, flow experience, and learning performance in an anti-phishing educational game[J]. Educational Technology & Society, 2017, 20（1）: 45—60.

[6] Liu C C, Cheng Y B, Huang C W. The effect of simulation games on the learning of computational problem solving.[J].Computers & Education, 2011, 57（3）: 1907—1918.

[7] Webster J, Trevino L K, Ryan L. The dimensionality and correlates of flow in human-computer interactions[J]. Computers in Human Behavior, 1993, 9（4）: 411—426.

[8] Ghani J A, Deshpande S P. Task characteristics and the experience

of optimal flow in human-computer interaction[J]. The Journal of Psychology,1994,128(4): 381—389.

[9] Pearce J M, Ainley M, Howard S. The ebb and flow of online learning[J]. Computers in Human Behavior,2005,21(5): 745—771.

[10] Csikszentmihalyi M. Beyond boredom and anxiety[M]. Jossey-Bass,1975.

[11] Bakker A B, Oerlemans W, Demerouti, E, et al. Flow and performance: A study among talented Dutch soccer players[J]. Psychology of Sport and Exercise,2011,12(4): 442—450.

[12] Deci E L, Ryan R M. Intrinsic motivation and self-determination in human behavior[M]. Plenum Press,1985.

[13] Deci E L, Ryan R M The 'what' and 'why' of goal pursuits: Human needs and the self determination of behavior[J]. Psychological Inquiry,2000: 11(4): 227—268.

[14] Taylor C M, Schepers J, Crous, F. Locus of control in relation to flow[J]. Journal of Institutional Psychology,2006,32(3): 63—71.

[15] Reeve J. Self-Determination Theory applied to educational settings. Handbook of self-determination research[J]. University of Rochester,2002: 183—203.

[16] Kiili K. Evaluations of an experiential gaming model. Human Technology,2006,2(2): 187—201.

[17] Park J, Parsons D, Ryu H. To flow and not to freeze: Applying flow experience to mobile learning[J]. IEEE Transactions on Learning Technologies,2010,3(1): 56—67.

[18] Keller J, Ringelhan S, Blomann, F. Does skills-demands compatibility result in intrinsic motivation? Experimental test of a basic notion proposed in the theory of flow-experiences[J]. The Journal of Positive Psychology,2011,6(5): 408—417.

[19] Jackson S A, Roberts G C Positive performance states of athletes: Toward a conceptual understanding of peak performance[J]. The Sport Psychologist,1992,6(2): 156—171.

[20] Delle F A. Bassi M, Massimini F. Quality of experience and daily

social context of Italian adolescents. It's all about relationships[J]. Pabst Science, 2002: 159—172.

[21] Reeve J. Why teachers adopt a controlling motivating style toward students and how they can become more autonomy supportive[J]. Educational Psychologist, 2009, 44 (3): 159—175.

[22] Jang H, Reeve J, Deci E L. Engaging students in learning activities: It is not autonomy support or structure but autonomy support and structure[J]. Journal of Educational Psychology, 2010, 102 (3): 588—600.

[23] Deci E L, Nezlek J, Sheinman L. Characteristics of the rewarder and intrinsic motivation of the rewardee[J]. Journal of Personality and Social Psychology, 1981: 40 (1), 1—10.

[24] Boggiano A K, Flink C, Shields A, et al, M. Use of techniques promoting students' self-determination: Effects of students' analytic problem-solving skills. Motivation and Emotion, 1993: 17 (4): 319—336.

[25] Ryan R M, Deci E L. Intrinsic and extrinsic motivations: classic definitions and new directions[J]. Contemporary Educational Psychology, 2000, 25 (1): 54—67.

[26] Basten M, Meyer-Ahrens I, Fries S, et al. The effects of autonomy-supportive vs. controlling guidance on learners' motivational and cognitive achievement in a structured field trip[J]. Science Education, 2014, 98 (6): 1033—1053.

[27] Assor A, Kaplan H, Kanat-Maymon Y, et al. controlling teacher behaviors as predictors of poor motivation and engagement in girls and boys: The role of anger and anxiety[J]. Learning and Instruction, 2025, 15 (5): 397—413.

[28] Hofferber N, Basten M, Großmann N, et al. The effects of autonomy-supportive and controlling teaching behaviour in biology lessons with primary and secondary experiences on students' intrinsic motivation and flow-experience[J]. International Journal of Science Education, 2016, 38 (13): 2114—2132.

[29] Lindahl B. A longitudinal Study of students' attitudes towards science and choice of career[M].New Orleans: 80th NARST International Conference, 2007.

[30] Shen C Y, Chu H P. The relations between interface design of digital game-based learning systems and flow experience and cognitive load of learners with different levels of prior knowledge[J]. Lecture Notes in Computer Science. Springer, Cham, 2014, 8525: 574—584.

[31] Hsieh Y H., Lin Y C, Hou H T. Exploring the role of flow experience, learning performance and potential behavior clusters in elementary students' game-based learning. Interactive Learning Environments, 2016, 24(1): 178—193.

[32] Ommundsen Y, Kval S E. Autonomy-mastery, supportive or performance focused? Different teacher behaviours and pupils' outcomes in physical education[J]. Scandinavian Journal of Educational Research.2007, 51(4): 385—413.

[33] Gagne M, Ryan R M, Bargmann K. Autonomy support and need satisfaction and well-being in gymnasts. Journal of Applied Sport Psychology, 2003, 15(4): 372—390.

[34] Breiner J M, Harkness S S, Johnson C C, et al. What Is STEM? A Discussion About Conceptions of STEM in Education and Partnerships[J]. School Science and Mathematics, 2003, 112(1): 3—11.

[35] Mesurado M B. Actividad estructurada vs actividad desestructurada, realizadas en solitario vs. en compañía de otros y la experiencia óptima[J]. Anales de Psicologia, 2009, 25(2): 308—315.

第八章 案例七:教育技术

一、教育技术的相关研究

(一)教育技术的研究现状

21世纪初,全球科技创新与应用推动了各行业转型与升级的加速。因此,世界各国教育技术的研发及应用也随之得到了迅猛的发展。随着时间的推移,美国教育传播与技术协会(AECT)对教育技术下了多种定义。其中,AECT'94(AECT 在1994年发布的定义)即教育技术是为了优化学习,对有关的学习资源和学习过程进行设计、开发、利用、管理和评价的理论和实践,被公认为较为全面地表达了教育技术的研究范畴。

1985年,美国就进行了信息技术与学科教学整合的研究。"2061计划"(Project 2061)最早提出了信息技术与课程整合的相关概念,该项目是由12个机构共同提出的研究课题,旨在促进课程改革。"2061计划"期望通过深度融合信息技术与自然科学,来深化美国的教育改革,提高公民的科学素养;此外,还期望通过现代信息技术与社会科学的有机结合,提高信息技术和课程整合的质量和水平。

近20年国际教育技术研究主要关注教学的要素(如教学策略、学习表现、学习动机、协作学习等)以及技术的使用(如交互式教学环境、系统及教育媒体等)。研究热点主题包括教育游戏与学习环境、计算机支持的协作学习、质性研究、移动学习、翻转课堂等。

1. 教育游戏与学习环境

教育游戏与学习环境主要包括虚拟现实、模拟、多媒体学习、游戏化学习、学科应用等。Connolly 等（2012）通过文献回顾发现，游戏对 14 岁及以上的用户有积极的影响，有助于知识获取、内容理解以及情感和动机方面的提升。Papastergiou（2009）调查了不同性别学生在高中计算机学科中的游戏化学习效果和学习动机方面的差异，研究发现，游戏提高了学生对计算概念的理解，教师可以将具有教育性的计算机游戏开发成有效的学习资源。

2. 计算机支持的协作学习

计算机支持的协作学习（CSCL）主要包括同伴反馈、内容分析、改善课堂教学、社交网络分析以及协作脚本等。此类研究阐述了协作学习的理论，对小组协作知识建构过程进行多维度分析，并介绍各类计算机支持环境下的工具、方法以及教学策略，从而更好地开展协作学习。从理论和方法的角度探讨 CSCL 中的知识构建。

Weinberger 和 Fischer（2006）提出了一种多维的方法来分析 CSCL 中的论证知识构建。该方法包含话语语料库的抽样和细分，以及四个过程维度（参与、认知、论证、社会模式）的分析。

Wever 等（2006）从实证研究的角度剖析 CSCL，以 CSCL 中常用的模型为样本，对 15 项研究进行讨论，指出需要改进现有的理论和经验基础，以提高 CSCL 研究的整体质量。

3. 质性研究

质性研究主要包括以计算机为媒介的交流、协作、变革、以学生为中心、同步等，探索了学习者在合作学习过程中的社交互动参与和话语模式，特别是计算机支持的交流互动，并对社交互动进行质性分析。关于理论层面的概述与研究：Garrison 和 Anderson（2003）提出一个连贯和全面的高等教育数字化学习框架，以帮助教育工作者激发学生的数字化学习潜力。该框架以"探究社区理论"为基础，包含"社交、认知和教学存在"三个方面。

Kreijns（2003）等人研究发现，在CSCL学习环境中，参与者往往忽视社会（心理）维度，因此作者提出建立以群体凝聚力、信任、尊重和归属感为特征的社会空间学习，以及对促进学生在线协作学习有积极作用的社交互动。

4. 移动学习

此类研究大多关注移动学习技术的应用对学习产生的影响，以及通过开发学习环境或使用新的学习方法来促进学生学习。移动学习技术与环境对学生学习的影响研究。Liu等（2010）探讨了英语语言学习环境（HELLO）中的学习活动设计与各种教学策略，研究结果表明，将游戏融入英语教学比非游戏方法能产生更强的学习动机以及更好的学习结果。

Hwang（2014）从情境感知泛在学习的角度引入了智能学习环境的定义和标准，提出了解决智能学习环境设计和开发问题的框架。此外，还提出了一些可能有助于智能学习环境、智能学习发展的新兴技术，以及与智能学习有关的研究问题。

5. 翻转课堂

翻转课堂主要包括慕课、参与度、学习表现、专业学习以及自我调节学习等。该类研究主要探索了翻转课堂的方法和模式，并通过实证研究验证了这一方法的有效性。Bergmann等（2012）实施了翻转课堂教学，学生们观看录制的讲座，并在与教师互动的情况下完成作业、实验和测试。研究发现，翻转课堂教学模式下的学生表现出对学习内容的理解程度较高。

在物理教学中，现代教育技术凭借其直观性、生动性等特点，为学生提供了透过现象探索本质的有效途径，将抽象、枯燥的物理现象、知识转化为生动有趣的内容，将静止的东西变得生动活泼，将复杂的内容变得简单直观，也将一些不可见的内容直观、形象地表现出来，有效弥补了传统教学的缺陷和短板。

在实际物理课堂当中，多数一线教师已经开始将现代教育技术融入课堂教学当中,比如多媒体和网络技术、移动智能设备、虚拟仿真物理实验室等。由此可见,物理实验教学与现代教育技术的结合在教师的教学中逐渐日常化。

关于整合策略的研究,孟昭晖提出了3种整合模式:演示型课堂模式、协作思考型课堂模式、探究式网络学习模式。何文斌(2008)提出了4种整合策略:基于学习对象的整合策略、基于科目特征的整合策略、以使学生全面发展为基准的整合策略、以使学生心理素质提高为基准的整合策略。

关于策略有效性的研究,郭根明(2012)提出了3种评判标准:信息技术与物理概念中的状态量与过程量整合;信息技术与物理概念中的微观量与宏观量整合;信息技术与物理概念中的性质量与作用量整合。他认为,不同的物理概念具有迥异的课堂效用。尹珊珊(2010)提出了两大评判标准:从教师和学生两个教学主体进行划分。

关于教师教的有效性,她划分了五项评判标准:知识讲授精准、任务目标明确、教学方法丰富、启发学生投入学习、确保学生掌握知识并能应用知识。关于学生学的有效性,她提出了三项指标:学习知识技能的速度、应用知识技能的效果、学习知识技能的体验。研究通常以重点班和普通班的成绩为例,进行比对,以验证信息技术对学生学习的益处。

(二)教育技术领域的一般研究思路

1. 捕捉教育现象与问题

教育技术研究的起点在于识别和捕捉教育教学中的关键现象和问题。这需要广泛的文献阅读和综述,以全面了解当前领域的最新研究成果和未解决的问题。研究者应通过深入的文献搜索和分析,敏锐地发现并定义研究问题,确保选题的创新性和实用性。

2. 构建理论基础

教育技术研究不仅需要关注技术应用,还应重视理论基础的构建。虽然教育技术领域对新型教学媒体的操作研究较多,但对理论基础的研究同样重要。研究者应从系统论、信息论和控制论等理论出发,构建适合教育技术应用的理论框架,为研究提供坚实的理论支撑。

3. 明确研究问题

在文献综述的基础上,研究者应综合分析现有研究,明确研究问题的历史背景、现状和发展趋势。通过比较和对照,找到已解决的问题和待解决的问题,重点阐述这些问题对当前教育实践的影响及其未来发展趋势,为研究问题的提出和研究切入点的确定提供清晰的视角。

4. 实施教育技术手段

教育技术研究的最终目标是将理论应用于实践。研究者应设计和实施教育技术手段,通过课堂实践和应用来验证其有效性。教育技术手段的实施应结合技术和实践层面,探讨信息技术条件下的教学设计手段、方法与案例。研究者应运用量化研究方法,如问卷调查、教育测量和教育实验,进行数据处理与分析,得出有效结论。同时,也应考虑质化研究方法,如案例研究和观察,以丰富研究的深度和广度。

5. 设计监控与评价方法

在教育技术研究过程中,监控手段和评价方法的设计至关重要。研究者应依托信息技术和教育技术的新发展,设计科学、合理的监控和评价方法,确保研究结果的准确性和可靠性。研究过程中,应不断反思和评估监控手段和评价方法的有效性,确保研究问题能够得到准确、恰当的回答。在实验结束后,应及时回溯整个研究过程,评估理论选择、监控手段和评价方法的合理性,确保研究结果的可靠性和有效性。

二、教育技术的案例再现

探究式交互虚拟实验：以圆周运动为例[1]

摘要：人们对基于计算机的学习，特别是虚拟现实模拟的使用的兴趣正在迅速增长。虽然有充分的理由相信计算机技术有改善教与学的潜力，但如何在具体内容的教学难点中有效利用技术是具有挑战性的。为了帮助学生发展对正确物理概念的深刻理解，我们开发了交互式虚拟仿真实验，其独特之处是使学生能够通过模拟操纵杆体验力和运动，让他们感受到施加的力，并同时看到其效果。模拟为学生提供了在单一环境下整合科学表征和低级感觉线索（如触觉线索）的学习体验。本研究介绍了一个圆周运动的虚拟实验模块。当前已经进行了一项对照研究，以评估在圆周运动的背景下使用该虚拟实验对学生学习力和运动的影响。结果表明，虚拟仿真实验方法是学生的首选，比解题练习等传统教育方法更能有效地帮助学生掌握物理概念。我们的研究表明，完善的虚拟仿真实验可以成为教授科学中困难概念的有用工具。

关键词：交互；虚拟实验；圆周运动

（一）研究背景

随着便携式和低成本计算技术的普及，计算机的使用已成为物理教学中的一种流行方法。例如，计算机和网络问题解决系统正在成为交付作业、个别指导以及讲座和实验室补充学习活动的标准工具。完善的模拟可以作为学生进行虚拟实验（Virtual Experiment，VE）的平台，从而

---

[1] 本案例来源于作者的研究成果，引用如下：Shaona Zhou, Jing Han, Nathaniel Pelz, et al. Inquiry style interactive virtual experiments: a case on circular motion. European Journal of Physics, 2011, 32 (6), 1597.

在真实的实验中准确复制实际的物理结果。

与真实实验室相比,使用这些模拟或 VE 的一个优势是,在模拟环境中的物理变量可以很容易地控制和改变,这就允许学生能够轻松地重复各种不同条件的模拟实验,以便有效地探索不同的理解和假设。据研究者观察,与使用物理设备相比,学生在通过模拟,观察并得出结论之前更有可能测试一下各种参数。

(二)案例描述

1. 为什么进行本研究?

师:该案例的研究内容是利用交互式虚拟仿真实验的教育技术,帮助学生发展对正确物理概念的深刻理解。为什么作者会选择开发虚拟仿真实验,来帮助学生了解圆周运动背景下力的方向与运动轨迹之间的关系?

在物理入门教学中,研究人员和教师开发了许多计算机模拟系统来帮助解决学生的困难。在教育研究文献中,已经对学生学习力学的困难进行了很好的研究,这些研究都指向一个核心线索,即对力和运动之间关系的非科学理解。关于学生对力和运动理解的一维运动的研究已经指出了大量有用的结果和成功的教学方法。研究人员还研究了学生在二维运动,例如圆周运动这样的背景下,对力和运动的迷思概念,揭示了原本隐藏在一维情况下学生的学习困难。

例如,研究表明,学生往往存在这样的迷思概念:即使在没有外力的情况下,物体也可以沿曲线运动。其他一些研究则关注学生是否能够在完全或部分涉及圆周运动的情况下对物体运动的轨迹做出正确的预测。

同时,学者也注意到学生对圆周运动物体所受的合力的概念上的困难。Warren 要求大学新生画一个箭头,代表汽车在水平环形道路上以恒定速度行驶时所受的合力;40% 的人画出了向前的合力,而只有 28% 的人画出了表示离心力的矢量。

Viennot 认为,许多大学生把圆周运动作为平衡情况的一个例子,这导致他们使用一个向外的力来平衡向内的力。做匀速圆周运动的小球，学生对其上施加的力的大多数不正确理解分别为向外力、切向力、平衡力或无力。

从文献中可以看出，理解圆周运动所需力的方向的是多维运动中的一个基本概念。为此，我们开发了一个虚拟仿真实验，帮助学生了解在圆周运动背景下力的方向与运动轨迹之间的关系。

2. 本研究提出了什么问题？

> 师：通过对文献的梳理，我们知道学生对力和运动的关系存在迷思概念，且学生对圆周运动物体所受的合力的概念理解存在困难。基于此，我们可以提出什么样的研究问题？

在圆周运动的背景下，学生对力和运动的理解因两个迷思概念而变得复杂。一种是普遍的迷思概念，认为要保持运动就必须有力，这往往导致一种想法，即在运动的方向上总有力。造成这种迷思概念的主要原因是学生们往往没有明确认识到摩擦力的影响。另一种困难是缺乏对存在垂直加速度时作为矢量的速度如何变化的理解。后一点通常是圆周运动中教学的重点。

然而，如果对力和运动的迷思概念没有得到适当的解决，学生仍然可能用非专业的观点通过圆周运动问题直观地进行推理。例如，我们发现当一个学生被问及如何施加外力来使一个物体在光滑的桌子上做匀速圆周运动时，许多学生倾向于沿圆形路径的方向或在与路径成小于90°的角度绘制力。当被问及理由时，学生们通常会引用他们的个人经验，比如当你让一个连接在绳子上的方块在桌子上做圆周运动时，你必须沿着圆形的路径拖动它才能开始运动。

这种推理方式在美国大学物理入门课程的学生中非常流行。然而，典型的讲座和实验室并没有在直观的层面上处理这种个人经验。因此，需要新的事物以便提供一种实验环境，帮助学生以物理的方式理解他们的生活经验，从而在直观的层面上发展正确的概念。由于难以维持所需的变化力和合适的光滑表面，这样的实验很难在真实的实验中实现，所以我们开发了一个虚拟仿真实验来教授圆周运动。

在物理教学中，存在大量的计算机模拟，其中大多数强调复杂物理过程的可视化,但实现实时交互的能力有限。这些模拟所提供的交互类型仅仅是物理参数的初始输入,这些参数预先确定了模拟现象的行为,并不能反映人们在现实世界中体验的方式。例如,在典型的当代计算机模拟中,人们通过在对话框中输入数字来改变物体上的力,这与在现实世界中施加力的方式非常不同。

另一方面,我们开发的 VE 允许人们通过推动设备来施加一个力,并实时观察产生的运动,这种动作类似人们在现实生活中经常做的事情。这种逼真的设计可以让学生模仿他们在现实世界中的行为,同时探索力和运动之间的关系,这有助于学生更明确地看到他们的错误理解,而这种错误理解通常隐藏在他们的自发行为之下。通过这样的探索,学生可以对相关的物理概念产生更加稳固和正确的直观理解。

为逼真模拟实际现象,VE 采用 OpenGL 实现基于对象的真实 3D 渲染,并辅以快门眼镜提供立体视觉效果(图 8-1)。该平台内置高精度(达 0.1%)物理引擎,支持通过精密操纵杆实时输入外部指令,模拟真实物理行为。VE 平台以其动态的运动图形绘制、灵活的参数调整及用户友好界面,有效激起学生兴趣。学生可通过操纵杆施加不同大小的力于物体上,亲身体验力的施加过程并即时观察效果,增强了学习的互动性和直观性。

图 8-1 一名学生使用精密操纵杆与 VE 程序交互

圆周运动活动的屏幕截图如图 8-2 所示。在这个活动中,要求学生对一个具有初速度的物体施加一个力,使其在一个白色虚线表示的均匀圆周上运动($R=0.5$m)。所有的初始物理量,包括位置、质量、初速度和与表面的摩擦系数,都可以在实验开始前设置。摩擦力通常在开始时设为零。速度的方向和操纵杆所施加的力由表明大小的黄色和红色的箭头表示。

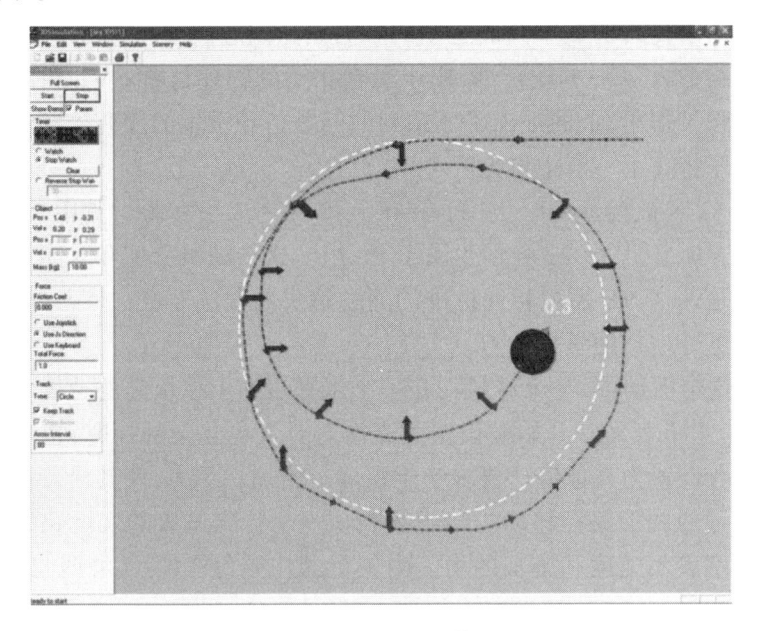

图 8-2　VE 屏幕截图

为了成功地完成这个实验,学生需要:①在正确的位置施力;②在不断变化但始终指向圆心的方向上施力;③施加一个大小等于 1.0N 的恒定的力。这个活动可以让学生充分探索他们对圆周运动的想法。

3. 本研究方案如何设计和实施?

　　师:研究方案是整个研究的关键,在进行研究之前要详尽了解相关文献情况后制订细致的研究方案。对于上述的研究问题,我们如何来设计研究方案?需要什么工具?

为了测试关于圆周运动的 VE 的新设计在帮助学生学习相关概念方面是否有效,我们进行了 VE 的受控实施,以测试其作为学习模块的可用性,并评估其在教学中的有效性。

俄亥俄州立大学共招募了 52 名工科本科生作为研究对象。在实验开始前两周,这些学生正在上物理入门课,并被教授了圆周运动的概念。这些学生被随机分为两组,虚拟实验(VE)组和问题解决(PS)组。VE 组的学生用半小时完成了关于圆周运动的 VE 探索,而 PS 组的学生则进行了传统的关于圆周运动的章后典型问题的解题练习。PS 组的学生还被分发了一本教科书,用于参考相关的物理材料。VE 组的学生使用一张工作单,上面提出了一系列的问题指导学生的探究。实际的设计和程序将在下一节中讨论。

在 52 名被招募的学生中,有 48 人实际完成了实验。其中 25 名学生属于 VE 组,其余 23 名学生属于 PS 组。这种随机分配和对照组设计的目标是评估 VE 模拟相比标准的问题解决的方法而言,是否或在多大程度上更好地帮助学生学习。

在这个活动中,一个球最初在一个水平表面上以恒定的速度向左移动,这个水平表面一开始被设定为光滑。对于更复杂的探究,也可以将摩擦系数设置为其他值。要求学生在球上施加一个力,使其沿着白色虚线所标记的圆形路径移动。暗虚线表示一个特定试验的实际路径。箭头和数字表示速度和施加的力。力矢量的快照每 2.0 秒(可调)在图上保留一次。

VE 模拟活动大约进行了半个小时,包括四个阶段:前测、VE 模拟、后测和态度调查问卷。对照组的活动几乎相同,只是参与者完成了标准的问题解决练习,而不是通过模拟进行,并且不必完成态度的调查问卷。两组学生都是独立学习,在学习过程中没有接受任何指导。下面将按四个阶段的顺序讨论这些过程。

在第一阶段,两组学生完成了一个相同的前测,前测涵盖了几个力学概念(一维、二维运动、圆周运动等)。前测设计了两个与圆周运动概念直接相关的问题(Q5 和 Q7),混合了其他物理概念的问题,以便学生不会注意到测试的有意测量。

Q5 是一辆汽车在绕圈,Q7 是一个人在旋转一根末端系着球的绳子。在这两个问题中,都要求学生画出当物体以恒定速率做圆周运动时所施加的力的方向。前测的目的是建立学生在圆周运动背景下对力和运动的理解的基线水平。

如图 8-3 所示,假设一个保龄球最初是在一个光滑的平面内以恒定的速度运动。要想对球施加一个力,让它做圆周运动。在 6 个不同的点画出给球的力(在纸上画出力)。

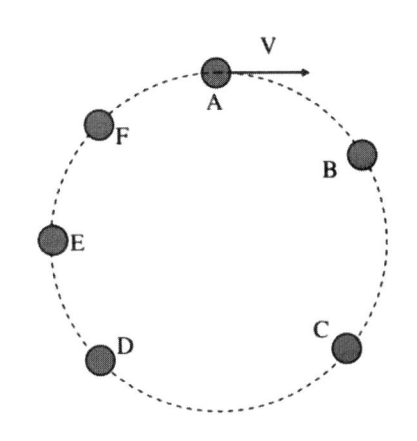

图 8-3 预测一个球沿圆周运动所需要的力样图

在第二阶段，VE 组的学生按照工作单进行模拟操作。在开始模拟之前，学生们从讲师那里得到了如何使用该软件的指导，并练习了基本功能。这个准备过程通常需要 3～5 分钟。然后让学生独自完成模拟。VE 模拟包括两个不同的任务。第一个任务要求学生预测使球做圆周运动所需的力（图 8-3）。

第二个任务中，学生需运用操纵杆控制器对球施加约 1.0N 的力，使其沿预设圆轨迹运动。学生可多次尝试后，阐述并解析探究成果。通常，经过约 5 分钟的实践，多数学生能绘制出接近完美的圆形轨迹。此时，工作单要求学生说明维持小球匀速圆周运动所需施力方向，并在路径不同点标注力的矢量方向。最后，学生需撰写短文，总结从 VE 模拟任务中获得的知识与领悟。

PS 组的学生被要求完成 3 个关于圆周运动的物理问题。第一个问题就是 VE 组中使用的图 8-3 所示的问题。第二个问题选自电子教科书。第三个问题的情境与前测的问题之一类似，如图 8-4 所示。还为学生提供了教科书，以参考相关资料。这些问题都与所测试的物理内容高度相关，其中包括匀速圆周运动中力、加速度和运动之间的关系。问题解决的教学目标是让学生练习并进一步学习相关知识。然后，通过比较类似于典型作业和习题课教学的问题解决练习与 VE 活动，就可以确定 VE 活动在何种程度上比广泛使用的问题解决方法更有效（或效果更差）。

与 VE 组类似，在第二阶段，PS 组学生的最后一个问题，也是被要求写一篇简短的从问题解决中所学到知识的总结。

在第三阶段，对 VE 组和 PS 组学生进行后测，考查 VE 和 PS 策略的有效性。后测与前测基本相似。关于圆周运动后测的问题与前测的问题是一致的,这样我们可以直接比较不同处理方式前后学生的表现。

汽车在保持匀速的情况下绕圈行驶。在图 8-4 所示的瞬间,汽车是否有加速度? 如果是,它的方向是什么?

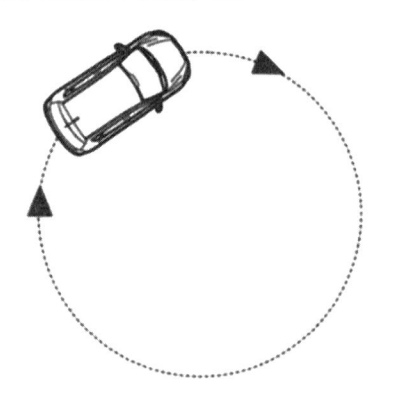

图 8-4 问题解决小组中向学生提出的问题之一

第四阶段仅设置在 VE 组中,在该阶段,学生进行评估调查,发表自己对 VE 和 PS 两种学习方法优缺点对比的观点,并对自己使用 VE 方法和已有的 PS 经验两种学习方法的偏好进行评价。

在学习环节中,VE 组的学生没有收到任何关于其答案正确性的直接反馈;学生仅在学习单的引导下进行开放式的探究,该学习单并不提供任何问题和活动的答案。VE 组的学生必须自己"发现"物理关系,并根据他们的探究活动和观察得出自己的理解。另一方面,对照组的学生基于配备教科书的优势,可以用教科书来帮助他们解决物理问题和检查他们的工作。

4. 本研究获得什么结果,如何评价?

师:我们将研究对象分为 VE 组和问题解决(PS)组,VE 模拟活动包括四个阶段:前测、VE 模拟、后测和态度调查问卷。我们收集到的数据结果如何呢? 可以怎么样来分析以回应我们的研究问题呢? 对于这个结果,我们可以有怎样的思考? 可以从哪些方面入手?

在这项研究中，研究者通过各种方式检查了两组学生的表现，包括前测、VE 和 PS 学习单中的问题、后测以及 VE 组对问卷的书面回答。在 VE 组中，我们还通过活动收集了有关学生理解进度的数据，包括学生在进行模拟前的预测、模拟后的总结理解以及学生从 VE 活动中所学到知识的自我报告。

在 VE 活动中对学生的观察表明，虽然学生已经在课堂上学习了圆周运动，但他们对 VE 活动的自发反应仍然能发现他们的迷思概念。例如，当要求他们施加力使 VE 中的球沿圆周路径移动时，许多学生会试图绕着圆拖动球，而不是施加一个垂直于物体速度的力。

这可能是因为以抽象形式理解一个概念与在现实活动中应用是不同的，这也凸显了使用 VE 让学生在近乎真实的情况下轻松检查和应用他们对概念理解的重要性。在 VE 活动中，一开始做错的学生，通常在几分钟的尝试后就会意识到如何处理问题，然后相对容易地移动球来保持良好的圆形路径。

从前测的数据中，我们发现，尽管在课堂上接受了有关该内容主题的指导，但仍有一些学生不知道在匀速圆周运动中物体的合力是指向圆心的。对于 Q5（汽车绕圈），常见的错误答案是力在速度的方向上。对于 Q7（用手旋转系在绳子上的小球），常见的错误答案是，小球所受合力的方向是在向上和向前的角度上。在完成 VE 活动后，两个问题的后测结果显示出明显的改善。

表 8-1 给出了前测和后测中 Q5 和 Q7 的平均得分。VE 组学生取得了具有统计学意义的 20% 的分数改善（$p=0.005$，效应量 $=0.515$）。虽然 PS 组的学生在解决问题后也提高了他们的表现，但分数的增加并不显著（$p=0.171$，效应量 $=0.269$），只有 VE 组的一半。

这一结果表明，与问题解决练习相比，VE 学习活动在帮助学生理解圆周运动中力与运动的关系上更有效。我们的发现为早期研究中发现的问题的可能解决方案提供了新的见解，该研究报告称，学生在解决 1000 个传统问题后并没有克服概念上的理解困难。

表 8-1　圆周运动的前后测 t 检验结果

组	N	前测 M（SD）	后测 M（SD）	p	效应量
VE	25	0.54（0.41）	0.74（0.36）	0.005	0.515
PS	23	0.57（0.41）	0.67（0.39）	0.171	0.269

在 VE 组进行的评价调查中，25 名学生中有 20 人完成了调查并讨论了他们对这两种学习方法的态度。其中，有 11 名学生认为 VE 活动比他们以前经历过的标准问题解决练习更具吸引力和帮助。在学生们的评价中，VE 活动的一些特点得到了高度评价，包括模拟的实时交互、即时反馈和动作的逼真可视化。

学生 A 表示，"它提供了一种亲力亲为的方法，你可以对所做的事情得到即时反馈。"学生 B 认为，"这使我能够直观地看到和体验到我最初的答案是错误的，并明白正确答案是施加什么力来保持圆周运动。"还有学生 C 甚至将 VE 活动与他的学习风格联系起来，"我是视觉学习者，通过观察发生的事情而不是思考和试图描绘事情发生的方式来学到更多东西。"

其余 9 名学生对 VE 的评价低于 PS，其中 4 名学生表示他们更喜欢使用传统的问题解决方法，另外 5 名学生不太确定。这 5 名学生还讨论了 VE 学习方法和他们习惯的问题解决练习之间的差异，并提到两种方法都是有用的，在物理教学的不同方面可能有各自的优势。学生 D 提倡使用"问题解决来处理计算问题，用 VE 解决抽象问题"，例如，"如果……会怎样"。学生 E 指出："我一直都在解决问题，但 VE 帮助我看到它是如何工作的，而不是试图去想象它。"在决定如何在这两种学习方法之间做出选择时，情境是一个重要因素。学生 E 总结道："两种方法都对学习过程有益，如果适当地结合使用，就可以让我们更好地理解物理背后的本质。"

三、对研究结果的深度剖析和拓展

（一）基于本案例的深度剖析

①本案例中研究题目的关键词是什么？该项调查想研究什么？
②本案例如何体现研究的重要性、必要性和价值？
③虚拟仿真实验的优势在哪里？为什么会采用虚拟仿真实验进行研究？

④本案例如何评估圆周运动的 VE 的设计在教学中的有效性?
⑤VE 模拟活动分为哪几个阶段? 为什么分成这几个阶段?
⑥本案例的研究结果如何? 如何基于数据结果进行讨论?
⑦关于本案例,你有什么思考? 本案例中的不足之处如何进一步改进?

(二)基于本案例的拓展研究

1. 本案例在研究对象和试题材料上可以改进吗?

参考:试题材料较为单一,研究对象也局限于 52 名工科本科生,数量相对有限。为了增加结论的普遍适用性,测试材料可以涵盖更多的物理知识和不同难度层级的试题,并扩大研究对象的范围。

2. 本案例在研究方法上可以改进吗?

参考:可以在定量分析的基础上辅以定性方法,如访谈和问卷调查等,进一步调查参与者的真实想法,以更加有力的支持研究结果。此外,本研究开发了一个虚拟仿真工具,学生可以像在现实生活中一样施加力,并立即看到其效果。未来将现代技术与教育教学研究相结合,以期探索更多的未知。

思考:根据本案例,你还可以提出什么研究问题?

(三)基于教育技术领域的拓展研究

1. 反思教育技术视角下的物理教学设计

有学者从教学媒体演变的角度,回顾了 20 世纪初以来的媒体演变历程,列举了不同阶段教学设计理论和实践的研究状况,并展望了教学设计教育技术视角的未来发展走向。有学者专注于研究教学设计的技术理性,还有学者对教学设计过程中的问题进行归因分析和对策研究。

随着信息技术的日新月异,虚拟现实技术、人工智能、无线通信技术领域对教学设计的影响还会逐渐凸显,教学设计研究领域必定也会朝着纵深方向发展。

2. 创新基于智能教学环境推动下的教学模式

物联网、云计算、大数据、人工智能等新一代信息技术可以创造智能高效的环境。在智能环境影响下,教育教学的方式发生了变化,因此需要探索新的教学模式。刘邦奇提出智慧课堂教学设计与实施的"5个1框架",即一个实施目标、一套指导理论、一类新型教师、一个新型模式、一种评价方式,亦即以学习者为中心的指导理论。在人机协同的基础上,基于数据的教学评价,实现技术支持的精准教学,实现智能高效的教学。

人工智能技术在教育领域的应用,创设了智能化、数据化、精准化的学习环境,提高了教学的互动性和个性化,为培养学生的知识建构提供了良好条件,推动了教学模式的创新发展。因此,有必要深入探索人工智能在教育和教学中的应用,创新教与学模式,优化教与学过程,提高教育效果。

四、案例教学指导

(一)教学目标

1. 适用课程

本案例适用于《教育研究方法》《物理教育研究方法》《教师专业发展》等课程。

2. 教学对象

本案例适用于学科教学(物理)硕士研究生、课程与教学论(物理方向)硕士研究生、物理学(师范)专业学生及参与教师专业发展的在职教师。

3. 教学目的

①学会如何进行设计和开展物理教育技术研究。
②了解教育技术在国际物理教育中研究的进展和意义。
③培养教学研究中的创新精神和研究素养。

(二)启发思考题

①本案例如何体现研究的重要性、必要性和价值？为什么会提出这个研究问题？
②针对本案例的研究问题,应如何进行研究？如果是你,会如何设计和实施研究？
③该研究设计是否满足研究问题的需要,你认为还有什么需要补充？
④该研究结果如何回应研究问题？用到了哪些统计分析方法？
⑤思考题:基于教育技术解决的论文主题,设计一个新的研究题目,并简单介绍如何开展研究。

(三)分析思路

该案例是一篇涉及教育技术的研究调查。该研究针对学生学习圆周运动的困难,开发了一个虚拟仿真工具来教授圆周运动,较好地引起学生兴趣,能够轻松地改变许多参数；使用该工具,学生可以通过操纵杆直接与实验互动,并实时绘制运动图形来配合不同的力。

研究发现,使用虚拟实验能使学生对这一复杂概念的理解发生重大变化。从评估结果来看,使用这项虚拟实验学习的学生在向心力的概念上取得了显著进步,而在物理教科书的帮助下进行标准解题练习的学生则没有。调查显示,许多学生对VE活动的互动性表示称赞,并认为将

VE融入现有的教育环境中可以让学生更好地理解物理背后的本质。

通过学习该案例,可以帮助学生梳理物理教育技术研究的一般研究思路,聚焦教育技术领域的研究现状和发展情况,引领学生走入教育研究的大门,培养学生的国际视野。

(四)案例分析

1. 相关理论

虚拟实验是指与网络技术、多媒体技术、虚拟仿真和虚拟现实技术,基于平板电脑、手机和其他媒体,建立一系列的虚拟对象和实验环境,这些设施互动软件和硬件的应用程序,允许用户通过这些软硬件设施实现人机交互,在虚拟环境中解决问题或实验项目。虚拟实验具有开放性、互动性和沉浸性,基于网络平台,可以在任何时间和任何地方对任何对象开放使用,创建的虚拟环境可以与操作员进行实时信息交互,创造一种沉浸感。

目前对于虚拟实验在中学物理实验教学中的教学模式研究已经较为全面,与探究实验的结合相对密切,但仿真实验在可视化和交互方面的优势也可以与学生的模型建构能力联系起来。

何颖垚论证了虚拟仿真实验软件在学生建模意识、建模选择、模型的构建与验证、模型分析与拓展几个方面的促进作用。袁伟也关注到了虚拟仿真实验在物理教学中的优势,认为其能更好地帮助学生学习图像的物理意义、展示物理模型探究物理规律。由此可见,虚拟实验除了可以培养学生科学探究能力,在学生建模能力的培养过程中也能提供诸多助力。

2. 关键能力点

(1)构建虚拟实验系统

目前,从技术实现的角度来看,虚拟实验系统的构建可以分为两种方式:一种是完全使用软件进行模拟的方式,另一种是使用软件和硬件的组合方式。这两种方法的主要区别在于,后者在完成虚拟实验仿真时将真实的硬件设置整合到服务器端,而前者则使用所有的软件仿真方法来完成仿真过程。

本案例中采用的OpenGL(open graphics library)是一个跨编程语言、跨平台的编程接口(application programming interface),支持二维、三维图像的生成。OpenGL由约350个函数组成,能够用基础图元绘制复杂的三维场景。与之相对的是Direct3D,专为Microsoft Windows设计。OpenGL广泛应用于CAD、虚拟现实、科学可视化和游戏开发。

(2)数据统计分析能力

为评估学生在前测与后测间的表现变化,本案例采用了配对样本T检验方法。该方法适用于分析同一对象在不同时间点或不同干预下的均值差异,前提是数据需为连续分布且差值接近正态分布。数据统计分析在教育研究中占据关键地位,能有效揭示教育活动或现象的内在规律与特性。

3. 教育技术工作中的探索与创新

(1)运用教育技术解决教学重难点的重要性

21世纪初,全球科技创新与应用推动各行各业加速转型与升级,世界各国教育技术的研发及应用也因此得到了迅猛的发展,但如何在具体内容的教学难点中有效利用技术仍是一件具有挑战的事情。该案例指出学生在二维运动(如圆周运动)中的迷思概念,揭示了原本隐藏在一维情况下学生的学习困难,同时还注意到学生对圆周运动物体所受的合力概念上的困难。因此希望通过开发虚拟仿真实验来帮助学生了解圆周运动背景下力的方向与运动轨迹之间的关系,有助于让学生更好地理解物理背后的本质。

(2)教育技术的创新

在圆周运动的背景下,学生对力和运动的理解因两个概念线索而变得复杂,然而,要纠正学生的错误观念并非易事。该案例创新性地开发和利用交互式虚拟仿真实验,使学生能够通过模拟操纵杆体验力和运动,让他们感受到施加的力,并同时看到其效果。这种逼真的设计可以让学生模仿他们在现实世界中的行为,同时探索力和运动之间的关系,这有助于学生更明确地认识自己存在的迷思。通过这样的探索,学生可以对相关的物理概念形成更加稳固和正确的直观理解。

(五)课堂设计

①时间安排：大学标准课堂4节，160分钟。
②教学形式：小组合作为主，教师讲授点评为辅。
③适合范围：50人以下的班级教学。
④组织引导：教师明确预习任务和课前前置任务。向学生提供案例和必要的参考资料，提出明确的学习要求，给予学生必要的技能训练，便于课堂教学实践的进行，对学生课下的讨论予以必要的指导和建议。
⑤活动设计建议：提前布置案例阅读和汇报任务。阅读任务包括案例文本、参考文献和相关书籍；小组汇报任务包括对思考题的见解、合作的教学设计。小组讨论环节中需要学生明确分工，做好发言记录以及和最后的综合观点记录。在进行小组汇报交流时，其他学习者要做好记录，便于提问与交流。在全班讨论过程中，教师对小组的设计进行点评，适时提升理论，把握教学的整体进程。
⑥环节安排如表8-2所示。

表8-2 课堂环节具体安排

序号	事项	教学内容
1	课前预习	学生对课堂案例、课程设计等相关理论进行阅读和学习
2	小组研读案例、讨论及思考	案例讨论、模拟练习、准备汇报内容
3	小组汇报，分享交流	在进行小组汇报交流时，其他学习者要做好记录，便于提问与交流。在全班讨论过程中，教师对小组的设计进行点评，适时提升理论，把握教学的整体进程
4	教师点评	教师在课中做好课堂教学笔记，包括学生在阅读中对案例内容的反应、课堂讨论的要点、讨论中产生的即时性问题及解决要点、精彩环节的记录和简要评价。最后进行知识点梳理及归纳总结
5	学生反思与生成新案例	学生课后对这堂课的自我表现给予中肯的评价，并进行学生合作式案例再创作

（六）要点汇总

1. 掌握物理教育技术研究的一般思路

教育技术领域的主题随着技术进步而演变，研究方法和范式日趋多样化。当前国际教育技术研究的前沿课题不仅方法多样，还形成了独特的研究模式。因此，教育者需紧跟最新技术发展，更新教育理念，改革教育模式，并将现代技术融入教育教学研究，以探索更多未知领域。在研究方法层面，国际教育技术研究显著趋向实证研究与混合方法的融合，特别是定性与定量方法的结合应用，体现了研究的全面性和深入性。

本案例中，针对学生在物理学习中遇到的概念理解难题，创新性地应用了虚拟实验技术。通过使用 Open-GL 进行基于对象的 3D 渲染，实验结果证明，精心设计的虚拟仿真实验是教授科学难题的有效工具。此外，为了提高学生对教育技术的认识和理解，本案例提供了教学研究实例，鼓励学生进行讨论和思考，以促进理论与实践的结合。

2. 教育技术领域在国际物理教育中的研究进展和意义

以一篇涉及教育技术的研究为本章内容的案例，引进国外的优秀教育研究案例。目前，教育技术界在理论和实践上都认识到信息技术在教学中的重要性，在理论和实践的研究中也取得了一些成就。教育技术领域的主题变化相对受技术发展的影响，研究方法和范式也呈现出多样化的趋势。移动学习、电脑游戏研发、学生参与和学习过程的学习分析等主题是当前国际教育技术研究的前沿主题。通过借鉴国际同行的研究成果和实践经验，以期将教育技术的研究成果和物理教育有机结合。

（七）推荐阅读

[1] 何克抗. 信息技术与课程深层次整合理论 [M]. 北京：北京师范大学出版社，2019：6.

[2] 胡隆. 教育技术学研究方法导论[M]. 上海：上海外语教育出版社,2005：281.

参考文献

[1] 孙丹,李艳,陈娟娟. 国际教育技术研究的热点与前沿——基于五本SSCI期刊(2000—2019年)的文献计量分析[J].现代远程教育研究,2020,32（4）：74—85.

[2] Thomas A, Connolly M, et al. A systematic literature review of empirical evidence on computer games and serious games[J]. Computers & Education,2012,59（2）：661—686.

[3] Papastergiou M. Digital Game-Based Learning in high school Computer Science education: Impact on educational effectiveness and student motivation[J]. Computers & Education,2009,52（1）：1—12.

[4] Weinberger A, Fischer F. A framework to analyze argumentative knowledge construction in computer-supported collaborative learning[J]. Computers & Education,2006,46（1）：71—95.

[5] Wever B D, Schellens T, Valcke M, et al. Content analysis schemes to analyze transcripts of online asynchronous discussion groups[J]. Computers & Education,2006,46（1）：6—28.

[6] Garrison D R, Anderson T. E-Learning in the 21st Century: A Framework for Research and Practice[M]. Routledge,2003.

[7] Kreijns K, Kirschner P A, Jochems W. Identifying the pitfalls for social interaction in computer-supported collaborative learning environments: a review of the research[J]. Computers in Human Behavior,2003,19（3）：335—353.

[8] Liu T Y, Chu Y L. Using ubiquitous games in an English listening and speaking course: Impact on learning outcomes and

motivation[J]. Computers & Education,2010,55（2）:630—643.

[9] Hwang, Gwo-Jen. Definition, framework and research issues of smart learning environments-a context-aware ubiquitous learning perspective[J]. Smart Learning Environments,2014,1（1）:4.

[10] Jonathan B, Aaron S. Flip Your Classroom: Reach Every Student in Every Class Every Day[J]. Christian Education Journal,2012.

[11] 邓鸠洲,孟昭辉.信息技术与高中物理整合研究[J].中国教育信息化,2008（14）:31—34.

[12] 何文斌.信息技术与高中物理课程教学整合的策略探讨[J].科学教育家,2008（3）:217.

[13] 郭根明.信息技术与高中物理概念教学有效整合的模式[D].长春:东北师范大学,2012.

[14] 尹珊珊.以提高教学有效性为目标的信息技术与物理教学整合研究[D].上海:华东师范大学,2010.

[15] 赵丽萍.自组织理论指导下的教学设计思想再构[D].长春:东北师范大学,2006.

[16] 任建.从教学媒体的演变看教学设计的发展历史[J].电化教育研究,2012,33（8）:17—20,27.

[17] 刘邦奇.智能环境下教学模式探索与实践[R].芜湖:第十九届教育技术国际论坛,2020.

[18] 冯晓英,王瑞雪,吴怡君.国内外混合式教学研究现状述评——基于混合式教学的分析框架[J].远程教育杂志,2018,36（3）:13-24.

[19] 王梅.高中化学探究性虚拟实验的设计与开发[D].兰州:西北师范大学,2015.

[20] 许慧艺.虚拟实验在中学物理课堂教学中的应用研究[D].南京:南京师范大学,2018.

[21] 何颖垚.GeoGebra软件在高中物理模型建构教学中的应用研究[D].上海:上海师范大学,2020.

[22] 袁伟.GEOGEBRA辅助高中物理教学研究[D].武汉:华中师范大学,2020.

[23] 杨彦明.网上虚拟实验室建模方法与构建技术研究及系统实现[D].青岛:中国海洋大学,2005.

[24] 王英霞.基于LabVIEW的虚拟实验室的研究与实现[D].天津:

天津理工大学,2007.

[25] 孙丹,李艳,陈娟娟.国际教育技术研究的热点与前沿——基于五本SSCI期刊(2000—2019年)的文献计量分析[J].现代远程教育研究,2020,32(4):74—85.

下篇

第九章 综合案例一

一、概念理解和评价交叉的案例再现

学生测量不确定度学习中知识整合的概念框架评估[①]

摘要：此案例开发了测量不确定度的概念框架，并用于指导开发多项选择概念测试，以评估学生在学习测量不确定度中的知识整合。根据评估数据和访谈结果，将学生划分为新手、中级和专家型三个知识整合水平。不同水平学生的推理路径揭示了从基本的表面水平到深度理解的发展过程，这一过程可以在概念框架中进行映射。这项工作证明了确定一种量化的分类方案来建模知识整合的可能性，以及它在教学和学习中的实用性。总体而言，评估和访谈揭示了学生对测量不确定性理解的共同和持续的困难。此外，不同知识整合水平的学生表现出独特类型的知识状态，这些状态可以在概念框架中表示，使其成为分析不同推理途径和知识结构的有用工具。

关键词：不确定度学习；知识整合；概念框架

[①] 本案例来源于作者的研究成果，引用如下：Chuting Lu, Yating Liu, Shaorui Xu, el.at. Heather Mei, Xiangqun Zhang, Lan Yang, & Lei Bao. Conceptual framework assessment of knowledge integration in student learning of measurement uncertainty[J]. Physical Review Physics Education Research, 2023, 19: 020145.

（一）研究背景

物理教育的一个基本目标是让学生对基本的科学思想有深刻的理解。在过去的几十年里，调查和提高学生的概念理解已经成为物理教育的一个根本目标。然而，许多学生在传统教学后对物理概念缺乏深刻的理解，导致他们难以将所学知识应用于解决创新性问题。传统教学往往倾向于死记硬背，因此学生的学习困难很难通过传统教学来克服，传统教学并不能改变他们从日常经验和先入为主的观念中形成的前概念，而且这些前概念往往与科学概念冲突。

因此，学生可能在熟悉背景的问题上表现良好，他们可以使用较低水平的技能（如解决方案的匹配和记忆方程）来解决这些问题。然而，他们往往无法解决不熟悉背景下的新问题，这需要学生有一个完整的知识结构和更深层次的概念理解。学生的学习行为表现出从新手到专家知识结构的已知特征，这些特征可以根据他们的知识结构构建、激活和链接来建模。

物理学是一门以实验为基础的学科，教授给学生的物理知识有很强的实验基础，这就要求学生对测量中的不确定度有很好的理解。美国物理教师协会明确地将物理教学的目标之一描述为理解科学测量和不确定性的本质。然而，大量学生即使在完成了传统的实验课程后，对测量不确定度也只表现出浅层理解。

传统的实验课程通常为学生提供实验室手册，以验证各种定律，测量特定变量，或者在讲师的帮助下学习使用和熟悉实验仪器。然而，这些测量实践和不确定性概念的预期学习往往难以让学生掌握。因此，传统实验课程中的常规训练任务强化了学生对真值存在的信念；测量中的不确定度被视为误差，而不是所有测量的固有属性。也就是说，学生们普遍认为，原则上可以作出没有任何不确定度的完美测量。

此外，学生通常不理解重复测量的必要性，往往认为重复测量会带来更好的结果，而不理解"更好的结果"实际上意味着什么。在操作中，学生总是将算术平均值视为数据集的最终结果，在比较两个数据集时，这才是最重要的。这些迷思概念往往使学生无法区分随机不确定度和系统不确定度，也无法识别测量中不确定度的不同来源。

所有这些困难都表明，学生在学习测量不确定度时，要实现对不确定度的深刻理解并形成一个完整的知识结构是一个挑战。虽然有一些研究关注的是学生对测量不确定度的理解,但很少有研究者基于知识整合来测量学生的概念理解。

(二)案例描述

1. 为什么进行本研究?

师:理解科学测量和不确定性的本质被美国物理教师协会明确为物理教学目标之一,传统教学和实验课程在一定程度上能帮助学生掌握基本知识。为什么作者要开发测量不确定度的概念框架和多项选择概念测试来评估学生的知识整合能力和深度理解水平呢?

(1) 学生难以深刻理解不确定度概念并形成完整的知识结构

回顾有关测量不确定性的文献和当前课程,传统的教学往往在狭窄的语境中教授测量不确定性,强调随机不确定性和解决随机不确定性的数学计算。因此,系统不确定性通常被视为计算中的未知常数,学生通常侧重于使用重复测量的平均方法分析数据。此外,在教学中经常引入某些经验技巧和特设的方法,例如,总是进行3次测量并取平均值,而没有对其潜在机制有很好的理解,这通常导致学生仅仅记住规则并将其应用于解决问题。

(2) 学生对不确定度的不同看法

大量研究表明,许多学生对测量不确定度的看法很幼稚。有些学生会对测量结果做出武断的判断,忽略不确定度的估计。学生的迷思概念表明,对不同类型的不确定性起源,以及如何处理不确定性以产生有意义的测量结果,甚至缺乏基本的理解。

对于更高级别的学生来说,他们通过在他们的知识组成部分之间建立更多的联系,对不确定性有了更好的理解。然而,这些学生在解释和分析具有多种不确定性来源的测量结果方面仍然存在困难。也就是说,这些学生在使用方程或规则来计算结果方面做得很好,但他们缺乏理解和推理来解释不同来源的不确定性如何影响复杂环境下的测量结果。

此外，许多学生对样本量及其对测量不确定度的影响缺乏基本的了解，甚至难以识别不确定性的主要来源，也难以区分随机不确定性和系统不确定性。这些学生对不同物理情境和不同类型的不确定度的理解也不一致，这表明这些学生的知识结构是碎片化的，因此不同的情境可能会激活不同的局部链接，而这些链接从专家的角度来看可能是不一致的。

（3）概念框架模型评估不同水平学生的理解

为了明确地为学生的知识结构建模，并测量其知识整合的水平，在之前的研究中已开发了概念框架模型。概念框架模型通常由一个作为锚点的核心概念和一系列相关的知识组件（如情境特征和中间推理和过程）组成。概念框架中的情境特征可以激活学生的思路和链接。连接框架的不同语境和概念元素的每一条独特路径都可以说明和模拟学生的学习，这有助于研究人员和教师可视化学生如何构建概念。

初学者和专家之间的知识结构差异可以通过核心概念的使用和不同知识组成部分之间的联系来说明。专家使用核心思想作为锚点，链接相关的知识组件，从而扩展到一个集成的、层次化的知识结构，这种方法将各种各样的情境与核心概念联系起来，可以有意义地、有效地解决不同情况下的问题。相反的，新手往往绕过核心概念，直接将方程或算法与表面特征联系起来，因此他们可以在熟悉的背景下解决问题，但在新情境下往往会失败。

从之前的研究中可以看出，概念框架模型可以作为开发评估工具的操作指南，它可以探测学生知识结构内的不同路径，以揭示他们的知识整合水平。然后，评估结果可以帮助转变课堂教学，强调特定的联系，从而使学生获得更深入的理解，并构建集成的知识结构。

2. 本研究提出了什么问题？

师：文献综述对整篇论文的创作具有举足轻重的作用。通过文献的梳理，我们知道学生形成完整的知识结构的关键在于深刻理解概念本质，大量的研究表明，许多学生在传统教学后难以将所学知识应用于解决新颖的问题，从知识整合理论的角度看，造成这一现状的原因可能是学生缺乏对核心概念的理解。然而，现有的研究一部分关注学生对概念的理解情况，一部分研究记录在学习概念时常见的困难。基于此，我们可以提出什么样的研究问题?

目前的教科书往往侧重于数据处理来解决测量不确定度,较少强调对导致不同类型测量不确定性的机制的概念性理解。同时,很少有研究开发针对学生对测量不确定性基本机制的理解的评估工具。在现有文献中,学生对不确定度的理解是基于数据分析和处理的框架进行分析和解释的。然而,来自现有文献的经验证据也表明,尽管学生能够解决在狭窄的语境中定义的计算问题,但他们对不确定性的本质缺乏基本理解。为了直接解决学生学习困难的根源,可以应用概念框架模型,该模型强调定义核心概念的基本机制。

在本研究中,研究者开发了一个测量不确定度的概念框架,并应用于设计一种评估学生对测量不确定度理解的工具。研究问题如下。

①如何开发一个测量不确定性的概念框架模型,并利用该框架从知识整合的角度分析学生在学习过程中遇到的困难。

②如何应用该概念框架开发评估工具,包括典型和非典型情境,以评估学生的知识整合能力和深度理解水平。

3. 本研究如何设计和实施?

师:研究方案是整个研究的关键,在进行研究之前要详尽了解相关文献情况后制订细致的研究方案。对于上述的研究问题,我们如何来设计研究方案?需要什么工具?

(1)研究材料设计

1)测量不确定度的概念框架

建立概念框架的第一步是根据规范性观点确定核心概念。根据不确定度的定义,测量不确定度的机械起源被定义为核心概念,它由系统干扰和随机过程组成。在测量不确定度的教学和学习中,核心概念与不确定度的来源和用于处理测量产生的各种不确定度的数据分析方法密切相关。

在核心概念的锚定下,测量不确定性的概念框架被开发出来,如图9-1所示,其中包括一系列额外的知识组件,如情境特征、中间推理和操作,以及学生在学习测量不确定性中的不同推理途径。

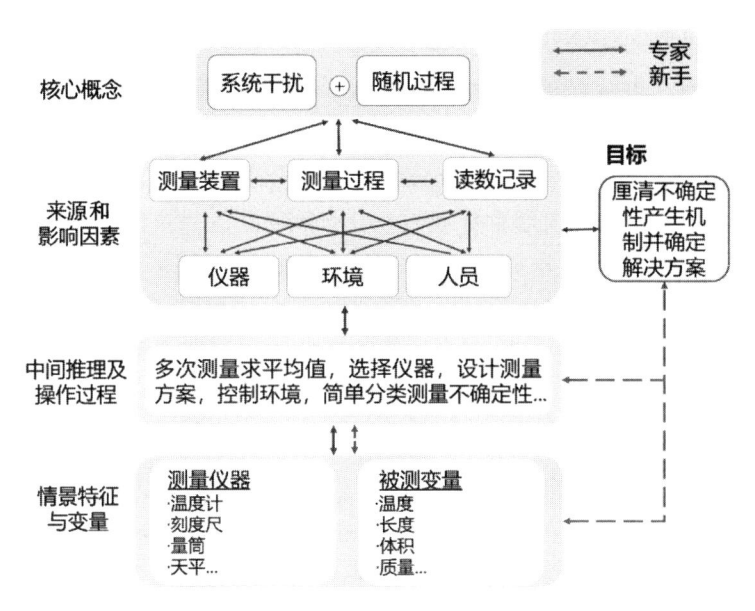

图 9-1 测量不确定度的概念框架

注 实线箭头代表专家的概念路径,虚线箭头代表新手的推理。

如概念框架所示,知识元素(如情境特征、中间推理和不确定性来源)按层次组织,并与核心概念相关联。顶层组件是核心概念,它建立在对不确定性机制的核心理解之上。第二层代表了核心概念在测量设置中可能交互关系的扩展网络方面的具体表达,该网络由不同的不确定性来源(设备、交互测量和读出过程)和影响因素(仪器影响、环境影响和人类互动)组成。

第三层包含中间推理过程和操作程序,包括数学、逻辑和操纵处理。这些推理和数学操作提供了处理测量不确定性的操作规则和程序,这些规则和程序有望与对不确定性起源的理解联系起来。底层由情境特征和变量组成,这些特征和变量通常是问题的设计特征,可以修改以创建不同的问题和任务设置。这一层代表概念框架中最具体的元素,包括情境特征的表面细节,如被测量的特定对象和测量变量,包括温度、长度、体积或质量,以及所涉及的仪器,如温度计、尺子、量筒和天平。

2)测量不确定度的测试

本研究在概念框架的基础上,设计了测量不确定度概念测试,考查学生的知识整合水平,重点考查学生对测量不确定度机制的概念理解。该测试包含 15 个选择题,设计了不同的情境,以针对不同的概念元素和不确定性的核心概念。为了探索学生推理的不同方面,这些问题被设计为 3 种情境和内容配置,包括典型和非典型情境、推理类型和测量设置。

在基本语境特征的基础上,多个语境元素的组合可以提供带有典型和非典型问题的精细设置,以探索学生的深层概念理解。对于测量不确定性的主题,情境特征通常涉及观察者、测量设备和执行测量的不同配置。最基本的情境涉及不同数量的观察者、设备和测量。测量不确定度测试包括 8 种情境配置的设计。值得注意的是,典型或非典型问题的定义依赖于教学,在涉及不同教学的研究中可以有不同的定义。测试共包括 9 个典型问题和 6 个非典型问题。

测量不确定度的推理可以分为 3 类问题。第一类问题要求学生根据给定的任务(如随机的或系统的)识别出一种特定形式的不确定性,称为"是什么"类型的问题。第二类问题也可以要求学生执行一个任务,比如选择一个特定的阅读材料或设备,称为"怎么样"类型的问题。最后一类问题可以要求学生为观察到的不确定性找一个解释或原因,这是"为什么"类型的问题。这些问题设计针对不同的思维路径,对于确定学生概念理解的细节是有用的。具体来说,哪些问题要求学生识别哪些不确定性可以通过问题中提到的操作来提出。

(2)研究对象

评估数据收集自全国 406 名学生,其中有 247 名来自某大型综合性大学的大二学生,159 名来自某高级中学的学生。所有学生此前都在高中物理课程中学习过测量不确定度的相关内容。

(3)研究实施流程

学生们有 40 分钟的时间来完成测试。在完成概念测试后,还对来自同一群本科生的 18 名志愿者进行了访谈。每次访谈大约持续 30 分钟。访谈的目的是确定学生用来回答问题的推理途径,并找出概念框架中哪些环节被使用。在访谈过程中,学生们被要求回顾测试并大声解释他们的答案。额外的后续问题也被要求专门探究学生对系统和随机不确定性起源的理解。

(4)分析方法

在数据分析中,为了便于比较,所有分数都被缩放到 0~1。使用 t 检验、方差分析(ANOVA)和 Cohen's d 效应大小对设计了不同情境特征和推理类型的问题集的学生平均分数进行比较,以确定不同情境和推理设计对学生成绩的显著影响。这些结果被用来确定学生的知识整合水平,并识别学生概念理解的差异和相似之处。

(5)测试的信效度评价

不确定度测试的效度从内容效度和测量效度两个方面进行评估。测试的内容由物理学和物理教育方面的专家团队设计,其中包括3名教师和3名研究生。该设计经历了严格的开发和修订周期,在研究者所在研究机构的其余教师和研究生的多次试验和反馈中进行了多次迭代。最终版本的测试内容已被证明没有科学性错误,并可供设计师和评估人员团队进行测量。

在量表的试测阶段,对80名大学生进行了问卷调查。访谈主要用于检查学生的回答是否与测量的预期结构一致。一致性的评估表明,学生对问题的解释理解与预期的测量设计之间的一致性为94.3%。根据定量评估结果是否与设计的预期结果一致,可以进一步评估额外的测量效度。从研究呈现的结果可以看出,定量评估结果与设计的预期结果吻合得很好。因此,基于访谈和评估结果,可以充分建立测试的测量效度。

评估工具的可靠性通常使用克伦巴赫系数来评估,该系数是基于测试项目之间的一致性计算的。测量不确定度的测试是以情境、推理类型以及测量过程中的设置等多个维度进行设计的。因此,克伦巴赫系数(由于文本的强多维性而产生0.18的小值)不适用于这种情况。信度的原始定义是测试—重测一致性。因此,可以使用拔靴法,通过将整个数据集重新采样到多个子组并比较它们的均值来模拟测试—重测场景。

在这个模拟中,总数据集被随机分成两个亚组,数量为总样本量一半($N = 203$)。然后进行 t 检验,比较两个子组的平均得分。这种重新采样和比较进行了100次,产生的平均 p 值为0.51,平均 Cohen's d 效应大小为0.08。模拟结果表明,测试成绩在测试—重测试运行之间没有统计学意义,平均不确定度相当于标准偏差的8%,这表明建立了令人满意的可靠性水平。

4. 本研究获得什么结果?

师:研究结果是一篇论文的核心,其水平标志着论文的学术水平或技术创新的程度,是论文的主体部分。我们收集到的数据结果可以得出什么样的结论?如何来回应我们的研究问题呢？用到了什么数据分析？

（1）学生在不同问题设计上的表现

1）典型和非典型问题的表现

学生典型和非典型问题的平均分见表9-1，两类题的平均分有显著差异[t（406）= 20.07, p < 0.001, d = 1.36]。为了研究细粒度的表现细节，可以绘制每种情境配置中学生在典型和非典型问题上的平均分数（如图9-2），这表明不同的设计为在广泛的表现水平上评估学生提供了各种各样的困难。

表 9-1 典型与非典型问题得分差异的统计学意义

情境	平均值	标准差	t	p	Cohen's d
典型问题	0.68	0.18	20.07	< 0.001	1.36
非典型问题	0.44	0.17			
总分	0.58	0.13	—	—	—

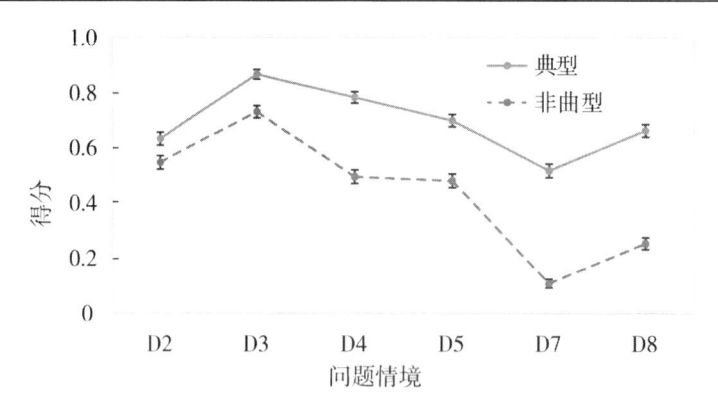

图 9-2 学生在不同情境配置设计中的表现（误差条表示标准误差）

为了检验不同总成绩水平的学生对典型和非典型问题的反应，可以绘制两类问题的得分分布图（如图9-3）。背景是学生总分出现频率的直方图，以显示不同成绩水平学生的分布情况。

对于总分较低的学生（得分 < 0.5 标记为 0.4），典型和非典型问题的得分同样较低，这表明新手的理解水平导致典型和非典型问题的表现都很差。随着总分的增加（0.5 ≤ 得分 < 0.9），典型问题和非典型问题之间的表现差距更加明显，这表明在这个范围内的学生已经开始使用基于

记忆的策略在典型问题上表现良好,但尚未形成对核心概念的良好理解。

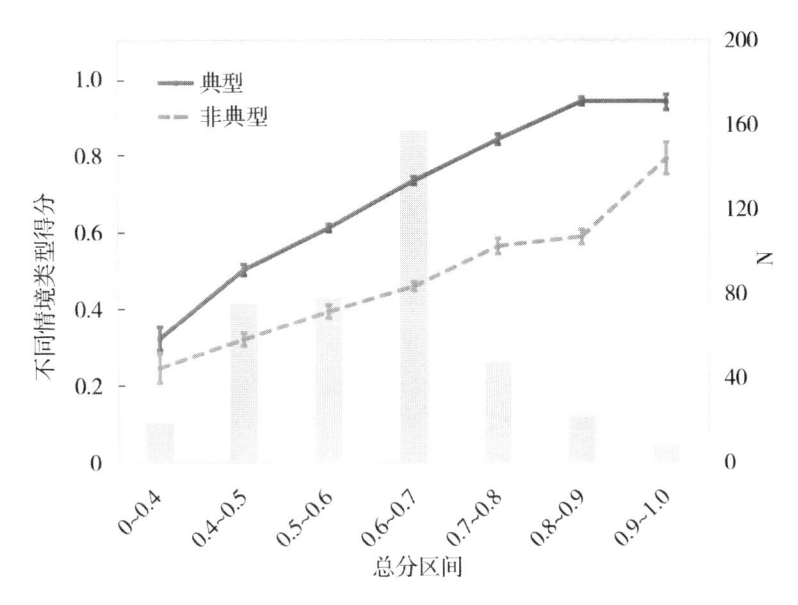

图 9-3　不同总成绩水平的学生在典型和非典型问题的表现(误差条表示标准误差)

随着总分的进一步提高(0.9 ≤ 得分 < 1.0),典型题的表现接近精通,在非典型题上的表现开始有明显提高。在这个水平上,学生将发展出部分集成的知识结构,并对核心概念有一定的理解,这使他们能够成功地解决大多数典型问题,但在许多非典型问题上仍然失败。

最后,得分最高的学生(1.0)在典型问题和非典型问题上的得分之间显示出很小的差异,这表明他们已经对核心概念有了扎实的理解,知识整合得很好。尽管受研究人群的限制,表现优异的学生数量非常少,但也表明,在传统教学中,对核心概念的良好理解往往难以实现。

2)针对不同推理类型问题的表现

表 9-2 是学生在"是什么""怎么样"和"为什么"问题上的得分。评估结果显示,学生在"是什么"问题上得分最高,而在"为什么"问题上得分最低。单因素方差分析显示,三种问题类型之间存在显著差异 $[F(2, 1218) = 54.85, p < 0.001]$,不同题型之间的两两 t 检验更清楚地证明了这一点 $[t_{(是什么-怎么样)}(406) = 6.83, p < 0.001, d = 0.47; t_{(怎么样-为什么)}(406) = 4.10, p < 0.001, d = 0.28; t_{(是什么-为什么)}(406) = 10.38, p < 0.001, d = 0.70]$。为了研究学生在处理测量不确定性时的推理模式,可以绘制不同推理类型(包括是什么、怎么样、为什么)问题的得分分布(如图 9-4)。

表 9-2　学生在是什么，怎么样和为什么问题上的得分

问题类型	问题情境	平均值	标准差
是什么	典型问题	0.66	0.21
怎么样	典型和非典型问题	0.57	0.19
为什么	非典型问题	0.51	0.23

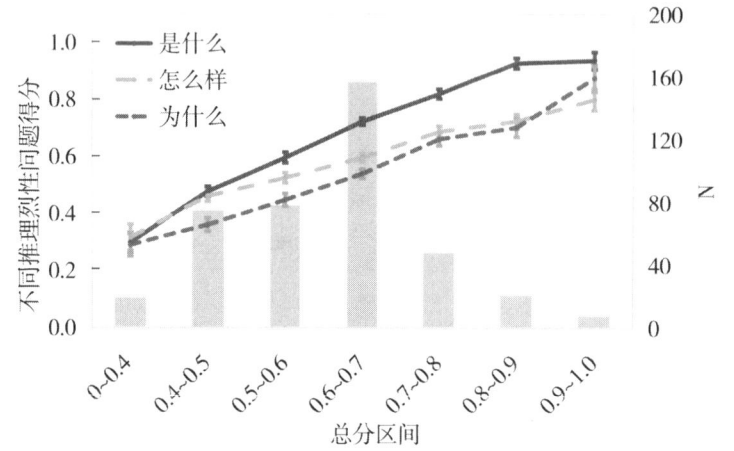

图 9-4　不同总成绩水平的学生在不同推理类型问题的表现（误差条表示标准误差）

"是什么"问题对学生来说相对容易，因为他们可以用基于记忆的策略来解决。而"为什么"的问题难度较高的原因可能是大多数学生还没有通过传统的教学方式对核心概念有更深入的理解。"怎么样"问题揭示了一个有趣的模式，它对于总分低的学生而言像是提问"是什么"问题。

而对于总分较高的学生来说，他们在"怎么样"问题上的表现并没有随着"是什么"问题的出现而提高，相反，他们在"怎么样"问题上的表现与"为什么"问题的表现相似。学生成绩分布的总体趋势与图中典型题和非典型题的表现一致。

总分较低（得分<0.5）的学生由于其新手理解水平，在三种类型题目的问题中表现相似且较差。随着总分的增加（得分=0.5～0.9），三种问题类型之间的表现差距变得更加明显，这表明在这个范围内的学生已经开始使用记忆的是在什么问题上表现良好，但尚未建立对解决"怎么样"和"为什么"问题所需的核心概念的基本理解。

随着总分的进一步提高(得分 > 0.9),"是什么"问题的表现接近掌握,学生在"怎么样"和"为什么"问题上的表现开始有明显提高。最后,得分接近1.0的高分学生在不同类型问题上表现出微小差异,这表明这些学生已经很好地理解了核心概念,知识结构整合良好。

3)对不同数量的观察者、设备和测量问题的表现

在典型的实验室活动和评估中,观察者、设备和测量的数量经常是不同的,以产生不同的实验任务和问题。因此,这些因素对学生成绩可能产生的影响的结果可以为实验指导和评估提供有价值的信息(表9-3)。结果表明,当涉及多个观察者 $[t(406) = 12.33, p < 0.001, d = 0.82]$ 和测量设备 $[t(406) = 5.51, p < 0.001, d = 0.39]$ 时,学生的成绩会下降。然而,测量次数的变化并没有导致任何显著的成绩差异 $[t(406) = 1.06, p = 0.29]$。

这些结果是可以预期的,因为在实验指导期间,学生经常被要求在做实验时进行重复的测量。虽然大多数学生并不完全理解重复测量的原因,但他们熟悉情境,可以使用基于记忆的策略正确解决典型问题。学生则是对包含多个观察者或测量设备的环境不太熟悉。因此,增加观察者和测量设备的数量通常会使学生的问题变得更加困难。

表9-3 学生在涉及单个或多个观察者、设备和测量的问题上的平均得分

问题设计	平均值	标准差	t	p	Cohen's d
单个观察者	0.66	0.18	12.33	<0.001	0.82
多个观察者	0.51	0.18			
单个设备	0.62	0.22	5.51	<0.001	0.39
多个设备	0.54	0.17			
单次测量	0.58	0.19	1.06	0.29	
多次测量	0.57	0.18			

(2)三种知识整合水平的学生推理路径不同

根据典型和非典型问题之间的差距,以及不同推理类型问题之间的差距,可以将三个知识整合水平分类,如表9-4所示。将表9-4给出的分值划分确定为总分与知识整合水平之间匹配的分类方案,并根据面试结果以及评估结果了解不同表现水平学生的实际推理路径。

表 9-4　每个知识整合水平的总分、问题上下文和问题类型得分汇总

知识整合水平	总分	N	典型	非典型	是什么	怎么样	为什么
新手水平	0.0~0.5	48	0.40（0.02）	0.29（0.02）	0.37（0.02）	0.37（0.02）	0.34（0.03）
中级水平	0.5~0.9	350	0.71（0.01）	0.45（0.01）	0.69（0.01）	0.59（0.01）	0.52（0.01）
专家水平	0.9~1.0	8	0.94（0.02）	0.79（0.04）	0.94（0.03）	0.80（0.04）	0.88（0.05）

注　* 标准误差在括号中给出。

1）新手水平（总分＜0.5）

新手学生在所有类型的问题上都表现不佳。在解决问题时，这些学生严重依赖于记忆规则或相关的现实世界直觉。此外，这些学生对核心概念的理解很少，直接将表面特征的元素与他们的回答联系起来。从访谈中可以看出，这一层次的学生在思考降低不确定性的解决方案时，往往依赖于结果重复的想法，认为重复的值是更好的值，表现为对均值法的记忆而没有推理。这些学生不理解系统的不确定性，所以他们通常通过猜测来解决问题。

还有一些新手学生似乎完全缺乏对系统不确定性的理解。总的来说，新手在大多数问题上表现不佳可能与学生支离破碎的知识结构和对核心概念的理解不足有关。

2）中级水平（总分为 0.5～0.9）

该水平的学生表现出一系列行为，但与新手相比，他们在典型和非典型问题上的平均得分均显著高于新手。同时，这些学生在"是什么""怎么样""为什么"问题上的表现也优于新手。这些学生还表现出使用基于记忆的策略和使用核心概念进行有限推理的混合。他们经常根据问题的背景表现出不一致的推理能力。从学生的描述来看，问题语境直接影响推理。

总体而言，与新手相比，中级学生在 Q4 问题上的推理能力有了显著提高，这些学生能够找出温度计不同值的原因。

3）专家水平（总分＞0.9）

这些学生在典型问题和非典型问题上都表现出接近掌握的水平，其中典型问题和非典型问题的水平比起中级学生有显著的升高。同时，他们在"是什么""怎么样""为什么"问题上的表现也优于中级学生。专

家理解建立了一个良好的集成知识结构,使学生能够始终如一地使用核心概念回答典型和非典型问题。

从访谈中了解到,这个层次的学生能够认识到不同不确定性的机制和解决这些不确定性的方法,并都把他们的推理集中在核心概念上。背景因素(如环境条件、观察者和仪器的数量)并没有影响他们在对测量不确定性机制的推理中对核心概念的应用。

5. 如何评价本研究结果?

师:基于结果的讨论是展现作者学术成果和逻辑思维的重要部分,也是学术文章的最大的价值。对于上述的结果,我们可以有怎样的思考?可以从哪些方面入手?

(1)不同知识整合水平的学生有不同的推理路径

本研究开发了测量不确定度的概念框架,以指导学生在学习中的知识整合评估。根据评估数据和访谈结果,将学生分为新手、中级和专家级三个层次。不同层次学生的推理路径揭示了从初级表面水平到深度理解的推理过程,并可以在概念框架中进行映射。

新手水平的学生在大多数问题上表现不佳,并且对不同类型的测量不确定性的机制几乎没有理解。在解决问题时,这些学生经常使用记忆程序,这些程序与特定的情境特征直接相关。因此,他们更多地关注环境的影响(比如他们对Q4和Q7的回答)。他们中的大多数人认为,在不了解潜在机制的情况下,进行重复测量以计算平均值是一项实验要求。

一些人还认为反复出现的值就是正确的结果,这表明他们缺乏对系统不确定性的理解,这在以前的研究中也有报道。这一水平的学生能够使用记忆的运算或规则解决一些简单的典型问题,但通常无法解决更复杂的典型问题和所有非典型问题。

中级水平的学生在典型问题上表现得比新手好,但在非典型问题上表现也相对较差。他们能够超越对解决方案的简单记忆,并表现出对核心概念的一些基本理解,这在他们对一些典型问题的推理中得到了应用。然而,这些学生仍然无法将核心概念应用到非典型问题中,并重新依赖于记忆中的解决方案和过程。具体来说,这些学生经常应用简单的模式匹配规则,例如,考虑到仪器只有系统不确定性,不能以任何方式减少,同时考虑到人类观察会导致随机不确定性,可以通过对重复测量取平均值来减少。

与新手相比,这些学生有一个重要的改进,他们没有认识到测量不确定性的因果关系,而是利用典型问题的核心概念表现出部分推理能力。然而,这些学生在推理中并没有表现出对核心概念的一致使用,他们的推理往往受到问题情境特征的显著影响。

结果表明,学生的知识结构碎片化,这些知识结构仍然在很大程度上以记忆为基础,并在局部与特定的情境特征相关联。因此,这些学生可以回答典型的"是什么"问题和一些"怎么样"问题,但通常不能回答"为什么"问题。

专家级的学生建立了一个更完整的知识结构,围绕着对测量不确定性机制(核心概念)的理解,这使他们能够在不同的背景下通过明确使用核心概念成功地解决问题。这些学生能够正确识别不同类型不确定性的来源,并知道相应的方法来解决这些不确定性。此外,核心概念与他们知识结构中的其他组成部分紧密相连,并一致地应用于所有问题。这个水平的学生能够正确回答所有典型问题和大多数非典型问题。

(2)测量不确定度概念框架的有效性

研究结果表明,测量不确定度的概念框架在表征和建模学生知识结构以及评估学生知识整合方面是有效的。评估结果还显示,传统课程在帮助学生形成对测量不确定度的综合、深入的概念理解方面无效。为促进教与学中的知识整合,建议教师应强调并明确建立测量不确定性的核心概念,并在核心概念与其他知识组成部分之间建立联系,从而使知识结构作为一个集成网络被激活和训练。

在实践中,教师可以演示如何使用核心概念和连接的知识网络来解决熟悉和新颖情境下的问题。此外,有了既定的概念框架,教师可以更多地了解不同知识整合层次学生的知识结构和思维路径的特征,这有助于更好地搭建针对核心概念与其他知识组成部分之间缺失的联系,促进教学中的知识整合。

二、对研究结果的深度剖析和拓展

（一）基于本案例的深度剖析

①本案例中研究题目的关键词是什么？该项调查想研究什么？
②本案例如何体现研究的重要性、必要性和价值？
③研究者是怎样提出两个研究问题？
④该研究是如何开发评估工具的？该评估工具的有效性如何检验？
⑤本案例的研究结果如何？是怎么回答研究问题的？
⑥如何基于数据结果进行讨论？
⑦关于本案例，你有什么思考？本案例中的不足之处如何进一步改进？

（二）基于本案例的拓展研究

1. 该案例在试题材料上可以改进吗？

参考：试题材料设计了3种类型的推理，而中级水平的学生在他们的访谈中展示了广泛的推理途径。测试材料可以针对更深入详细的推理路径开发额外的评估问题。进一步调查学生在涉及使用不同工具的测量问题上解决问题的行为，以便可以检查更多的推理途径。

2. 该案例在研究对象上可以改进吗？

参考：研究对象局限于少量的二年级学生，这限制了对高中级和专家级水平学生的分析范围。研究具有大量高水平学生的人群将是有益的，这样可以更彻底地检查测量不确定度的知识整合的发展进程。

3. 该案例在研究内容上可以改进吗?

参考:从本研究的结果可以看出,经过传统教学,仍有大量学生未能对不确定度有深刻的概念理解。因此,后续可以进一步开发基于概念框架的教学,通过实施新的教学干预,评估并比较其与传统教学的有效性,从而帮助学生理解不确定度的专家核心概念,并应用于各种问题情境中。

思考:根据该案例,你还可以提出什么研究问题?

(三)基于概念理解与评价交叉领域的拓展研究

1. 概念量表已广泛应用于课程设计与教学实践

评价有助于我们了解学生在教学后知道什么和能够做什么,它帮助我们了解课程的哪些方面对学生有效,哪些方面对学生不利,为我们提供了学生在多大程度上达到我们预期的学习成果的证据。作为物理学习的证据,不同形式的标准化评估帮助塑造了过去40年物理教育中发生的许多重大变化。标准化评估在物理教育中被广泛用于衡量各种物理课程的学习成果。

力概念量表(FCI)是物理入门课程中最著名和使用最广泛的标准化评估。它与力和运动概念评估(FMCE)都旨在评估学生对物理入门课程第一学期常见主题的学习情况。在电磁学领域同样开发了电和磁的概念调查(CSEM)和简明电和磁评估(BEMA)量表,以评估学生对物理入门课程第二学期通常教授的主题的学习情况。

这些概念量表为评估教学实践和课程材料提供了直接的、现成的方法。正因如此,它们常被用于评估学生在互动环境中的学习,比较学生在不同环境中的学习,以及调查班级中不同学生群体的不同学习成果。

2. 将AR等信息技术与物理概念教学、评价相结合

在教育领域,随着科技的蓬勃发展,信息技术也开始产生积极的影响。物理材料本身是由具体概念和抽象概念组成的。抽象的物理材料,如电学、磁学和现代物理学,难以形象化,导致学生在检验抽象的物理概念时出现困难,这是让学生认为物理变得困难和无聊的原因。因此,要培养学生对物理学习的概念理解,特别是对抽象物理概念的理解,需要信息技术的辅助。

增强现实(AR)是一种能够帮助和促进学生学习抽象物理概念的学习媒体。一些研究表明,AR在学习中的应用可以对学习产生积极的影响,例如,增加对电主题概念的理解。AR技术的应用可以提高实验技能和改变学生对物理实验室的态度,也可以提高计算机学习的学习动机,促进抽象概念的学习。

3. 跨学科整合

物理学作为自然科学的一个重要分支,其理论和方法在多个科学领域中发挥着关键作用。如在医学、计算机科学和工程学等学科中,物理学的概念和计算方法,无论是基础还是高级,都得到了广泛应用。精心挑选的跨学科教材能够促进学生积极的认知发展,激发他们从自身学科的角度探索物理学概念。

这种跨学科的探索不仅有助于深化对物理学的理解,还能显著提升学生的学习成效。将教材与恰当的教学方法相结合,可以使基础物理课程的学习成为终身学习过程中的一部分,具有实际应用价值和深远意义。

(四)可研究问题的建议

1. 评估工具的开发与应用

评价是学习不可分割的一部分。在学习的背景下,评价意味着收集

关于学习过程和学生学习结果的各种信息,以确定学习中需要做出的决策。尽管现在的物理学习目标是发展高阶思维能力,但是物理概念理解能力仍然十分关键,它是学生解决物理问题所必需的能力。然而在现实中,学生概念框架的薄弱可能是解决问题的主要障碍。

识别学生迷思概念的方法之一是进行诊断性评估。诊断性评估用于确定学生在学习概念方面的优势和劣势,然后对学生和教师进行反馈。诊断性评估也侧重于关注学生在学习一个概念时所经历的困难。诊断评估结果可作为确定适当行动的基础,以最大限度地提高学习过程。

研究可以关注于如何通过各种评估工具,促进学生对物理概念的深度理解和迁移能力,还可以探讨基于问题解决、实验设计和情景模拟等方式,提升学生在不同情境下应用物理概念的能力。关注学生对这些评估工具的接受度,以及它们在评估学生理解程度时的作用。

2. 优化概念理解教学与评价的方法和技术

教与学是一个非常复杂的过程。它们取决于许多不同的因素,如教师和学生所提供的活动和经验。教学方法可以被定义为教师在教授时使用的教学意图和策略的复杂组合。

教师在设计课程时可以选择的方法有很多种,并且已经证明教师的教学方法会影响学生学习的方法。在传统的以教师为中心的课堂中,学生往往是被动接受理论性和抽象性的知识,尽管教师希望学生通过他们设置的问题来培养解决问题的能力和科学推理能力,但相关的物理教育研究一再证明,学生很少获得这些更高层次的认知技能。

先前的分析表明,学生倾向于将物理学视为一组事实,并认为解决问题包括找到正确的公式。这是由于传统的物理教学方法是教会学生将数据代入一个公式中——这种方法已被证明会导致肤浅的概念理解。各物理教育研究团队已经证明了激发学生能动性的教学方法的重要性,在这些教学方法中,学生参加与他们所学的每个主题相关的学习目标的活动。这些活动旨在考虑学生可能遵循的各种推理过程以及他们可能遇到的任何推理困难。

研究可以关注于各种教学方法和教学策略在物理教育中的应用,特别是这些方法、策略如何帮助学生更直观地理解复杂的物理概念。还可以探讨这些方法、策略在课堂教学中的实施效果,关注包括对比不同教学策略的有效性,以及针对不同水平的学生如何选择教学方法和策略帮助其理解和迁移能力。

3. 设计跨学科项目

由于大型和复杂的问题无法在单一领域完全解决,科学领域跨学科工作的需求越来越大。因此,尝试或准备跨学科的物理教育,对于满足这些需求是很重要的。跨学科的概念是指将来自多个学科的概念和/或技能进行组合或整合,以解决混乱和结构不良的问题。各高中和高校隐藏着丰富的教育资源,这些资源可以整合学生的 STEM 基础领域以及跨学科项目,以一种无法轻易复制的方式提供实际的行业应用经验。

研究可以关注物理学与其他学科(如数学、化学、生物学等)的交叉学习与评估方法。可以探讨如何通过跨学科项目和任务,促进学生对物理概念的理解,增强其综合应用能力。研究还可以涉及如何编制教材、设计跨学科评估工具,以准确衡量学生在不同学科间迁移和整合知识的能力。

三、案例教学指导

(一)教学目标

1. 适用课程

本案例适用于《教育研究方法》《物理教育研究方法》《教师专业发展》等课程。

2. 教学对象

本案例适用于学科教学(物理)硕士研究生、课程与教学论(物理方向)硕士研究生、物理学(师范)专业学生及参与教师专业发展的在职教师。

3. 教学目的

①学会如何进行设计和开展物理教育调查类研究。
②了解概念理解和评价在国际物理教育中研究的进展和意义。
③培养研究中的创新精神和研究素养。

(二)启发思考题

①本案例如何体现研究的重要性、必要性和价值？为什么会提出这2个研究问题？
②针对本案例的研究问题,应如何进行调查？如果是你,会如何开展调查？
③该研究设计是否满足研究问题的需要,你认为还有什么需要补充？
④该研究结果如何回答研究问题？用到了哪些统计分析方法？
⑤思考题：基于物理概念理解和评价的论文主题,设计一个新的研究题目,并简单介绍如何开展研究。

(三)分析思路

该案例是一篇涉及概念理解和评价的研究调查。该研究为了评估学生在学习测量不确定度中的知识整合程度,开发了测量不确定度的概念框架,并用于指导开发多项选择概念测试。根据评估数据和访谈结果,将学生划分为新手、中级和专家型三个知识整合水平。不同层次学生的推理路径揭示了推理从基本的表面水平到可以在概念框架中映射的深刻理解的进展。这项工作证明了确定定量分类方案来建模知识整合的可能性,以及它在教学和学习中的实用性。

总体而言,评估和访谈揭示了学生对测量不确定性理解的共同和持续的困难。此外,不同知识整合水平的学生表现出独特类型的知识状态,这些状态可以在概念框架中表示,使其成为分析不同推理途径和知识结构的有用工具。通过学习该案例,可以帮助学生梳理物理教育调查类的一般研究思路,关注问题解决领域的研究现状和发展,引领学生走入教育研究的大门,培养具有国际视野的学生。

(四)案例分析

1. 相关理论

(1)知识整合模型

知识整合(knowledge integration)是指学生通过整合新的想法、经验和信息来发展他们的认知结构和学科思维方式的学习过程。知识整合强调学习者在学习过程中会产生多个相互冲突或令人困惑的观念,因此学生需要展现对科学现象的深刻理解、连贯思考和分析能力,以形成更完整和联系的学科知识结构。

(2)概念框架模型

概念框架模型(the conceptual framework model)是以一个核心概念为锚点来连接相关知识而组成的,包括情境特征和中间推理与过程,可以作为一种操作性工具指导评估教学和知识整合过程。

这种知识结构能够显著地区分专家型学习者和新手型学习者的思维路径,专家型学习者能够运用核心概念作为锚点形成一个整合且分层的知识结构,并且能够始终应用核心概念解决各种情境中的问题。而新手型学习者通常会直接将情境的表面特征与任务目标联系起来,因此只能解决熟悉情境下的问题。

2. 关键能力点

(1)开展教育调查类研究的能力

具备开展研究的能力和良好的量化研究方法素养对教育研究者具有重要意义。学生需要加强基础研究意识和方法论的培养,提高逻辑分析能力和统计应用技能的训练。该案例展示了通过开发测量不确定度的概念框架和多项选择概念测试,并用以评估学生在学习测量不确定度中的知识整合程度的研究过程。通过该案例的学习,学生应了解实证研究是一种通过观察、实验或对研究对象的调查来分析和解释收集到的数据或信息的研究方法,掌握开展教育调查类研究的一般方法。

（2）开发测量工具能力

开发测量工具的能力涉及对教育测量学和心理测量学原理的深刻理解,以及在实际应用中设计、实施和评估测量工具的技巧。这包括明确测量目的、构建理论框架、编写题目、进行专家评审、分析数据以确保信度和效度、标准化评分过程、解释结果,并根据反馈进行持续改进。

本研究的测量不确定度的概念框架开发,涉及对测量结果的准确性和可靠性的评估,这在教育测量中尤为重要,因为教育测量的结果常常用于评价学生的学习成效和教育干预的效果。而多项选择的概念测试则是一种具体的测量工具,可以用来评估个体对特定概念的理解和掌握程度。

（3）数据统计分析能力

掌握数据统计分析能力不仅有利于培养教育研究者思辨的逻辑分析能力,而且有利于培养其深入分析数据的统计学能力。在该案例中,研究者运用了 t 检验、方差分析（ANOVA）和 Cohen's d 效应大小对设计了不同情境特征和推理类型的问题集的学生平均分数进行比较,以确定不同情境和推理设计对学生成绩的显著影响。

数据统计分析是教育研究方法论体系中非常重要的数据分析方法,它有助于表明教育活动或现象的特点和规律。目前,在国际教育研究方法领域,统计分析已成为保障实施教育研究的重要工具。

3. 概念理解与评价工作中的探索与创新

（1）教育研究中发现可研究问题的重要性

通过文献综述理解研究的概念、体现论文价值和研究重要性,从而找到研究问题是学生必备的科研技能之一。该案例中帮助学生深刻理解不确定度的本质,形成完整的知识结构,挖掘学生在传统教学过程中的学习困难是教师的重要教学目标之一。

概念框架模型是否能更有效地帮助学生克服学习困难,使学生在概念理解等方面取得更好地学习效果,以及如何在此基础上给予教学指导等问题都值得进一步研究。

此外,不同知识整合水平的学生表现出独特类型的思维路径,这些思维路径可以在概念框架中表示,使其成为分析不同推理途路径和知识结构的有用工具。因此,通过这种方法,研究者能够识别教师在物理问题解决中的薄弱环节,并提供针对性的培训和支持。

（2）研究设计的创新

发现问题与创新密切相关,发现问题是一种创新,创新能解决我们发现的问题。本案例的研究设计不仅在理论上具有创新性,还在实际教学中具有重要的应用价值。

此案例证明了确定定量分类方案来建模知识整合的可能性。这一方案通过结合概念测试结果,提供了一种新的方法来量化和分析学生的知识整合水平。

研究结果显示,不同知识整合水平的学生表现出独特的知识状态,这些状态可以在概念框架中表示,使其成为分析不同推理途径和知识结构的有用工具。进一步详细分析学生的知识整合过程,教育者可以有针对性地设计教学策略,帮助学生克服学习中的困难,提升他们的概念理解和应用能力。

（五）课堂设计

①时间安排:大学标准课堂4节,160分钟。
②教学形式:小组合作为主,教师讲授点评为辅。
③适合范围:50人以下的班级教学。
④组织引导:教师明确预习任务和课前前置任务,向学生提供案例和必要的参考资料,提出明确的学习要求,给予学生必要的技能训练,便于课堂教学实践,对学生课下的讨论予以必要的指导和建议。
⑤活动设计建议:提前布置案例阅读和汇报任务。阅读任务包括案例文本、参考文献和相关书籍;小组汇报任务包括对思考题的见解、合作的教学设计。小组讨论环节中需要学生明确分工,做好发言记录以及形成最后的综合观点记录。在进行小组汇报交流时,其他学习者要做好记录,便于提问与交流。在全班讨论过程中,教师对小组的设计进行点评,适时提升理论,把握教学的整体进程。

⑥环节安排如表 9-5 所示。

表 9-5　课堂环节具体安排

序号	事项	教学内容
1	课前预习	学生对课堂案例、课程设计等相关理论进行阅读和学习
2	小组研读案例、讨论及思考	案例讨论、模拟练习、准备汇报内容
3	小组汇报，分享交流	在进行小组汇报交流时，其他学习者要做好记录，便于提问与交流。全班讨论过程，教师对小组的设计进行点评，适时提升理论，把握教学的整体进程
4	教师点评	教师在课中做好课堂教学笔记，包括学生在阅读中对案例内容的反应、课堂讨论的要点、讨论中产生的即时性问题及解决要点、精彩环节的记录和简要评价。最后进行知识点梳理及归纳总结
5	学生反思与生成新案例	学生课后对这堂课的自我表现给予中肯的评价，并进行学生合作式案例再创作

（六）要点汇总

1. 概念理解和评价融合的一般研究思路

掌握物理教育实证研究（物理教育调查）通常遵循以下一般研究思路，以确保研究的系统性和科学性：明确研究问题与目标，进行文献综述，制定研究方法方案，收集分析数据，总结结论与建议，进行反思与改进。当前，教育研究范式常被分为思辨、实证和行动研究范式，其中实证研究范式又可分为质性、量化和混合 3 种亚范式。

本章案例采用的数据统计分析方法是量化研究。量化研究即对事物可以量化的部分进行测量和分析，以检验研究者自己关于该事物的某些理论假设，在调查过程中要求调查目的明确，选样方法科学，收集手段多样，统计方法合理。此外，在定量分析的基础上加入了定性方法——访谈为辅，进一步调查学生的思维路径，以更加有力地支持了数据分析得出的结果。

2. 概念理解和评价融合在国际物理教育中的研究进展和意义

本章以概念理解和评价相结合的案例研究为基础,融合国际上相关实例,指导学生在国际研究的前沿探索教育教学研究的创新思路和方法。将概念理解和评价领域融合可以帮助学生从表层学习转向深度学习,教师可以准确了解学生的理解水平,及时提供针对性的指导,帮助学生建立科学的概念框架。通过评估学生在不同情境下应用物理概念的能力,教师可以帮助学生将所学知识迁移到新的情境中,提高他们解决实际问题的能力。这不仅提高了教学的针对性和有效性,也为个性化教学提供了可能。

综上所述,概念理解与评价的融合在国际物理教育中的研究进展和意义重大。它不仅提升了学生的学习效果,改进了教学方法,支持了教育公平,还推动了教育研究的发展。随着信息技术的不断进步,未来在这一领域的研究将会更加深入和广泛,为物理教育带来更多的创新和变革。

(七)推荐阅读

[1] 阿伦.C 奥恩斯坦,等.当代课程问题[M].3 版.杭州:浙江教育出版社,2004:179.

[2] 莫里斯 L 比格.学习的基本理论与教学实践[M].北京:文化教育出版社,1984.

参考文献

[1] National Research Council. Knowing what students know: The science and design of educational assessment[M]. National Academies Press, 2001.

[2] National Research Council, Division on Engineering, Physical

Sciences, et al. Adapting to a changing world: Challenges and opportunities in undergraduate physics education[J]. National Academies, 2013.

[3] McDermott L C, Redish E F. Resource letter: PER-1: Physics education research[J]. American journal of physics, 1999, 67（9）: 755—767.

[4] Meltzer D E, Thornton R K. Resource letter ALIP-1: active-learning instruction in physics[J]. American journal of physics, 2012, 80（6）: 478—496.

[5] Beichner R, Bernold L, Burniston E, et al. Case study of the physics component of an integrated curriculum[J]. American Journal of Physics, 1999, 67（S1）: S16—S24.

[6] Etkina E, Van Heuvelen A. Investigative science learning environment-A science process approach to learning physics[J]. Research-based reform of university physics, 2007, 1（1）: 1—48.

[7] Crouch C H, Mazur E. Peer instruction: Ten years of experience and results[J]. American journal of physics, 2001, 69（9）: 970—977.

[8] Chabay R, Sherwood B. Computational physics in the introductory calculus-based course[J]. American Journal of Physics, 2008, 76（4）: 307—313.

[9] Hestenes D, Wells M, Swackhamer G. Force concept inventory[J]. The physics teacher, 1992, 30（3）: 141—158.

[10] Thornton R K, Sokoloff D R. Assessing student learning of Newton's laws: The force and motion conceptual evaluation and the evaluation of active learning laboratory and lecture curricula[J]. american Journal of Physics, 1998, 66（4）: 338—352.

[11] Maloney D P, O'Kuma T L, Hieggelke C J, et al. Surveying students' conceptual knowledge of electricity and magnetism[J]. American Journal of Physics, 2001, 69（S1）: S12—S23.

[12] Ding L, Chabay R, Sherwood B, et al. Evaluating an electricity and magnetism assessment tool: Brief electricity and magn-etism assessment[M]. Phys. Rev. ST Phys. Educ. Res. 2006, 2: 010105.

[13] Madsen A, McKagan S B, Sayre E C. Resource letter RBAI-1: Research-based assessment instruments in physics and astronomy[J]. American Journal of Physics,2017,85（4）:245—264.

[14] Hake R R. Interactive-engagement versus traditional methods: A six-thousand-student survey of mechanics test data for introductory physics courses[J]. American journal of Physics,1998,66（1）:64—74.

[15] Freeman S, Eddy S L, McDonough M, et al. Active learning increases student performance in science, engineering, and mathematics[J]. Proceedings of the national academy of sciences,2014,111（23）:8410—8415.

[16] Brewe E, Sawtelle V, Kramer L H, et al. Toward equity through participation in Modeling Instruction in introductory university physics, Phys[J]. Rev. ST Phys. Educ. Res.,2010,6:010106.

[17] Kohlmyer M A, Caballero M D, Catrambone R, et al. Tale of two curricula: The performance of 2000 students in introductory electromagnetism[J]. Physical Review Special Topics—Physics Education Research,2009,5（2）:020105.

[18] Caballero M D, Greco E F, Murray E R, et al. Comparing large lecture mechanics curricula using the Force Concept Inventory: A five thousand student study[J]. American Journal of Physics,2012,80（7）:638—644.

[19] Lorenzo M, Crouch C H, Mazur E. Reducing the gender gap in the physics classroom[J]. American Journal of Physics,2006,74（2）:118—122.

[20] Madsen A, McKagan S B, Sayre E C. Gender gap on concept inventories in physics: What is consistent, what is inconsistent, format? and what factors influence the gap?[J]. Physical Review Special Topics—Physics Education Research,2013,9（2）:020121.

[21] Nasrulloh I, Ismail A. Analisis kebutuhan pembelajaran berbasis ICT[J]. Petik: Jurnal Pendidikan Teknologi Informasi Dan

Komunikasi,2017,3(1): 28—32.

[22] Ismail A, Gumilar S, Amalia I F, et al. Physics learning media based Augmented Reality (AR) for electricity concepts[C]//Journal of Physics: Conference Series. IOP Publishing,2019,1402(6): 066 035.

[23] Ismail A, Festiana I, Hartini T I, et al. Enhancing students' conceptual understanding of electricity using learning media-based augmented reality[C]//Journal of Physics: Conference Series. IOP Publishing,2019,1157(3): 032049.

[24] Akçayır M, Akçayır G, Pektaş H M, et al. Augmented reality in science laboratories: The effects of augmented reality on university students' laboratory skills and attitudes toward science laboratories[J]. Computers in Human Behavior,2016,57: 334—342.

[25] Abd Majid N A, Mohammed H, Sulaiman R. Students' perception of mobile augmented reality applications in learning computer organization[J]. Procedia-Social and Behavioral Sciences,2015,176: 111—116.

[26] Wu H K, Lee S W Y, Chang H Y, et al. Current status, opportunities and challenges of augmented reality in education[J]. Computers & education,2013,62: 41—49.

[27] Keevil S F. Physics and medicine: a historical perspective[J]. The Lancet,2012,379(9825): 1517—1524.

[28] Maris P, Sosonkina M, Vary J P, et al. Scaling of ab-initio nuclear physics calculations on multicore computer architectures[J]. Procedia Computer Science,2010,1(1): 97—106.

[29] Serway R A, Jewett J W, Peroomian V. Physics for scientists and engineers[M]. Philadelphia: Saunders college publishing,2000.

[30] Handhika J, Cari C, Soeparmi A, et al. Student conception and perception of Newton's law[C]//AIP Conference Proceedings. AIP Publishing,2016.

[31] Harlow J J B, Harrison D M, Meyertholen A. Correlating student interest and high school preparation with learning and performance

in an introductory university physics course[J]. Physical Review Special Topics-Physics Education Research,2014,10（1）：9.

[32] Geller B D,Turpen C,Crouch C H. Sources of student engagement in Introductory Physics for Life Sciences[J]. Physical Review Physics Education Research,2018,14（1）：010118.

[33] Anderson L W. Classroom assessment: Enhancing the quality of teacher decision making[M]. New York: Routledge,2003.

[34] Zhao Z. An overview of studies on diagnostic testing and its implications for the development of diagnostic speaking test[J]. International journal of English linguistics,2013,3（1）：41.

[35] Pramesti Y S, Mahmudi H, Setyowidodo I. Using three-tier test to diagnose students' level of understanding[C]//Journal of Physics: Conference Series. IOP Publishing,2021,1806（1）：012013.

[36] Hegde B, Meera B N. How do they solve it? An insight into the learner's approach to the mechanism of physics problem solving Physical Review Special Topics-Physics Education Research, 2012,8（1）：010109.

[37] Cao Y, Postareff L, Lindblom-Ylänne S, et al. Teacher educators' approaches to teaching and connections with their perceptions of the closeness of their research and teaching[J]. Teaching and Teacher Education,2019,85：125—136.

[38] Trigwell K, Prosser M, Waterhouse F. Relations between teachers' approaches to teaching and students' approaches to learning[J]. Higher education,1999,37（1）：57—70.

[39] Guisasola J, Zuza K. A physics curriculum for the modern world[J]. nature physics,2024,20（3）：342—344.

[40] McDermott L C. Oersted medal lecture 2001: "Physics Education Research—the key to student learning"[J]. American Journal of Physics,2001,69（11）：1127—1137.

[41] Zuza K, Garmendia M, Barragués J I, et al. Exercises are problems too: implications for teaching problem-solving in introductory physics courses[J]. European Journal of Physics,2016,37（5）：055 703.

[42] Bae S. Chaos. A topic for interdisciplinary education in physics[J]. European journal of physics,2009,30（4）:677.

[43] Kimm H,Chaffers A. Interdisciplinary Internship Projects Utilizing Legacy Robotic Equipment under Budget Constraints at a Small-sized Institution[C]//2019 IEEE Integrated STEM Education Conference（ISEC）. IEEE,2019:177—182.

[44] Clark,D,Linn,M. C. Designing for Knowledge Integration:The Impact of Instructional Time. Journal of the Learning Sciences, 2003,12（4）,451—493.

[45] Linn M C. The knowledge integration perspective on learning and instruction. In R. K. Sawyer(Ed.)[M]. Nwe York:Cambridge Vniversity Press,2006.

[46] Xie L,Liu Q,Lu H,et al. Student knowledge integration in learning mechanical wave propagation[J]. Physical Review Physics Education Research,2021,17（2）:020122.

[47] 马勇军,姜雪青,杨进中. 思辨、实证与行动:教育研究的三维空间[J]. 中国教育科学(中英文),2019,2(5):111—122.

第十章 综合案例二

一、态度与信念和评价的交叉的案例再现

开发和验证一种评估学生STEM身份认同的工具[①]

摘要：尽管对STEM（科学、技术、工程和数学）专业人员的需求很高，但STEM人才仍在继续流失。STEM身份认同框架可以深入了解个人参与STEM相关活动的原因和程度。本研究描述了开发和验证用于评估学生STEM身份的工具的过程。该工具是以科学身份的概念框架为基础创建的，旨在将学生STEM身份概念化，并扩展STEM身份模型。通过专家评审、小规模试测、学生访谈和大规模现场测试，对这种开发工具进行了检查。本研究涉及我国10个地区的2 100名初高中学生。因子分析和Rasch分析提供了信度和效度的证据。最终的工具包含四个维度：认可、归属感、表现和能力以及兴趣。我们的研究结果为信度和效度提供了多组证据，支持了该工具的适当结构。它表现出很强的心理测量特性，可用于评估学生STEM领域的可持续性。

关键词：身份认同；模型；教学；效能；见解

[①] 本案例来源于作者的研究成果，引用如下：Sijia Liu, Shaorui Xu, Qiuye Li, et al. Development and validation of an instrument to assess students' science, technology, engineering, and mathematics identity[J]. Physical Review Physics Education Research, 2023, 19: 010138.

（一）研究背景

随着现代社会与科学技术发展的紧密结合，STEM（科学、技术、工程和数学）教育对我们的日常生活产生了重要影响。STEM劳动力已被全球认为是维持和提高国家竞争力以应对未来机遇和挑战的最重要方式。尽管对STEM专业人员的需求很高，但STEM人才流失问题仍然存在。学生的STEM身份认同已被确定为一个重要的结构，对他们的学习参与、职业抱负和STEM的可持续发展产生积极影响。已经确定，STEM身份认同是高中生攻读STEM本科专业最准确的预测指标。因此，培养学生的STEM身份认同一直是教育领域重点关注的问题。

在过去的10年中，关于科学和以科学相关学科的身份发展的文献越来越多。这些研究包括根据个人过去的生活经历、特定情境的身份和多种身份视角（如性别、种族等）对自己的看法进行研究。其他研究则侧重于身份认同对未来职业选择的影响，研究人员也考虑了个体如何描述自己是谁以及为未来选择所做的努力。Carlone和Johnson提出了一个三维程度的科学身份框架，包括学业成绩、能力和认知。

这些相互关联的视角构成了个人叙述其科学身份特征的方式。Hazari等人（2022）认为兴趣是一种新的身份建构。Hazari等人（2015）和Verdín都强调归属感在学生的身份认同中起着关键作用。尽管在教育背景下的定性和定量研究认为，个人对STEM身份认同与其他基于内容的领域认同一致，但目前尚没有基于理论的定量模型来评估学生的STEM身份认同。

（二）案例描述

1. 为什么要进行本研究？

师：该案例想要开发一种工具来衡量青少年学生的STEM身份认同评估工具。我们知道，尽管对STEM专业人才的需求持续增加，但很多学生在学习过程中转向非STEM领域或在学业早期就放弃了STEM学科。这种现象可能与学生缺乏对 STEM 身份的认同有关。在你看来，STEM 身份认同对学生未来的职业选择和发展有何影响？在该案例中，作者为什么要开发这种工具以及开展这项研究对培养 STEM 人才有什么意义？

（1）身份认同研究

身份是一个复杂的社会文化概念，由个人根据他们与他人的互动以及他们互动的环境来决定。在教育文献中，身份被定义为在特定背景下被认可为某种"人"。因此，在 STEM 中创建角色身份是通过个人与环境的持续互动而不断建构和重塑的。STEM 身份不是固定的，其轨迹可能会随着时间的流逝而动态变化。此外，STEM 身份是通过学生的日常实践在社会上建构的。

在情境学习框架中，学生在学校的生活经历以及与家人的社交互动可以帮助他们发展和转变他们的 STEM 身份。学生在学习 STEM 知识时，不仅通过与科学现象的实际互动来理解概念，还通过与他人的交流和讨论来深化这些理解。这个过程不仅帮助学生掌握学科知识，还在潜移默化中塑造了他们在 STEM 领域的身份认同。

研究表明，学生如何了解别人对自己的看法（感知到的其他评价）更多地取决于他们如何看待自己（自我形象），而不是别人对他们的实际评价。换句话说，人们如何看待自己会强烈影响他们在与他人互动时的行为。

身份理论认为，个人的身份塑造了他们的选择和行为。它可能是一种包容性的身份，产生不同程度的参与；也可能是一种边缘化身份，产生不同程度的拒绝或排斥。青少年越是将自己视为 STEM 人士，他或她就越有可能继续学习 STEM 并在未来从事与 STEM 相关的职业。

根据期望价值理论（EVT），学生的成就相关活动应该通过他们对自己在活动中表现的信念和他们对活动的重视程度之间的相互作用来解释。当学生有强烈的认同感时，他们会在与学习相关的内容上投入更多，从参与到认为投入更有价值的发展过程保持了 STEM 学习的可持续性。

先前的研究探讨了 STEM 身份认同与持久性和职业目标等结果的正相关关系。此外，学生在课堂上建立概念理解时的互动不仅塑造了 STEM 认同，而且通过发展学科关系作为身份的一部分来影响学习质量。

（2）STEM 身份认同的框架建构

在 STEM 背景下,已经出现了各种理解身份的方法,这些方法侧重于个人对他们认为自己与广泛学科(如科学)或特定 STEM 学科(如物理学)相关的人的看法。本研究是在系统回顾 STEM 身份文献的基础上,准确测量 STEM 身份的建构。为了在研究中概念化 STEM 身份,对相关文献进行了评估以确定维度的重要程度。

Vincent-Ruz 和 Schunn 提出,个人的科学身份由个体内部的自我看法和对外部他人的看法组成。他们发现,科学身份与其他态度结构是截然不同的。另一个经常被引用的概念来自 Eccles 等人的研究,他们将身份形成作为成就相关选择的期望——价值模型的一部分。各种社会和心理因素(如个人信仰、经验和能力)会影响个人对成功的期望以及他们对可用任务选项的重视。

上述所有因素都会影响个人做出的决定和选择,例如参加 STEM 课程或从事 STEM 职业。Gee 认为身份是教育研究的分析视角,根据 Gee 的认同理论,Carlone 和 Johnson 最初提出,科学身份是一个三维结构,包括学生的能力(指理解科学内容知识的能力)、认可(即一个人被自己和/或他人认可为科学人)和表现(作为科学公共领域和科学文化中相关科学实践的社会表现)。

Hazari 等人首先扩展了 Carlone 和 Johnson 的模型,补充了兴趣维度,并将表现和能力结合为一个维度。修改后的模型包括物理学"兴趣"的构建,这与班杜拉对社会认知理论(SCT)的改编一致。SCT 认为,与自我效能感相关的因素(如表现能力)和与兴趣相关的因素之间存在某种关系。对于尚未投身特定专业或职业的学生来说,他们的兴趣对于他们想成为什么样的人至关重要。

该模型还在不同的 STEM 学科中得到了验证(包括生物学和化学、数学、工程学和计算机科学)。Verdín 研究了如何通过兴趣、认可、表现和能力信念之间的相互作用来发展工程身份,并建立归属感来支持学生对工程学的持久信念。

结果表明,当学生体验到归属感时,他们有可能产生更强的认同感。Hazari 等人在物理学环境中使用了类似的身份结构,他们发现,对于高年级(即大学四年级或更高年级)的女性物理学家来说,归属感支持她们对自己作为物理学人的信念。因此,学生的 STEM 认同框架涉及四个维度:①认可,②表现和能力,③兴趣,④归属感。

①认可既是身份发展所需的外在表现,也是内在状态。Gee 指出,当个人在特定环境中被自己或他人认可时,他们就会发展自己的认同。它评估学生对自己和其他人被认可为 STEM 人的看法。此外,一个人对自己和他人的认可是基于他或她看到自己在特定领域的能力和表现的能力。

②表现和能力信念衡量学生对自己 STEM 内容和知识理解能力的信心,对 STEM 学习成功的期望,以及对在 STEM 学习过程中表现良好的信念。它们与自我效能感的信念非常相似,这是学生对自己的评估。然而,无论潜在的技能是什么,感知到的自我效能感都是表现成就的重要贡献者。因为这两者在之前的研究中经常一起出现,所以它们被归为身份的子维度。

③兴趣是身份认同的重要组成部分,表明学生渴望获得 STEM 知识,是一种具有情感属性和认知因素的心理状态。在身份认同方面,STEM 兴趣表现为坚持学习 STEM,对 STEM 职业持积极态度,或在一定程度上有职业抱负。

④归属感取决于学生在校园内感知到的社会支持、联系,以及被校园内的群体(例如校园社区)或其他人(例如教师、同龄人)关心、接受、尊重、重视的体验。STEM 的归属感增强了学生的 STEM 学习动机,使学生能够自如地融入 STEM 学习环境,有利于建立 STEM 学习倾向,保持 STEM 学习。因此,归属感也是身份认同的重要组成部分。

(3)开发 STEM 身份认同的评估工具

尽管许多研究认识到 STEM 身份的重要性,但它仍然需要在概念和建构上达成共识。因此,需要定义这个特定的身份领域,它不仅在初中或高中阶段实施,而且还需要以传统的认同理论为基础。

在对学生 STEM 身份或科学身份的研究中,许多现有工具将身份等同于学生的自我概念(例如,STEM"那种人")。当然,对 STEM 或科学自我概念进行简短的一两项测量可以反映学生 STEM 或科学身份的一部分,并且对需要快速测量身份的研究人员有用。然而,度量中的项目数量是可靠性的函数。因此,单个项目通常不是衡量教育或心理相关结构的理想方法。此外,将 STEM 自我概念和 STEM 身份等同起来,阻碍了我们对 STEM 身份结构的更广泛性质的理解。

大多数身份调查都是用传统的心理测量方法开发的,例如,计算项目—总相关性或探索性因素分析。个体的分数和项目难度相互依赖,因此受访者样本的变化会影响项目统计。

为了解决这些问题,科学教育研究人员呼吁使用 Rasch 模型来开发态度量表。然而,目前还没有由 Rasch 模型开发或修改的工具来衡量年轻学生的 STEM 身份。

大多数研究集中在小学生和大学生身上,而没有对初中生和高中生给予足够的关注。但对于 STEM 身份认同,学前班和小学在内的幼儿由于认知能力不足,难以理解身份的概念,学生很难对自己未来的职业和身份有清晰的认识;而在大学里,学生已经选择了自己的专业,即使他们的认同感很低,也只有一小部分学生能够改变他们的专业。

相比之下,青春期学生群体主要由初中生和高中生组成,在初中开始时,学生逐渐获得更多的知识,并开始对主题有深入的理解。在高中,他们可以更自主地选择未来的专业或职业,在此期间逐渐对身份有了清晰的认识。在初中和高中阶段,学生在 STEM 领域的身份认同发展变得尤为重要,并且越来越受到关注。因此,迫切需要一种传统的、基于理论的、符合心理测量的 STEM 身份衡量标准。

2. 本研究提出了什么问题?

师:文献综述对整篇论文的创作具有举足轻重的地位。通过文献综述,我们知道 STEM 人才流失与学生对 STEM 身份认同有关。通过研究 STEM 身份认同,可以更深入地了解学生参与 STEM 活动的原因和程度。这有助于发现影响学生在 STEM 领域长期参与和职业发展的因素。但是目前尚没有定量模型来评估学生的 STEM 身份认同,因此,迫切需要一种更传统的、基于理论的、符合心理测量的 STEM 身份衡量标准。基于此,我们提出什么样的研究问题?

本研究的目的是在以往研究的基础上构建 STEM 身份模型。根据该模型,开发一种测量青少年学生 STEM 身份认同的工具。该工具结合了 Carlone 和 Johnson、Hazari 等人以及 Verdín 的身份模型在各种研究情境中的稳健性。该工具的模型为个人和社会身份框架提供了实用性证据。

目前尚没有基于理论的定量模型来评估学生的STEM身份认同。为了解决这些问题,本研究提出了一个更全面的定量STEM身份发展模型,旨在定量描述建立在先前学科身份框架基础上的学生STEM身份。开展这项工作可以了解青少年阶段学生身份发展的不平衡性,这种现象会导致一定比例的学生离开STEM专业;因此,本研究主要针对初一到高二年级(13～18岁)学生的STEM学习经历,以便更深入地了解他们的STEM身份认同。这项工作对我国培养STEM人才具有重要意义。

3. 本研究如何设计和实施?

师:研究方案是整个研究的关键,在进行研究之前要详尽了解相关文献情况后再制订细致的研究方案。对于上述的研究目的,我们如何开发工具?如何确保和评估工具的有效性?如何开展实施?针对专家的意见和初步测试数据是如何对工具进行更新和调整的?

该工具开发程序如下:题库开发、专家审查、试点测试和学生访谈、现场测试和工具验证。通过专家评审和学生访谈,对题库进行了修改,随后再进行大规模测试,以确保工具满足信度和效度标准。

具体来说,基于坚实的理论框架定义了研究中测量的STEM身份的概念和结构。通过文献综述、专家评审、学生访谈、小规模试测和大规模现场试验来选择和修订项目。使用探索性因子分析(EFA)和Rasch分析提供足够的信度和效度证据。通过验证性因素分析(CFA)和Rasch分析来确保结构有效性。

(1)题库的开发

STEM身份的概念和构建指导了题库的发展。对理论文献和实证研究的广泛回顾,发现并采用了体现学生STEM身份的基本组成部分来定义该工具的四个量表:认可、表现和能力、兴趣,以及归属感。

项目库是根据先前开发或修改工具的文献开发的,例如学生科学身份问卷(SSI)。最初的项目库按照五点李克特量表排列,受访者可以通过以下五种方式之一来回答:非常同意、同意、不确定、不同意、非常不同意,这样大多数青少年可以更容易地理解和回答此类问题。这些项目包括认可(7项)、表现和能力(10项)、兴趣(6项)和归属感(7项)。

由项目3位研究STEM教育的专家和3位经验丰富的STEM教师确保内容的有效性,他们根据其所属维度的措辞和定义对每个项目进行评估。表10-1列出了他们的意见和建议以及对项目的相应改进。

表10-1 对调查问卷有效性的意见、建议和修改

评估员	评论和反馈	修改
专家A	关于兴趣量表中写着"我将来想从事STEM相关工作"的项目,它的提问方式太直接了	修改为"我对科学事业感兴趣"
专家B	表现和能力量表中的项目"我有信心学好STEM科目,并在高中取得好成绩",指的是学生的认可,而不是他们的能力信念	此项目已移至识别维度
专家C	在"我的同学经常问我关于科学和技术的问题"的识别量表中,同学们认出了自己,但并不总是问问题	这个项目是多余的,"同学们认为我擅长STEM学科"被删除了
教师A	归属量表中的"我会在电视或网络上关注与STEM领域相关的新闻报道"的项目更像是对一种现象的描述	此项目已被删除
教师B	兴趣量表中的"我喜欢阅读与STEM相关的书籍"表明,仅使用书籍会限制他们的经验	修改为"我想从各种来源了解更多关于STEM的信息"
教师C	量表中"STEM人"的概念可能不容易被学生理解	修改为"适合学习STEM"

(2)小规模试测与访谈

对初始项目库进行小规模试测,并开展学生访谈。共有50名初一学生参加了试测。这些学生被分成10人一组,共5节课,同一位教师一次邀请同一组10人进入教室进行小组访谈,以确保对每个项目进行反馈。如果需要,他们被允许提出任何问题。根据获得的数据信息,修改了效果不佳或可能使学生感到困惑的项目。例如,"我难以消化STEM中的新知识"修改为"我需要很长时间才能理解STEM相关学科的新知识",而"我将以各种方式学习工程和技术"修改为"我将通过各种信息来源更多地了解STEM"。其余项目根据学生的反馈对单个词语进行简单修改。

(3)参与者

本研究的参与者来自我国南部和东北的10个地区,进行了两次大规模的实地试验。样本1和样本2各包含5个不同的地区,样本3包括

8个不同的地区。选择学生的一般原则是：①每个样本都涉及来自我国南方和东北的学生；②在一个样本中，来自我国南方或东北的学生分别来自两个或更多地区。样本1用于第一次大规模测试，包括来自5个地区的360名学生，他们在STEM领域的学业成绩各不相同。从360名学生中，收集了357份有效问卷。

第二轮大规模测试由两组样本组成，样本2数据用于EFA分析，以确定工具的结构，包括来自另外5个地区的570名学生，收集了552份有效问卷。使用样本3的数据进行Rasch分析和CFA分析以检查工具的信效度，并包括来自8个地区的1 070名学生，收集1 043份有效问卷。学生的性别和年龄分层见表10-2。

表10-2 参与者的人口统计数据

类别	年龄占比/%						性别占比/%		总数/个
	13岁	14岁	15岁	16岁	17岁	18岁	男孩	女孩	
样本1	9.5	23.8	18.8	14.8	26.9	5.0	53.5	45.4	357
样本2	9.1	13.4	27.4	12.0	29.2	8.9	55.7	44.3	552
样本3	1.4	24.4	18.6	20.1	27.0	8.5	50.0	49.6	1043

在我国，小学生一般通过在学校正式学习科学课程来获得科学知识。从中学开始，科学课程分为多个学科。学生在中学第一年开始学习生物学，第二年开始学习物理，第三年开始学习化学。

当学生进入高中一年级时，科学课程主要包括物理、化学和生物等独立学科，此外还有数学、语文和英语3门必修科目。到高中二年级结束时，学生面临着理科或文科之间的选择。这种选择在很大程度上决定了他们在进入大学时是否选择与STEM相关的科目。也可以说，这个阶段是STEM人才流失的关键节点。因此，研究从初中到高中青少年的STEM身份具有重要意义。

（4）大规模现场测试与数据分析

本研究共进行了两轮大规模测试，在测试中，研究采用了IBM SPSS 24.0、Winsteps 3.81.0和Conquest 2.0软件进行数据处理。通过对所得数据的分析，利用EFA因子分析和Rasch分析来确保问卷的信度和效度。

在第一轮大规模现场测试中，首先对样本1实施了探索性因子分析

(EFA),以进一步探究问卷的结构效度。随后,通过 Rasch 分析对项目层面进行调整,以获取有关项目适宜性的反馈。

在第二轮测试中,对样本 2 重复执行了 EFA 和 Rasch 分析,以确认问卷的结构稳定性。最终,使用样本 3 进行验证性因子分析(CFA),以确保问卷具有理想的心理测量特性。

4. 本研究获得了什么结果?

师:研究结果是一篇论文的核心,其水平标志着论文的学术水平或技术创新的程度,是论文的主体部分。本研究是如何通过数据来说明评估工具的可靠性和有效性的?从数据中我们可以了解到学生 STEM 身份认同的现状吗?根据数据,对教育实践有怎么样的启示?

(1)第一轮大规模现场试验结果

1)EFA 因子分析

采用 SPSS 软件对前期研究收集的数据进行 EFA 分析,用于探索量表的维度并识别不合适的项和因素。对数据的多变量正态性和抽样充分性进行检验;Bartlett 的球形度检验表明 χ_2=6 630.048,具有统计学意义(P<0.001)。Kaiser-Meyer-Olkin(KMO)测量的适用性指数很高(KMO=0.941)。根据 Pallant 的标准,当 KMO 值高于推荐值 0.60 时,研究人员可以继续进行进一步的因子分析。

由于假设量表中的潜在因素是相互关联的,因此在主成分分析后使用倾斜旋转(使用 Promax 旋转并将 Kappa 设置为 4)的方法。因子载荷(EFA)大于 0.4 的项目被认为是可以接受的。如果某个项目在多个因子中的载荷大于 0.3,则该项目被视为有交叉载荷,需要进一步考虑其归属问题。

考虑到这些维度的低解释方差和理论上不同的定义,研究提取了 4 个因素(根据我们对 STEM 身份的理论结构),结果良好。解释方差为 57.673%,根据大量文献综述得出的推定维度对项目进行分类。最终结果显示,当载荷小于 0.4 时,除 I6 和 P8 外,所有项目的因子载荷得分均高于 0.40,R5、P4、P7、P10 和 I5 的因子载荷得分低于 0.50。因此,研究决定删除这些项目。

如表 10-3 所示,剔除上述不适当项后,解释方差上升至 62.967%(大于 60%,满足要求),所有维度的因子载荷均在 0.50 以上,处于良好水平。因素 1 是认可,因素 2 是表现和能力,因素 3 是兴趣,因素 4 是归属感。

表 10-3 第一轮现场测试中的因子载荷(EFA)

维度	项目	因子载荷 1	2	3	4
认可	R1	0.884	—	—	—
	R7	0.848	—	—	—
	R3	0.852	—	—	—
	R4	0.839	—	—	—
	R1	0.830	—	—	—
	R6	0.824	—	—	—
	B7	0.728	—	—	—
	P9	0.720	—	—	—
	P5	0.597	—	—	—
表现和能力	P1	—	0.82	—	—
	P3	—	0.757	—	—
	P2	—	0.722	—	—
	P6	—	0.648	—	—
兴趣	I1	—	—	0.777	—
	I2	—	—	0.776	—
	I4	—	—	0.688	—
	I2	—	—	0.658	—
归属感	B2	—	—	—	0.906
	B3	—	—	—	0.886
	B4	—	—	—	0.737
	B6	—	—	—	0.697
	B1	—	—	—	0.688
	B5	—	—	—	0.660

注 表中能够解释的总差为 62.967%。

2）Rasch 分析

对 EFA 产生的 23 个项目进行 Rasch 分析。鉴于该工具的多维性质以及所有项目均以 5 分制评分，研究选择了多维随机系数多项式李克特模型（MRCMLM）框架下的多维评分量表模型，并使用 Conquest 2.0. 对数据进行分析。此外，使用 Winsteps 3.81.0 对每个维度应用一维评级量表模型，以确保每个子维度的一维性。一般来说，Rasch 模型是单参数模型，单维性是项目满足要求的先决条件。主成分分析（PCA）中报告的 4 个维度中无法解释的方差的第一个特征值为 1.8、1.6、1.5 和 2.1。它表明所有 4 个维度都具有一维性。

为了进一步测试单维，使用 Rasch 模型残差 PCA 方法测试表单的维度。第一因子标准化残差的特征值和测量解释中的方差是衡量数据结构均匀性的重要指标。第一组分标准化残差的特征值范围应在 1.4～2.1。Rasch 模型分数解释的方差越高，项目测量相同维度的可能性就越高。表 10-4 显示了多维结果的 4 个分量表之间的相互相关性。维度之间的所有相关性都是中等的。因此，该量表测量了密切相关的多维结构。

表 10-4 第一轮现场测试的拟合统计

维度	项目	估计	模型标准误差	未加权 MNSQ	加权 MNSQ
认可	R1	−0.237	0.052	0.69	0.71
	R2	0.041	0.052	0.82	0.85
	R3	0.204	0.053	0.84	0.84
	R4	0.454	0.052	0.92	0.95
	R6	−0.730	0.053	1.16	1.22
	R7	0.287	0.052	0.87	0.87
	P5	0.102	0.052	1.05	0.98
	P9*	−0.248	0.148	1.63	1.43
	B7	0.128	0.053	1.18	1.17
表现和能力	P1	−0.013	0.048	1.08	1.06
	P2	−0.028	0.050	0.89	0.89
	P3	−0.321	0.050	0.85	0.85
	P6*	0.362	0.085	1.16	1.13

续表

维度	项目	估计	模型标准误差	未加权 MNSQ	加权 MNSQ
兴趣	I1	0.235	0.048	1.07	1.07
	I2	0.025	0.048	0.92	0.91
	I3	0.324	0.047	1.01	1.01
	I4*	−0.584	0.082	1.21	1.18
归属感	B1	−0.154	0.046	1.13	1.13
	B2	−0.254	0.046	1.03	1.01
	B3	−0.070	0.042	1.36	1.30
	B4	0.117	0.044	1.01	1.01
	B5	0.166	0.044	0.93	0.92
	B6*	0.196	0.099	0.87	0.86

注 （*）表示该项目受到约束。

使用未加权和加权均方（MNSQ）评估模型—数据拟合。结果显示，除 P9 外所有项目的 MNSQ 值均在可接受范围内（0.6～1.4）；因此，删除了 P9 项目，保留了 22 个项目。使用预期的后验/合理值（EAP/PV）评估每个维度的信度，结果显示各维度的信度均在可接受范围。具体情况如表 10-5 所示。

表 10-5　第一轮现场测试中维度之间的相关性或相关性矩阵

维度	1	2	3	4
1	—	1.520	1.205	1.754
2	0.685	—	1.042	1.068
3	0.628	0.786	—	0.985
4	0.700	0.618	0.659	—
方差	3.217	1.532	1.146	1.950

注　各维度的信度均在可接受范围，分别为 0.927（认可）、0.863（表现和能力）、0.804（兴趣）和 0.847（归属感）。分离可靠性为 0.968，参数相等性卡方检验的结果为 523.844，自由度为 19，显著水平 <0.001。

对于五点响应类别的功能，每个类别至少进行了 10 次观察（$N>10$）。结果表明，步长估计值单调增加，且距离满足 0.81～5 李克特的要求，无峰值淹没现象。同时，相邻选项之间的平均测量值均匀增加,表明每个子维度的五分评分方法与项目和参与者的整体分布一致。图10-1提供了每个子维度的概率曲线。这一证据表明,五分制是合适的。

总结来说,在对问卷项目进行MNSQ评估后,除P9项目外,其他项目的拟合度良好,并且五分制评分方法在各个子维度中表现出良好的信度和一致性。

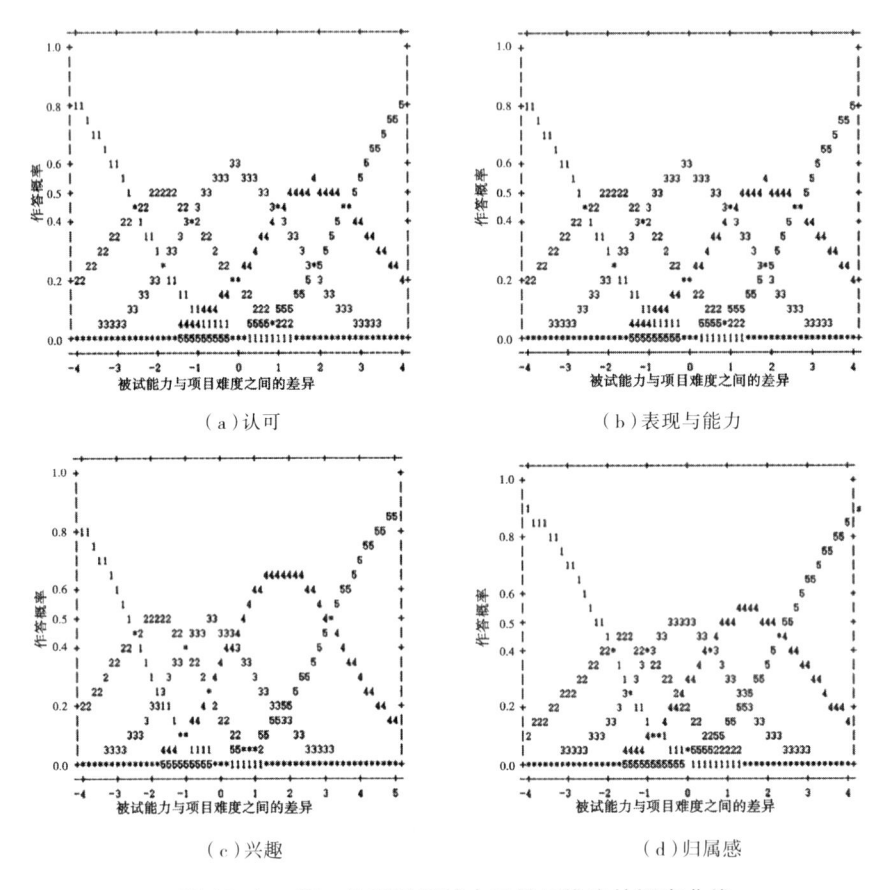

(a) 认可

(b) 表现与能力

(c) 兴趣

(d) 归属感

图10-1 第一轮现场测试中工具子维度的概率曲线

排名靠前的学生具有更积极的STEM身份,而排名靠后的项目则不太认可。对于五分制,每个项目有4个阈值。例如,1.1、1.2、1.3和1.4是第1项的4个阈值。他们指出了达到更高类别的概率为0.5的位置。根据Wright图,问题的难度存在不连续性,三个级别的阈值不连贯。维度的难度也存在不连续性,分布不均匀。例如,识别维度的门槛4的难度集中在上面,而门槛1的难度普遍较低。

（2）EFA 和 Rasch 分析对改进工具的其他见解

根据删除项目后的 EFA 结果，该量表（23 个项目）符合良好心理测量特性的可接受标准。Rasch 分析结果表明，分离度、一维度和响应类别均具有可接受的指标。根据 MNSQ 的结果，删除了不适当的问题（P9），剩下 22 个项目。Wright 图（图 10-2）建议需要进一步改进。使每个维度主题的难度都更合适。根据项目难度，项目 P6 不合适，难度高。因此，删除了项目 P6，剩下 21 个项目。

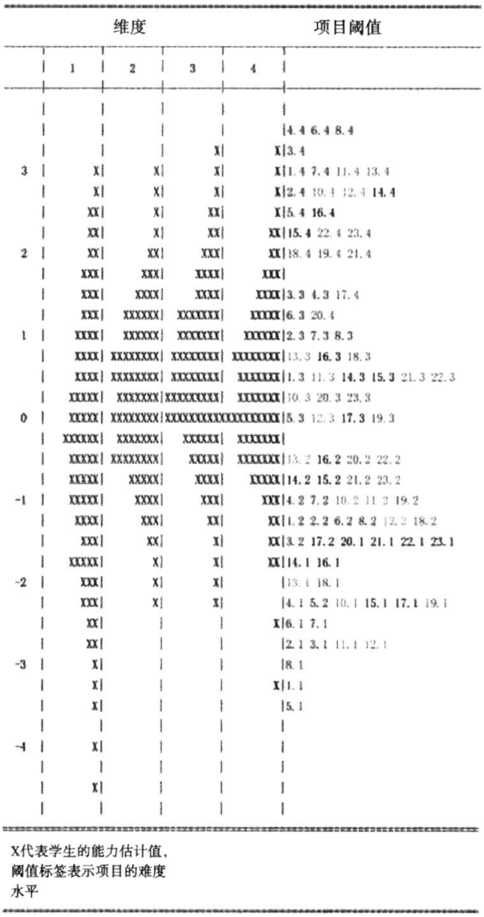

```
                    维度              项目阈值
              1     2     3    4
              |     |     |    |
              |     |     |    |4.4 6.4 8.4
              |     |     |    X|3.4
           3  |  X| X|    X|   X|1.4 7.4 11.4 13.4
              |  X| X|    X|   X|2.4 10.4 12.4 14.4
              | XX| X|   XX|   X|5.4 16.4
              | XX| X|    X|  XX|15.4 22.4 23.4
           2  | XX| XX|  XX|  XX|18.4 19.4 21.4
              |XXX|XXX| XXXX| XXX|
              |XXX|XXXXX|XXXXX|XXXX|3.3 4.3 17.4
              |XXX|XXXXXX|XXXXXXX|XXXX|6.3 20.4
           1  |XXXX|XXXXX|XXXXXX|XXXXX|2.3 7.3 8.3
              |XXXX|XXXXXXXX|XXXXXXX|XXXXXXX|13.3 16.3 18.3
              |XXXX|XXXXXXX|XXXXXXX|XXXXXXX|1.3 11.3 14.3 15.3 21.3 22.3
              |XXXX|XXXXXXX|XXXXXXXX|XXXXX|10.3 20.3 23.3
           0  |XXXX|XXXXXXXX|XXXXXXXXX|XXXXX|5.3 12.3 17.3 19.3
              |XXXXXX|XXXXXXX|XXXXX|XXXXXX|
              |XXXX|XXXXX|XXXXX|XXXXX|13.2 16.2 20.2 22.2
              |XXXX|XXXXX|XXXX|XXXXX|14.2 15.2 21.2 23.2
          -1  |XXXX|XXXX|XXX|XXX|4.2 7.2 10.2 11.2 19.2
              |XXXX|XXX|XX|XX|1.2 2.2 6.2 8.2 12.2 18.2
              |XXX|XX|X|XX|3.2 17.2 20.1 21.1 22.1 23.1
              |XXXXX|X|X|XX|14.1 16.1
          -2  |XXX|X|X|   |13.1 18.1
              |XXX|X|X|   |4.1 5.2 10.1 15.1 17.1 19.1
              | X|  |  |   X|6.1 7.1
              | XX|  |  |   |2.1 3.1 11.1 12.1
          -3  | X|  |  |   |8.1
              | X|  |  |   |1.1
              | X|  |  |   |5.1
              |   |  |  |   |
              |   |  |  |   |
          -4  | X|  |  |   |
              | X|  |  |   |

              X代表学生的能力估计值，
              阈值标签表示项目的难度
              水平
```

图 10-2 第一轮现场测试中工具的 Wright 图

注　图中（1.认可；2.表现和能力；3.兴趣；4.归属感的项目阈值）显示项目和学生沿 1 李克特量表的分布，左侧是学生的能力估计值，用 X 表示，右侧是项目难度，由项目编号表示。

鉴于根据数据拟合和项目估计的结果更好地控制尺度长度,因此研究者开发了4个新项目并将其添加到第二轮测试中。随着项目的变化,共有25个问题被纳入第二轮大规模测试。这4个新项目来自现有文献。具体而言,项目R8是从STEM身份调查中的问题19和35中引用的。项目P11引用自SSI中的C6。项目I7源自SciID中的项目V4和V30。项目I8源自SSI中的I8。对项目的一些表述作了修改,以便使选项阈值之间的区别更加接近。例如,"与其他课程相比,我会从STEM相关专业学科的课程中获得满足感",而不是"我喜欢STEM相关学科"。

具体而言,认可维度有9个项目,表现和能力维度有4个项目,修改后的兴趣维度有6个项目,归属感维度有6个项目,详细如表10-6所示。该表是针对初中和高中教育群体的STEM身份发展调查,通过收集准确可靠的数据为研究提供支持。量表中的项目没有正确或错误答案,并且不透露个人信息,因此学生可以根据自己的真实想法来回答项目。

表10-6 STEM-ID量表原30项和新添加项

维度	项目编号	项目
认可	R1*	我认为我擅长与STEM相关的科目
	R2*	我的同学们认为我擅长与STEM相关的科目
	R3*	STEM相关科目的教师认为我擅长STEM相关科目
	R4*	我的家人和朋友认为我是STEM相关学科的大师
	R5*	在我开始一门新的STEM相关课程之前,我对它很有信心
	R6*	我认为我在STEM相关学科方面很有天赋
	R7*	我的同学会问我与STEM相关的知识或练习
	P5*	我可以在与STEM相关的科目上取得很高的成功
	P9⁻	我花了很长时间来理解STEM相关学科的新知识
	B7⁻	我认为我完全不适合与STEM相关的科目
	R8⁺*	我有信心能够在高中学习与STEM相关的科目
表现和能力	P1*	我可以在实验课上熟练地使用工具和设备
	P2*	我能很好地理解STEM相关学科的规律和原则
	P3*	我可以用科学来解释日常生活中的自然现象
	P4	我擅长设计和修理东西

续表

维度	项目编号	项目
表现和能力	P6	我能够很好地完成STEM相关科目的家庭作业
	P7	我相信我可以在与STEM相关的学科课程中学到很多东西
	P8	我相信我可以解决复杂的STEM相关问题
	P10	我可以灵活地将我的数学知识应用到科学科目中
	P11[+*]	我相信,只要我努力学习,即使是最难的科学科目,我也能学习
兴趣	I1[*]	我想通过各种信息来源了解更多关于STEM相关知识的信息
	I2[*]	我对与STEM相关的职业感兴趣
	I3[*]	我喜欢参加各种与STEM相关的活动
	I4[*]	我认为我在课堂上学到的STEM知识在日常生活中很重要
	I5	我喜欢积极思考STEM问题
	I6	STEM问题让我很兴奋
	I7[+*]	我计划在大学攻读与STEM相关的专业
	I8[+*]	与其他课程相比,我打算从STEM相关专业课程中获得更满意的体验
归属感	B1[*]	我很自豪能在STEM相关科目中表现出色
	B2[*]	我希望被看作是数学或科学技术领域的人
	B3[*]	我愿意在别人面前展示数学或工程方面的能力
	B4[*]	当与他人谈论与数学或科学科目相关的内容时,我感到很高兴
	B5[*]	我打算以STEM相关的科学家和工程师为榜样
	B6[*]	在与在STEM相关领域工作的人交谈时,我会感到很舒服

注 (+)表示该项目是在第二轮中添加的;(*)表示该项目为最终保留项目;(-)表示在分析过程中对项目进行了反向编码。

(3)第二轮大规模现场试验结果

1)EFA分析

在第二轮测试中再次选择样本2进行EFA分析,结果显示KMO=0.941,χ^2=7698.814($P<0.001$)。与上述一致的4个因素总解释方差为61.02%,如表10-7所示。各维度的系数符合性均在0.50以上,处于良好水平。

表 10-7　第二轮现场测试中的因子载荷(EFA)

维度	项目	因子载荷 1	2	3	4
认可	R1	0.86	—	—	—
	R2	0.856	—	—	—
	R4	0.852	—	—	—
	R6	0.839	—	—	—
	R3	0.830	—	—	—
	R7	0.824	—	—	—
	R8	0.728	—	—	—
	B7	0.720	—	—	—
	P5	0.597	—	—	—
表现和能力	P1	—	0.82	—	—
	P11	—	0.757	—	—
	P3	—	0.722	—	—
	P2	—	0.648	—	—
兴趣	I2	—	—	0.809	—
	I1	—	—	0.801	—
	I3	—	—	0.751	—
	I4	—	—	0.687	—
	I7	—	—	0.574	—
	I8	—	—	0.503	—
归属感	B2	—	—	—	0.905
	B3	—	—	—	0.872
	B4	—	—	—	0.701
	B1	—	—	—	0.669
	B5	—	—	—	0.665
	B6	—	—	—	0.589

注　表中能够解释的总差为 61.02%。

2) Rasch 分析

进行 Rasch 分析，以确定之前发现的问题是否已解决。项目选择主要基于数据拟合统计和 Wright 映射，并考虑项目前后。对于最终确定的工具，在每个维度进行单维 Rasch 分析表明它们的单维性，PCA 中的第一个特征值为 1.8（认可）、1.7（表现和能力）、1.7（兴趣）和 2.0（归属感）。据此，归属感维度的特征值是 2.1 的临界值。

在第二轮中，研究使它的单维性更加确定。对于模型数据拟合，所有项目的未加权和加权 MNSQ 均在可接受的范围内，如表 10-8 所示。分离可靠性 =0.991、参数相等性卡方检验 =2 258.11，d.o.f.=21，显著水平 <0.001。此外，EAP/PV 每个维度分别为 0.883、0.823、0.802 和 0.814。还分析了学生样本的分离度和可靠性。结果表明，问题和参与者的可靠性是足够的。

表 10-8　第二轮现场测试中拟合统计

维度	项目	估计	模型标准误差	未加权 MNSQ	加权 MNSQ
认可	R1	−0.044	0.030	0.74	0.75
	R2	0.119	0.030	0.79	0.81
	R3	0.172	0.031	0.76	0.78
	R4	0.046	0.031	0.84	0.87
	R6	0.052	0.030	0.79	0.79
	R7	0.113	0.030	0.84	0.85
	R8	−0.735	0.030	1.05	1.06
	B7	0.106	0.031	1.13	1.1
	P5*	−0.243	0.086	1.19	1.15
表现和能力	P1	−0.030	0.030	1.19	1.16
	P2	0.104	0.031	0.89	0.89
	P3	−0.348	0.031	0.95	0.96
	P11*	0.274	0.052	1.21	1.19
兴趣	11	0.238	0.027	1.04	1.03
	12	0.051	0.027	0.88	0.86
	13	0.315	0.027	0.99	0.99
	14*	−0.806	0.028	1.27	1.30
	17	0.143	0.027	1.02	1.01
	18*	0.050	0.061	0.96	0.95

续表

维度	项目	估计	模型标准误差	未加权 MNSQ	加权 MNSQ
归属感	B1	−0.229	0.026	1.37	1.30
	B2	0.044	0.027	0.97	0.95
	B3	0.057	0.027	0.86	0.85
	B4	0.085	0.027	0.86	0.86
	B5	−0.227	0.027	1.21	1.21
	B6*	0.270	0.060	0.92	0.92

注 各维度的信度分别为 0.883、0.823、0.802 和 0.814。分离可靠性 =0.991,参数相等性卡方检验 =2258.11,自由度 =21,显著水平 <0.001。

对于类别函数,每个项目至少有 10 个观测值($N>10$)。阶跃估计值呈单调增加趋势,导致每个类别的概率曲线出现不同的峰值,如图 10-3 所示。这些观察结果表明,五点响应类别的使用效果最佳。经过充分修改的主题没有区别。

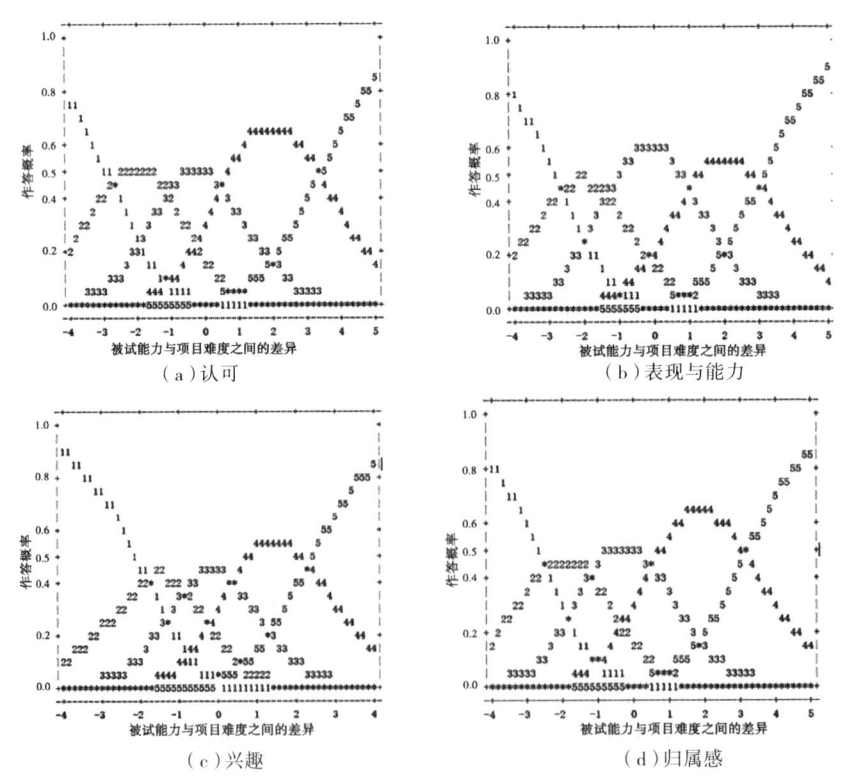

(a) 认可

(b) 表现与能力

(c) 兴趣

(d) 归属感

图 10-3 第二轮现场测试中工具子尺寸的概率曲线

Wright 图（图 10-4）表明项目难度分布合理，阈值覆盖了大部分学生的能力，这意味着项目很好地对应了样本。在第一轮大规模测试中，问题出现了阈值突破，而在第二轮修改后，问题分布更加均衡。

最后，为了确认 EFA 四因素模型的结构，我们将该工具用于样本 3。使用 Mplus 8.0 进行验证性因子分析，以验证构建并确保最终工具符合标准。使用加权最小二乘均值和方差调整估计器选项来处理分类和非正态数据，以获得稳健的结果。结果显示拟合良好，近似均方根误差（RMSEA）为 0.045，比较拟合指数（CFI）为 0.901，Tucker-Lewis 指数（TLI）为 0.913，理想值如下：RMSEA<0.08，CFI>0.9，TLI>0.9。此外，每个子维度的每个项目的因子载荷均在 0.6 以上（图 10-5）。

```
==========================================================================
                     维度                            项目阈值
--------------------------------------------------------------------------
    |   1    |   2    |   3    |   4    |
--------------------------------------------------------------------------
    |        |        |        |        |
 4  |        |        |        |        |
    |        |        |        |        |
    |        |       X|        |       X|11.4
    |        |        |        |        |3.4 4.4 8.4 13.4
 3  |       X|       X|       X|        |6.4 10.4 12.4
    |       X|      XX|       X|       X|1.4 7.4 14.4
    |       X|       X|       X|       X|2.4 16.4 25.4
    |       X|      XX|       X|       X|5.4 15.4 23.4
    |       X|      XX|      XX|      XX|19.4 22.4
 2  |      XX|      XX|     XXX|      XX|9.4 18.4 21.4
    |      XX|     XXX|     XXX|      XX|4.3 24.4
    |     XXX|    XXXX|    XXXX|    XXXX|3.3 20.4
    |     XXX|  XXXXXX|  XXXXXX|    XXXX|2.3 8.3 17.4
 1  |    XXXX|  XXXXXX| XXXXXXX| XXXXXXX|6.3 7.3 18.3 25.3
    |     XXX|  XXXXXX| XXXXXXX|  XXXXXX|11.3 13.3 16.3
    |   XXXXX|XXXXXXXX|XXXXXXXXX|XXXXXXXX|1.3 9.3 14.3 21.3
    |   XXXXX|  XXXXXX|XXXXXXXXXXXXXXXXXXX|15.3 19.3 22.3 23.3
    |  XXXXXX| XXXXXXX|XXXXXXXXX|XXXXXXXXX|10.3 24.3
 0  |  XXXXXX|  XXXXXX| XXXXXXX|XXXXXXXX|5.3 12.3 20.3
    | XXXXXXX|  XXXXXX|  XXXXXX| XXXXXXX|23.2
    |   XXXXX|   XXXXX|   XXXXX|  XXXXXX|13.2 14.2 16.2 17.3 21.2 22.2
    |  XXXXXX|   XXXXX|   XXXXX|   XXXXX|4.2 15.2 18.2 19.2 20.2 25.2
-1  |    XXXX|   XXXXX|     XXX|    XXXX|1.2 2.2 7.2 8.2 9.2 10.2 11.2
    |   XXXXX|     XXX|      XX|     XXX|3.2 6.2 24.2
    |    XXXX|     XXX|      XX|      XX|12.2 18.1 23.1
    |    XXXX|     XXX|       X|      XX|16.1 17.2 19.1 20.1 21.1 22.1
-2  |    XXXX|      XX|       X|       X|5.2 14.1 15.1 24.1 25.1
    |    XXXX|       X|       X|       X|4.1
    |      XX|       X|       X|       X|2.1 7.1 10.1 13.1 17.1
    |      XX|       X|        |       X|1.1 3.1 6.1 9.1
    |      XX|        |        |        |11.1
-3  |       X|        |        |        |8.1 12.1
    |       X|        |        |        |5.1
    |       X|        |        |        |
    |       X|        |        |        |
-4  |       X|        |        |        |
    |        |        |        |        |
==========================================================================
X代表学生的能力估计值，
阈值标签表示项目的维度
水平
==========================================================================
```

图 10-4　第二轮现场测试中工具的 Wright 图

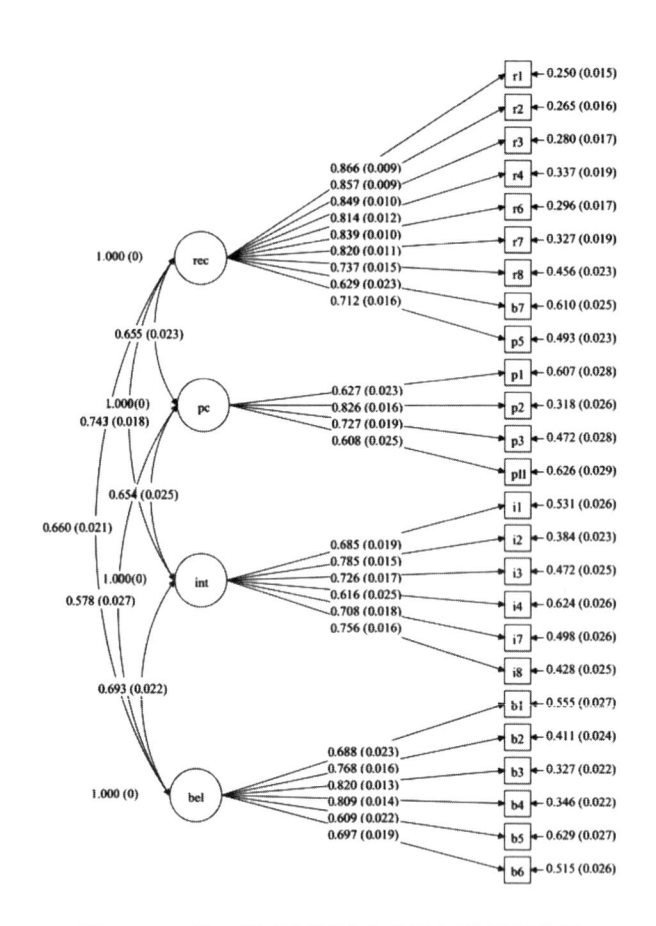

图 10-5　第二轮现场测试中的验证性因素分析

注　rec：认可；pc：表现和能力；int：兴趣；bel：归属感。近似均方根误差（RMSEA）为 0.045，比较拟合指数（CFI）为 0.901，Tucker-Lewis 指数（TLI）为 0.913。

总的来说，本案例的核心结论是，研究者开发和验证了一种评估青少年学生 STEM 身份的工具。该工具包括四个子维度：认可、表现和能力、兴趣和归属感。研究结果表明，该工具在评估学生的 STEM 身份和 STEM 领域的可持续性方面具有较高的可靠性和有效性。此外，研究还发现，学生的 STEM 身份受到他人的认可、表现和能力以及兴趣的影响，同时也受到归属感的影响。这些结果对于帮助学生自我认同为 STEM 人士、指导教学实践以及研究 STEM 身份的影响因素具有重要意义。

5. 如何评价本研究结果?

师:基于结果的讨论是展现作者学术成果和逻辑思维的重要部分,也是学术文章的最大的价值。对于上述的结果,我们可以有怎样的思考?可以从哪些方面入手?

(1)研究的创新点

该案例的创新之处在于构建并验证了一种综合评估青少年STEM身份认同的工具,该工具涵盖四个核心子维度:认可、表现和能力、兴趣和归属感。通过系统的数据分析和实证研究,研究者确认了这些子维度能够有效评估学生在STEM领域的身份认同及其长期参与的潜力。研究结果揭示了STEM身份认同的多维性,它不仅受个人能力和表现的影响,也与学生对STEM的兴趣和社群归属感密切相关。同时,研究特别强调了归属感在塑造学生STEM身份中的关键作用,为促进学生在STEM教育中的自我认同和发展提供了重要见解。

相较于先前的研究,该研究不仅深入探讨了学生在STEM领域身份认同的多维度构成,还通过全面的量表设计和实证验证,确立了评估工具的科学性和实用性。通过结合认可、表现和能力、兴趣和归属感这4个关键因素,本研究不仅提供了对学生STEM身份形成过程更为全面的理解,也为未来教育实践和政策制定提供了重要的指导方向。这种综合性的研究方法和结果对于推动STEM教育的发展和优化具有显著的实践意义和学术价值。

(2)对教学实践的启示

本案例的结果对于教学实践具有重要影响,有助于增强学生对STEM身份的认同感,指导教学实践,并研究STEM身份的影响因素。研究表明,学生在STEM领域的身份认同对其学术成就和职业发展具有显著影响。具体来说,研究发现学生的STEM身份不仅受到个人能力和表现的影响,也深受他人的认可和对STEM领域兴趣的影响。这些因素共同作用,塑造了学生对自身在STEM领域的认同感和参与度,进而影响其对STEM学科的长期投入和学习动机。

因此,教育实践中的教师和教育政策制定者可以利用这些研究结论,设计出更加有效的教学策略和支持措施,以提升学生在STEM领域的身份认同和学习成就。通过促进学生对STEM学科的兴趣和归属感，可以有效地激发他们的学习动机和学术成就，从而推动整体STEM教育的发展和优化。

二、对研究结果的深度剖析和拓展

（一）基于本案例的深度剖析

①本案例中研究题目的关键词是什么？该项调查想研究什么？

②本案例提到的STEM身份是什么？如何评估学生的STEM身份？

③本案例中提到的四个维度（认可、表现和能力、兴趣、归属感）在评估学生的STEM身份时起到了什么作用？它们之间有什么关系？

④本案例中的评估工具经过哪些步骤的开发和验证？它们的可靠性和效度如何？是否有进一步改进的计划？

⑤本案例的研究结果如何？是如何回答研究问题的？

⑥如何基于数据结果进行讨论？

⑦关于本案例，你有什么思考？本案例中的不足之处如何进一步改进？

（二）基于本案例的拓展研究

1. 本案例在研究对象和试题材料上可以改进吗？

参考：案例中的研究对象主要是我国南部和东北部的中学生，涵盖了初一至高二年级的学生，年龄段为13～18岁。这种选择虽然包括了不同年龄段的青少年，但在样本选择上仍存在改进空间。首先，研究对象可以进一步扩大到其他地区和文化背景的学生，以验证工具的普适性和有效性。例如，可以包括西部地区、少数民族地区的学生，甚至是国际学生，以获取更全面的数据。其次，可以涵盖小学和大学阶段的学生，从而观察不同年龄段学生的STEM身份变化和发展轨迹。

在试题材料方面，目前的问卷主要采用五点李克特量表，包括认可、表现和能力、兴趣和归属感四个维度。为了提高问卷的准确性和全面性，可以增加开放式问题，使学生能够自由表达他们的想法和观点，获取更深入的反馈。此外，试题材料可以更加情境化，增加与学生实际生活和学习环境相关的问题，使学生能够更容易理解和回答。这些改进不仅可以提高数据的有效性和可靠性，还可以为后续的教育干预和政策制定提供更有力的支持。

2. 本案例在研究方法上可以改进吗？

参考：案例中的研究方法主要包括专家评审、小规模试测、学生访谈和大规模实地测试。尽管这些方法为工具的开发和验证提供了坚实的基础，但仍然有继续改进的空间。首先，可以实施纵向研究，跟踪同一批学生在多个时间点的 STEM 身份变化，观察其动态发展过程。这将有助于了解学生 STEM 身份的长期变化和影响因素。

其次，结合质性研究和量化研究方法，可以更深入地了解学生对 STEM 身份的看法和影响因素。例如，通过访谈和小组讨论，获取学生的深度反馈，与问卷调查相结合，提供更全面的数据支持。此外，还可以设计干预实验，通过特定的教学方法或活动，观察其对学生 STEM 身份认同的影响，评估教育干预的效果。这些改进方法将有助于更全面地理解学生的 STEM 身份认同，提供更多实证数据支持，为教育实践和政策制定提供更有力的依据。

3. 本案例在研究设计上可以改进吗？

参考：案例中的研究设计可以通过以下几方面进行改进：首先，实施跨学科研究，将 STEM 身份扩展到 STEAM 领域，探讨艺术与 STEM 教育的融合对学生身份的影响；其次，进行多变量分析，考虑家庭背景、教师影响和课外活动等多种因素，揭示其对 STEM 身份的综合影响；最后，开展国际比较研究，了解不同教育体系和文化背景下学生的 STEM 身份特点和发展趋势，这些改进将使研究更加全面和深入，为教育实践提供更广泛的指导。

思考：根据本案例，你还可以提出什么研究问题？

（三）基于问题解决和评价领域的拓展研究

1. 沉浸式学习环境对 STEM 身份的影响

通过沉浸式学习环境，如 STEM 夏令营，可以促进学生的 STEM 身份探索和职业兴趣。这些学习环境为学生提供了真实的科学探究机会，结合协作和技术使用，能显著提高学生的 STEM 自我效能感和情境兴趣。适当的指导和结构化的任务设计在这一过程中尤为重要，以避免负面情绪和自我效能感的下降。未来的研究可以进一步优化沉浸式学习环境，探索不同指导策略和任务设计对学生 STEM 身份的长远影响。

2. 训练体验与科学身份的关系

本研究探讨了训练对学生科学身份的影响。研究显示，参与科研的本科生在模拟科学家的思考和工作方式、增强研究任务信心，以及提升科学身份认同方面取得了显著进步。研究导师对学生科学身份的发展起到了至关重要的作用，而多位导师的联合指导能够更有效地加强学生的科学身份认同。未来的研究可以更深入地分析研究训练的具体特征，例如导师互动和研究项目的时间管理等，它们是如何具体影响学生科学身份的发展的。

3. STEM 身份与多样性及包容性研究

未来研究可深入探讨在多样性和包容性环境中如何培养 STEM 身份。当前研究显示，在 STEM 教育领域，白人男性通常有较强的归属感，而有色人种和女性则感受到边缘化。这种边缘化现象不仅削弱了这些学生的归属感，还可能降低他们在 STEM 领域的保留率（继续在 STEM 领域学习和工作的比例）。

研究指出，将多元文化内容纳入 STEM 课程，并展示少数族裔科学家的贡献，有助于提升少数族裔学生的 STEM 身份认同。例如，"刻板印象免疫模型"提出，女性通过接触女性榜样，可以增强其 STEM 身份的隐性认同,进而提高其动机和坚持性。进一步研究可以探索教育干预措施和课堂环境优化,以增强有色人种和女性学生在STEM领域的归属感和身份认同。

4.STEM身份的纵向研究

纵向研究可以为理解STEM身份的动态变化提供更全面的视角。现有研究表明,STEM身份在学术成就和幸福感中扮演着重要角色,这些关系复杂且与性别和社会环境线索交织在一起。未来研究可以进一步探讨STEM身份和原型在高等教育中的可塑性,并研究如何通过教育干预增强STEM身份。

特别值得关注的是,学生的物理和社会学习环境如何影响其STEM身份和归属感。例如,研究显示,装饰有科幻元素的计算机科学教室显著降低了女性的兴趣、预期成功和归属感。未来研究可以探讨如何通过改变教室环境和教学内容,增强女性和其他少数群体在STEM领域的归属感和学术表现。

(四)可研究问题的建议

1.家庭和同伴影响对STEM身份认同发展的影响

虽然当前的研究提供了评估学生STEM身份认同的综合框架,但进一步研究的一个潜在领域是家庭和同伴影响在身份认同发展中的作用。现有文献表明,青少年对自身能力和兴趣的认知在很大程度上受到其社会环境(包括家庭期望和同伴互动)的影响。理解这些因素如何影响STEM身份认同,可以为STEM参与的动机和心理方面提供更深的见解。

这项研究可以包括纵向研究,跟踪学生STEM身份认同随时间的变化,考虑父母支持、家庭STEM背景和同伴群体动态的影响。可以对学生、他们的家庭和同伴进行调查和访谈,以收集定性和定量数据。这项研究的结果可以为家长和教育者提供策略,以创建支持性的环境,从而培养积极的STEM身份认同,通过解决根本的社会影响来减少

STEM 人才流失。

2. 课外 STEM 活动在增强 STEM 身份认同中的作用

另一个有前景的研究方向是调查参与课外 STEM 活动（如科学俱乐部、竞赛和非正式科学教育项目）如何影响学生 STEM 身份认同的发展。虽然正式教育提供了基础知识，但课外活动通常提供动手实践的体验，这可以增强对 STEM 领域的兴趣和能力。

这项研究可以探讨哪些类型的活动在构建 STEM 身份认同的各个维度（包括认可、表现和能力、兴趣和归属感）方面最为有效。可以采用混合方法，结合调查评估参与这些活动前后 STEM 身份认同的变化，以及深入访谈以捕捉学生的个人经历和反思。通过识别课外项目中有助于增强 STEM 身份认同的具体要素，这项研究可以帮助教育者设计更有效的课外活动，以补充课堂学习并激发学生对 STEM 的长期兴趣。

3. 探讨 STEM 认同感与心理健康之间的关系

STEM 认同感不仅对学生的学术成就和职业选择有重要影响，其与心理健康之间的关系也值得深入研究。积极的 STEM 认同感可能会提升学生的自我效能感、自尊心和总体幸福感，减少焦虑和抑郁等负面情绪。然而，这一领域的研究仍然有限。未来的研究可以通过纵向研究设计，追踪不同年级学生的 STEM 认同感和心理健康状况，分析两者之间的动态关系。

研究可以采用问卷调查、访谈和心理测量等方法，收集学生的 STEM 认同感数据及其心理健康指标（如自尊量表、焦虑和抑郁量表）。此外，还可以探讨不同背景变量（如性别、家庭经济状况、学业压力等）在 STEM 认同感与心理健康关系中的调节作用。例如，某些研究发现，性别在 STEM 认同感与心理健康的关系中起重要作用。通过这些研究，不仅可以深化我们对 STEM 认同感的理解，还可以为教育实践提供指导，帮助教育工作者在提升学生 STEM 认同感的同时，关注和改善其心理健康状况。

4.探讨教师在学生STEM认同感形成中的作用

教师在学生STEM认同感的形成过程中扮演着重要角色。教师的支持和认同对学生STEM认同感的提升可能具有显著影响。然而,具体的影响机制和作用路径尚未被充分探讨。未来的研究可以通过混合研究方法,结合定量与定性数据,深入探讨教师在学生STEM认同感形成中的具体作用。

研究可以通过问卷调查,收集学生对教师支持、教学风格和师生关系的评价,同时通过访谈了解学生对教师的具体期望和感受。此外,还可以通过课堂观察,记录教师的教学行为和与学生的互动情况。研究还可以探讨不同学科教师(如科学、技术、工程、数学教师)在学生STEM认同感形成中的差异作用。某些研究指出,教师的性别、教学经验和教育背景等因素可能会影响其对学生STEM认同感的影响。通过这些研究,可以为教师培训和教育政策提供科学依据,帮助教师更好地支持学生的STEM学习和职业发展。

三、案例教学指导

(一)教学目标

1.适用课程

本案例适用于《教育研究方法》《物理教育研究方法》《教师专业发展》等课程。

2.教学对象

本案例适用于学科教学(物理)硕士研究生、课程与教学论(物理方向)

硕士研究生、物理学（师范）专业学生及参与教师专业发展的在职教师。

3. 教学目的

①学会如何进行设计和开展物理教育调查类研究。
②了解问题解决在国际物理教育中研究的进展和意义。
③培养研究中的创新精神和研究素养。

（二）启发思考题

①本案例如何体现研究的重要性、必要性和价值？
②针对本案例的研究问题，应如何进行调查？如果是你，会如何开展调查？
③该研究设计是否满足研究问题的需要，你认为还有什么需要补充？
④该研究结果如何回应研究问题？用到了哪些统计分析方法？
⑤思考题：基于态度与信念和评价交叉领域的论文主题，设计一个新的研究题目，并简单介绍如何开展研究。

（三）分析思路

本案例通过开发和验证一个评估学生 STEM 身份认同的工具，探讨了为何以及在何种程度上个体参与 STEM 相关活动的重要性。这对了解 STEM 人才流失提供了新的视角，因此提出了 3 个研究问题：如何定义 STEM 身份、如何开发有效的评估工具、如何验证该工具的可靠性和有效性。

本案例采用了文献回顾、专家评审、小规模试测、学生访谈和大规模现场测试。具体流程是先进行文献回顾以确定已有研究的不足，然后设计题库并进行初步测试，通过专家评审和学生访谈修正项目库，最后进行大规模测试以验证工具的可靠性和有效性。研究结果通过因素分析和 Rasch 分析验证了工具的可靠性和有效性。使用了探索性因素分析（EFA）、验证性因素分析（CFA）和 Rasch 模型进行统计分析，确保了量表的结构合理性和信效度。

通过学习该案例，学生可以学习如何开发和验证评估工具，提升他们在研究设计、数据收集和数据分析方面的技能。同时可以帮助学生了解如何评估学生的STEM身份认同,可以帮助他们在教学过程中更好地了解学生的需求和兴趣,从而设计出更有针对性的教学策略,提高教学效果。

(四)案例分析

1. 相关理论

(1)STEM教育理论

STEM教育理论是一种综合性的教育方法论,旨在通过跨学科的整合和实践性的学习活动,培养学生在科学、技术、工程和数学领域的综合能力。这种教育理论强调将学科知识与实际问题解决能力相结合,通过项目驱动的学习、探究性学习和实验设计等教学策略,激发学生的创新思维和提高解决问题的能力。STEM教育不仅关注学生的学习成绩,更重视培养学生的跨学科技能和团队合作精神,以应对日益复杂和多样化的现代社会挑战。

在STEM教育的实施中,学生通过参与真实世界的项目和挑战,学习如何运用科学原理、技术工具和工程设计来解决问题。教师在这一过程中扮演着指导者和促进者的角色,鼓励学生自主学习和探索,培养他们的探究精神和创造力。通过跨学科整合和实践性的学习经验,STEM教育不仅提升了学生的学术能力,还为他们未来职业生涯的成功奠定了坚实基础,使其具备应对全球竞争和科技进步的能力和信心。

(2)身份认同建构理论

身份认同建构理论探讨了个体如何在社会互动和文化环境中构建和表达其身份认同。该理论认为,个体的身份不是静止不变的,而是在社会互动中逐步形成和演变的。个体通过参与各种社会角色和互动,如家庭成员、职业角色、文化群体成员等,来理解和表达自己的身份。这个过程不仅限于个体内部的自我认同,还包括与他人的互动和社会结构的相互作用。

身份认同建构理论强调了社会化和文化在身份认同形成中的重要性。个体通过模仿、参与和反思社会中的各种角色和行为,逐步塑造出符合自身经历和价值观的身份认同。这种过程既受到个体主动选择的影响，也受到社会文化环境的制约和引导。例如，一个人可能在家庭中扮演不同的角色，如子女、父母或兄弟姐妹，同时在职场或社会团体中扮演完全不同的角色，这些角色的选择和表达方式反映了个体在不同社会情境中的身份认同。

身份认同建构理论的研究对理解个体在不同文化和社会背景中如何形成和表达自己的身份具有重要意义。它提醒我们，个体的身份认同是一个动态的、不断演变的过程，受到多种社会因素和个人经历的交织影响。因此，理解身份认同的建构过程不仅有助于解释个体在社会中的行为和选择，也为跨文化交流和身份政治等社会现象的理解提供了理论基础。

（3）社会认同理论

社会认同理论是社会心理学中的重要理论框架，探讨个体如何通过与群体的互动和认同来构建和维持自己的身份认同。该理论强调个体在社会中寻找归属感和认同感的过程，通过与特定群体共享的价值观、信仰、文化和身份特征建立联系，从而塑造个体的自我概念和社会角色。社会认同理论深化了对个体与群体互动、归属感和社会身份形成的理解，对理解社会化、文化多样性以及群体影响力具有重要作用。

2. 关键能力点

（1）跨学科研究能力

跨学科研究能力是指研究者能够综合和运用多个学科的知识和方法，以解决复杂问题或开发创新工具。在该案例中，STEM身份评估涉及多个学科领域，如科学、技术、工程和数学等。研究者需要具备跨学科的知识和理解能力，能够整合不同学科的理论和实践，才能够开发综合性的评估工具。

（2）数据统计分析能力

掌握数据统计分析能力不仅有利于培养教育研究者思辨的逻辑分析能力，而且有利于培养其深入分析数据的统计学能力。开发评估工具需要收集和分析大量的数据，包括定量和定性数据。研究者需要能够运用统计分析工具和方法，从数据中提取关键内容，并解释研究结果的实际意义。

在该案例中，研究人员将 EFA 用于初步分析从文献综述、专家评审、学生访谈和小规模试测中收集的项目数据。通过 EFA，研究者可以确定哪些项目可以聚合在一起形成因子；剔除不相关或不适合的项目，并为后续的验证性因子分析提供基础。然后将 CFA 用于验证通过 EFA 和 Rasch 分析确定的因子结构；评估模型的拟合度，确保测量工具的结构有效性，并提供进一步的信度和效度证据。

在科学研究中，数据统计分析是不可或缺的工具。它可以帮助研究人员验证假设、得出结论，并通过数据支持的证据提高研究结果的可信度。

3. 科学教育工作中的探索与创新

（1）科学教育研究中开发评估学生身份工具的重要性

在科学教育研究中开发评估学生 STEM 身份的工具至关重要。这些工具不仅可以帮助教育者了解学生对 STEM 领域的兴趣和能力水平，还能够评估其在 STEM 学科中的学习成就和潜力。通过准确评估学生的 STEM 身份，教育机构可以制订针对性的教育计划和支持措施，帮助学生在 STEM 领域获得更好的学习体验和成就。不仅有助于培养未来的科学家、工程师和技术专家，还能推动整个社会对 STEM 教育的重视。

（2）研究设计的创新

本研究开发和验证了一种评估学生科学、技术、工程和数学（STEM）身份的工具，该工具基于科学身份的概念框架，旨在概念化学生的 STEM 身份并扩展 STEM 身份模型。通过专家评审、小规模试测、学生访谈和大规模实地测试，对这一发展性工具进行了检验。

研究结果表明，该工具具有良好的信度和效度，包含四个维度：认可、表现和能力、兴趣、归属感。这一心理测量工具可以用于评估学生在 STEM 领域的可持续性。通过开发和验证科学身份评估工具，可以更好地理解和促进学生在 STEM 领域的身份认同和发展。这对于 STEM 教育的改进和学生的职业发展具有重要意义。此外，评估学生身份可以帮助教育管理者做出数据驱动的决策。

（五）课堂设计

①时间安排：大学标准课堂4节，160分钟。

②教学形式：小组合作为主，教师讲授点评为辅助。

③适合范围：50人以下的班级教学。

④组织引导：教师明确预习任务和课前前置任务，向学生提供案例和必要的参考资料，提出明确的学习要求，给予学生必要的技能训练，便于课堂教学实践，对学生课下的讨论予以必要的指导和建议。

⑤活动设计建议：提前布置案例阅读和汇报任务。阅读任务包括案例文本、参考文献和相关书籍；小组汇报任务包括对思考题的见解，合作的教学设计。小组讨论环节中需要学生明确分工，做好发言记录和形成最后的综合观点记录。在进行小组汇报交流时，其他学习者要做好记录，便于提问与交流。全班讨论过程，教师对小组的设计进行点评，适时地提升理论，把握教学的整体进程。

⑥环节安排如表10-9所示。

表10-9 课堂环节具体安排

序号	事项	教学内容
1	课前预习	学生对课堂案例、课程设计等相关理论进行阅读和学习
2	小组研读案例、讨论及思考	案例讨论、模拟练习、准备汇报内容
3	小组汇报，分享交流	在进行小组汇报交流时，其他学习者要做好记录，便于提问与交流。在全班讨论过程中，教师对小组的设计进行点评，适时的提升理论，把握教学的整体进程
4	教师点评	教师在课中做好课堂教学笔记，包括学生在阅读中对案例内容的反应、课堂讨论的要点、讨论中产生的即时性问题及解决要点、精彩环节的记录和简要评价。最后进行知识点梳理及归纳总结
5	学生反思与生成新案例	学生课后对这堂课的自我表现给予中肯的评价，并进行学生合作式案例再创作

（六）要点汇总

1. 开发和验证一种评估工具的研究思路

本案例的研究思路是通过开发和验证一个评估学生 STEM 身份认同的工具来构建 STEM 身份模型。研究采用了开发题库、专家评审、小规模试测和学生访谈、大规模实地测试等步骤。通过专家评审和学生访谈，修改了题库，并进行了大规模实地测试，以确保工具符合可靠性和有效性的标准。通过探索性因素分析（EFA）和 Rasch 分析提供了足够的可靠性和效度证据。同时，通过验证性因素分析（CFA）和 Rasch 分析来确保结构效度。

开发和验证一种评估工具是一个系统而严谨的过程。通过明确评估目标、综合文献回顾、设计和编制工具、进行实地测试和信效度分析，研究者可以确保评估工具在实际应用中具有高效性和可靠性。这不仅有助于提升评估的科学性和公正性，也为教育和研究提供了有力支持。

2. 态度与信念和评价的交叉在国际物理教育中的研究进展和意义

以一篇涉及态度与信念和评价交叉研究为本章内容的案例，引进国外的优秀教育研究案例，带领学生阅读外文文献，分析其研究的设计、过程、方法等，共同领略国外的教育研究故事。态度、信念与评价的交叉研究对于提升教学质量和学生学习效果具有重要价值。这些研究揭示了学生对物理学习的态度和信念如何影响他们的学习表现，以及他们如何评估和解释物理现象。不仅帮助理解学生学习物理的心理过程，还揭示了这些因素如何影响学习动机、学术成就和科学思维能力。通过深入分析学生的态度和信念系统，教育者能够制定更有效的教学策略，激发学生的学习兴趣，培养其批判性思维和科学推理能力，从而提升物理教育的质量和效果。

（七）推荐阅读

吴新宁. STEM 课程开发[M]. 北京：光明日报出版社，2023.

参考文献

[1] National Research Council. Rising above the Gathering Storm：Energizing and Employing America for a Brighter Economic[J]. Future National Academis press，2007，95（1）：93—95.

[2] Barton A C，Kang H，et al. Crafting a future in science：Tracing middle school girls' identity work over time and space[J]. Am. Educ. Res，2012，50（1）：37—75.

[3] Gee J P. Identity as an analytic lens for research in education[J]. Rev. Res. Educ.，2000，25（1）：99—125.

[4] Hazari Z. Potvin G，Tai R H，et al. For the love of learning science：Connecting learning orientation and career productivity in physics and chemistry[J]. Phys. Rev. ST Phys. Educ. Res，2010，6：010107.

[5] Moote J，Archer L，DeWitt J，et al. Science capital or STEM capital? Exploring relationships between science capital and technology，engineering，and maths aspirations and attitudes among young people aged 17/18[J]. J. Res. Sci. Teach，2020，57：1228.

[6] Rahm J，Moore J C. A case study of long-term engagement and identity-in-practice：Insights into the STEM pathways of four underrepresented youths[J]. J. Res. Sci. Teach，2016，53：768.

[7] Simpkins S D，Price C D，Garcia K. Parental support and high school students' motivation in biology，chemistry，and physics：Understanding differences among Latino and Caucasian boys and girls[J]. J. Res. Sci. Teach，2015，52：1386.

[8] Hazari Z, Dou R, Sonnert G, et al. Sadler, Examining the relationship between informal science experiences and physics identity: Unrealized possibilities[J]. Phys. Rev. Phys. Educ. Res, 2022,18: 010107.

[9] Hazari Z, CassC, Beattie C. Obscuring power structures in the physics classroom: Linking teacher positioning, student engagement, and physics identity development[J]. J. Res. Sci. Teach,2015,52: 735.

[10] Li S L. Learning in a Physics Classroom Community: Physics Learning Identity Construct Development, Measurement and Validation[J]. Granting Oregon State University,2012.

[11] Chen S, Wei B. Development and validation of an instrument to measure high school students' science identity in science learning[J]. Res. Sci. Educ,2022,52: 111.

[12] Lockhart M E, Kwok O M, Yoon M, et al. An important component to investigating STEM persistence: The development and validation of the science identity (SciID) scale[J]. Int. J. STEM Educ,2022,9: 34.

[13] Paul K M, Maltese A V, Valdivia D S. Development and validation of the role identity surveys in engineering (RIS-E) and STEM (RIS-STEM) for elementary students[J]. Int. J. STEM Educ, 2020,7: 45.

[14] Hazari Z, Chari D, Potvin G, et al. The context dependence of physics identity: Examining the role of performance/competence, recognition, interest, and sense of belonging for lower and upper female physics undergraduates[J]. J. Res. Sci. Teach,2020,57: 1583.

[15] Tytler R. In Handbook of Research on Science Education edited by Norman G. Lederman and Sandra K[J]. Abell (Routledge, London,2014),2014,2: 96—117.

[16] Barton A C, Kang H, Tan E, et al. Crafting a future in science: Tracing middle school girls' identity work over time and space[J]. Am. Educ. Res. J,2013,50: 37.

[17] Enyedy N, Goldberg J, Welsh K M. Complex dilemmas of identity and practice[J]. Sci. Educ., 2006, 90: 68.

[18] Hazari Z, Sonnert G, Sadler P M, et al. Connecting high school physics experiences, outcome expectations, physics identity, and physics career choice: A gender study[J]. J. Res. Sci. Teach, 2010, 47: 978.

[19] Verdín D, The power of interest: Minoritized women's interest in engineering fosters persistence beliefs beyond belongingness and engineering identity[J]. Int. J. STEM Educ, 2021, 8: 33.

[20] Herrera F A, Hurtado S, Garcia G A, et al. in American Educational Research Association Annual Conference[R], 2012.

[21] Hughes R M, Nzekwe B, Molyneaux KJ. The single sex debate for girls in science: A comparison between two informal science programs on middle school students' STEM identity formation[J]. Res. Sci. Educ, 2013, 43: 1979.

[22] Rosenthal L, London B, Levy S R, et al. The roles of perceived identity compatibility and social support for women in a single-sex STEM program at a co-educational university[J]. Sex Roles, 2011, 65: 725.

[23] Seyranian V, Madva A, Duong N, et al. The longitudinal effects of STEM identity and gender on flourishing and achievement in college physics[J]. Int. J. STEM Educ, 2018, 5: 40.

[24] Steinke J. Adolescent girls' STEM identity formation and media images of STEM professionals: Considering the influence of contextual cues[J]. Front. Psychol, 2017, 8: 716.

[25] Talafian H, Moy M K, Woodard M A, et al. STEM Identity Exploration through an Immersive Learning Environment[J]. Journal for STEM Education Research, 2019, 2 (2): 105—127.

[26] Pfeifer M A, Zajic C J, Isaacs J M, et al. Beyond performance, competence, and recognition: forging a science researcher identity in the context of research training[J]. International Journal of STEM Education, 2024, 11 (1): 19.

[27] Simpson A, Bouhafa Y. Youths' and Adults' Identity in STEM:

a Systematic Literature Review[J]. Journal for STEM Education Research, 2020, 3（2）: 167—194.

[28] Seyranian V, Madva A, Duong N, et al. The longitudinal effects of STEM identity and gender on flourishing and achievement in college physics[J]. International Journal of STEM Education, 2018, 5（1）: 40.

[29] Potvin G, Tai R H, Almarode J, et al. For the love of learning science: Connecting learning orientation and career productivity in physics and chemistry[J]. Physical Review Special Topics - Physics Education Research, 2010, 6（1）: 10107.

[30] Vincent-Ruz P, Schunn C D. The nature of science identity and its role as the driver of student choices[J]. Int J STEM Educ, 2018, 5（1）: 48.

[31] Kelley T R, Knowles J G. A conceptual framework for integrated STEM education[J]. International Journal of STEM Education, 2016, 3（1）: 11.

[32] Wenger E. Communities of Practice: Learning, Meaning, and Identity[M]. Cambridge, England: Cambridge University Press, 1998.

第十一章　综合案例三

一、认知心理学与教育技术的交叉案例再现

物理与非物理专业学生对应紧急远程教学体验感知的比较[①]

摘要：2020年后，全球大多数大学从传统的面对面授课转向紧急远程教学。由于紧急远程教学的快速和突然转变，教师和学生都面临着一系列的挑战。在紧急远程教学的背景下，与某些文科课程相比，物理课程遇到了挑战。特别是，本研究试图确定在应用紧急远程教学时，物理专业学生和非物理专业学生是否具有不同水平的心流体验和认知负荷。此外，本研究还考查了物理专业学生的紧急远程教学是否因性别和教育水平而异。在2020年春季学期和2022年秋季学期结束紧急远程教学课程后，共有1 073名参与者参与了我们的研究，其中包括物理专业和非物理专业的学生。从结果来看，物理专业的学生在3种维度的心流体验中表现更好：享受、参与和控制。与非物理专业的学生相比，物理专业的学生表现出更高的相关认知负荷和更低的无关认知负荷。此外，在紧急远程教学期间，男物理专业学生的外部认知负荷明显高于女物理专业学生。尽管如此，本科和研究生的物理专业学生在心流体验或认知负荷方面并没有显著差异。总体而言，物理专业学生对其紧急远程教学学

[①] 本案例来源于作者的研究成果，引用如下：Qiuye Li, Shaorui Xu, Yushan Xiong, et al. Comparing the perception of emergency remote teaching experience between physics and nonphysics students[J]. Physical Review Physics Education Research,2023,19: 020131.

习体验有更积极的认知,紧急远程教学对物理专业学生的负面影响显著降低。

关键词:物理;紧急远程教学;心流体验;认知负荷

(一)研究背景

"紧急远程教学"(ERT)是由 Hodges 等人创造的,描述了这种现代教学和学习方法,表明"由于危机情况,教学交付暂时转变为替代交付模式"。随着时代的发展,大学面临着在必要时从线下校内课程转向紧急远程教学的可能性。

教育领域中关于在线学习的研究已颇为丰富,但须明确,在线学习与紧急远程教学在定义、目标、设计及教学方法上存在显著差异。在线学习巧妙融合同步、异步与自主学习活动,营造精心策划的教育环境,增强教学适应性,拓宽学生学习路径。相比之下,紧急远程教学则是在危机情境下教学模式的仓促转变,旨在提供稳定、即时、高效且持久的教学解决方案。

此转变对教师与学生均构成挑战,尤其是教师面临教具、资源及时间不足的困境,难以充分规划与准备在线教学活动与材料。在全球大流行背景下,紧急远程教学的有效性及师生表现成为研究焦点。多项研究表明,紧急转型对部分学生心理健康构成威胁,引发广泛的负面情绪。鉴于此,深入了解大学生对紧急远程教学的感受与体验至关重要。学生的认知负荷与心流体验作为衡量学习过程与感知的关键指标,其受紧急远程教学影响的研究尤为迫切,值得深入探讨。

(二)案例描述

1.为什么进行本研究?

师:该案例的研究对象是物理专业和非物理专业的学生,主要内容是探讨应用紧急远程教学时,物理专业学生和非物理专业学生是否具有不同水平的心流体验和认知负荷。众所周知,学习者是否专注于教学活动、对学习是否满意影响着学习效果。为什么作者要研究物理专业学生和非物理专业学生在接受紧急远程教学学习过程中的认知负荷和心流体验呢?

（1）网络教学挑战

在网络上进行学习存在着许多干扰因素,学生自主学习能力将起着关键作用,会对学生的学习产生重大的不利影响。同时,课程模式的突然转变打乱了学生正常的课程表和学习习惯,学生可能无法及时获取教师发布的学习资料。此外,教师和学生面对面交流的时间也很少,学生们认为课堂上的互动数量大幅减少,对他们的学习产生了不利的影响。此外,尽管成绩有所提高,但在紧急远程教学期间,学生们对自己的学习能力缺乏信心,获得的知识较少,对未来的准备不足。因此,探讨紧急远程教学在学生的学习过程的认知负荷和心流体验引起了研究者的关注。

（2）不同群体和不同学习阶段的学生教学体验感不同

实验室工作和动手实践是STEM相关课程(如物理课程)的重要组成部分。在这些强调应用技能的课程中,学生经常被要求参与更多的实践活动。所以与一些文科课程相比,紧急远程教学下的物理课程面临一些特殊挑战。因此,本研究探讨在紧急远程教学中物理专业和非物理专业学生是否具有不同水平的心流体验和认知负荷。

在教育情境中的性别差异也是必不可少的教育研究课题,大量研究探讨了性别对各种在线学习指标的影响。先前的研究结果表明在线学习中的性别差异有截然不同的效果。一项研究对本科生英语在线学习中认知负荷、态度和学术成就的性别差异进行了对比。该研究表明,男性通过移动学习平台学习英语时的认知负荷明显更小,男性对移动学习平台的评价比女性更有利。同样,男性在使用移动学习平台时,英语水平的提高也比女性好。鉴于这些相互矛盾的发现,调查物理专业学生对物理课程紧急远程教学体验看法的性别差异至关重要。

此外,高等教育当前一轮的紧急远程教学有不同的教育层次,包括本科生和研究生。有研究探讨了学习者的教育背景如何影响他们的在线学习能力。不同教育水平的群体对在线直播教学的准备程度差异很大。在传授知识能力方面,本科生对在线课程的评价不如面对面课程积极,这表明在线学习不是最有效的教学策略。比起传统的课堂环境更喜欢在线学习环境的研究生取得了比本科生更好的学习成果。与大一、大二和大三学生相比,毕业生对在线培训的自我效能感和满意度也更高。因此,本研究还调查了物理专业学生教育水平(本科和研究生)是否对物理课程紧急远程教学中的心流体验和认知负荷有影响。

2. 本研究提出了什么问题?

> 师:文献综述对整篇论文的创作有举足轻重的地位。通过文献的梳理,我们知道学生在学习过程中的心理状态会对学习成效产生很大的影响,同时紧急远程教学中的物理课程与某些理论或文科课程以不同的方式实施,更加强调实践技能的练习。不同的教学策略和教学活动可能会给学生带来不同的体验。大量的研究表明,在线学习的教学模式会影响学生的心流体验和认知负荷。基于此,我们可以提出什么研究问题?

研究试图探讨学生在大学接受紧急远程教学时的表现,重点研究学生对紧急远程教学体验的两个关键方面——心流体验和认知负荷。与一些文科课程相比,紧急远程教学下的物理课程有不一样的挑战。本研究旨在探讨选修物理课程的学生与未选修文科课程的学生在紧急远程教学的心流体验和认知负荷方面是否存在差异。

此外,人们一直认为,教育情境中的性别差异是必不可少的教育研究课题。大量研究探讨了性别对各种在线学习指标的影响,发现学习过程中存在性别差异。同时,在当前的高等教育中,不同教育层次(本科生和研究生)的学生对在线学习(紧急远程教学)的适应性和效果存在差异。基于此,研究问题如下。

①物理专业学生和非物理专业学生在紧急远程教学过程中的心流体验和认知负荷是否存在差异?

②性别是否影响物理专业学生紧急远程教学过程中的心流体验和认知负荷?

③物理专业学生在紧急远程教学期间的心流体验和认知负荷在本科组和研究生组之间是否存在差异?

3. 本研究如何设计和实施？

师：研究方案是整个研究的关键，在进行研究之前要详尽了解相关文献情况后再制订细致的研究方案。对于上述的研究问题，我们如何来设计研究方案？需要什么工具？

（1）研究设计

紧急远程教学课程使用网络会议工具（如腾讯会议和 Zoom）同步授课，并使用数字内容异步授课。为了让学生能够接触到实验设置，教师在紧急远程教学期间使用了虚拟仿真技术进行在线物理实验教学，学生在模拟实验室中进行实验操作练习。此外，学生需要完成相关的实验目标，并参与动手操作、数据收集、分析和实验报告撰写。模拟实验室为学生提供了基本在线实验的机会，作为理论课程及其相关实验室的一部分。

本研究将研究对象分为两组，考查物理专业学生和非物理专业学生对紧急远程教学的感知差异。物理专业的学生是指攻读物理学位的学生。这项研究还有一些主修物理学以外领域的文科学生的参与，比如金融、心理学、中国语言文学、社会管理和旅游管理。他们不需要完成任何物理课程，也没有在线物理实验。

本研究主要关注学生对紧急远程教学后的评价。学生们被要求在完成课程后完成心流体验和认知负荷的调查，以此评估他们的紧急远程教学体验。部分调查在春季学期结束时完成，另一部分则被安排在2022年秋季学期结束时完成。此外，本研究的另一个目的是确定不同教育水平和性别对物理专业学生紧急远程教学的影响是否存在差异。

（2）评估工具

采用问卷调查法对紧急远程教学中学生的心流体验和认知负荷进行了调查。问卷由心流体验量表和认知负荷量表两部分组成。本研究使用的测量方法主要改编自先前的相关研究，并对问卷的内容进行了修改，以适应紧急远程教学情境。

心流体验量表源自 Pearce 等人的研究，涵盖享受、参与和控制3个维度，后经 Chang 等人进一步优化。本研究采用了优化后的量表，并根据 ERT 学习的特点对表述进行了微调。该量表共包含12个条目，每个维度对应4个条目（体验、享受、参与、控制），采用李克特五级量表评分，范围从 1（非常不同意）到 5（非常同意）。学生得分越高，表示其心流体验越强烈。

认知负荷量表则由 Chang 等人基于 Gerjets 等人提出的 5 个项目认知负荷量表及 Leppink 等人的 10 个项目认知负荷量表开发而成。量表包含 12 个问题，分为内在（4 项）、外在（4 项）和关联（4 项）认知负荷 3 个子量表。同样采用李克特五级量表评分，选项从 1（非常不同意）到 5（非常同意）。为符合 ERT 的实际情况，本研究对原始量表进行了适当修改。

（3）参与者及程序

本研究的参与者来自我国南部一所师范院校。参与者样本包括在 2020 年春季（4 月 1 日至 7 月 15 日）参加紧急远程教学考试的学生，以及在 2022 年秋季（10 月 24 日至 12 月 25 日）参加紧急远程教学考试的学生。通过问卷调查，了解学生对紧急远程教学中心流体验和认知负荷的看法。共有 101 名物理专业学生参与研究。其中，女性 69 人，男性 32 人，本科生 48 人，研究生 53 人。这份问卷也被发放给文科专业的学生。共有 972 名非物理专业的学生，其中，女性 564 人，男性 408 人。本科生 719 人，研究生 253 人。总样本量达到 1 073 人，其中，女性 633 人，男性 440 人，本科生 767 人，研究生 306 人。

在学校辅导员的帮助下，问卷通过网络平台分发给不同专业的测试者。学生们在学期末完成课程后，完成了心流体验和认知负荷的问卷。所有参与研究者都是自愿选择参加问卷调查的。需要说明的是，完成问卷的学生不会获得额外的学分。问卷调查的持续时间估计在 10～15 分钟之间。

4. 本研究获得了什么结果？

师：研究结果是一篇论文的核心，其水平标志着论文的学术水平或技术创新的程度，是论文的主体部分。我们收集到的数据结果可以得出什么样的结论？如何来回应我们的研究问题呢？用到了什么数据分析？

在整个数据分析过程中采用了以下统计技术：第一步，计算量表的克伦巴赫系数。克伦巴赫系数的取值范围为 0～1。通常认为大于 0.7

的值足以证明检验的内部一致性。心流体验量表的克伦巴赫系数为0.868,认知负荷量表的克伦巴赫系数为0.882。由此可见,两种量表的内部一致性和信度是令人满意的。第二步,计算参与者的分数,为学生的研究结果提供描述性分析。第三步,通过曼—惠特尼 U 检验来比较物理专业学生和非物理专业学生在紧急远程教学期间的流动和认知负荷方面的表现。曼—惠特尼 U 检验还用于确定物理专业学生的心流体验和认知负荷是否存在性别和教育水平的差异。曼—惠特尼 U 检验是一种非参数检验,当数据不满足独立样本 t 检验的要求时使用。其目的是找出两个样本的数据是否存在显著差异。

表 11-1 显示了所有参与者和每组学生的心流体验和认知负荷的平均得分和标准差,这些学生被不同的变量(包括专业、性别和教育水平)所标记。总的来说,整个心流体验的满分为 60 分,每个维度的满分为 20 分。每一种认知负荷在量表上的最高分也是 20 分。值得注意的是,内部认知负荷和外部认知负荷越高,对学习越不利,相关性负荷越高,对学习越有生产力。

所有参与者的心流体验总体平均得分为 40.19(SD=7.29)。学生在享受项目上的平均得分为 13.24(SD=3.04),在参与项目上的平均得分为 12.81(SD=2.58),在控制项目上的平均得分为 14.15(SD=2.76)。在认知负荷方面,相对于内在认知负荷(M=10.96,SD=3.15)和外在认知负荷(M=10.47,SD=3.37),相关性认知负荷的平均得分(M=12.55,SD=3.26)更高。

从不同的变量来看,在心流体验和认知负荷方面,物理专业学生表现优于非物理专业学生,女物理专业学生表现优于男物理专业学生,物理专业研究生表现优于物理专业本科生。

(1)物理专业学生和非物理专业学生

1)心流体验

由表 11-1 可知,物理专业学生的平均得分(M=43.60,SD=5.93)显著高于非物理专业学生(M=39.84,SD=7.32)。换句话说,在紧急远程教学中,物理专业的学生比非物理专业的学生获得了更好的心流体验。图 11-1 显示了物理专业学生和非物理专业学生的心流体验得分和认知负荷的曼—惠特尼 U 检验结果。对于紧急远程教学的心流体验,两组之间存在显著差异(U=33 757.500,Z=−5.177,p<0.001,Cohen's d=0.32),见表 11-2。

表 11-1 学生心流体验和认知负荷得分的描述性统计

维度	参与者 n=1073 M	参与者 n=1073 SD	物理专业学生 n=101 M	物理专业学生 n=101 SD	非物理专业学生 n=972 M	非物理专业学生 n=972 SD	物理专业学生 男性 n=32 M	物理专业学生 男性 n=32 SD	物理专业学生 女性 n=69 M	物理专业学生 女性 n=69 SD	物理专业学生 本科生 n=48 M	物理专业学生 本科生 n=48 SD	物理专业学生 研究生 n=53 M	物理专业学生 研究生 n=53 SD
心流体验	40.19	7.29	43.60	5.93	39.84	7.32	42.78	5.87	43.99	5.97	43.48	5.21	43.72	6.57
心流体验-享受	13.24	3.04	14.19	2.48	13.14	3.08	13.93	2.37	14.30	2.54	14.40	2.25	14.00	2.68
心流体验-参与	12.81	2.58	13.60	2.45	12.72	2.58	13.16	2.58	13.81	2.38	13.31	2.24	13.87	2.62
心流体验-控制	14.15	2.76	15.81	2.19	13.97	2.75	15.87	2.16	15.87	2.21	15.77	2.03	15.85	2.34
内在认知负荷	10.96	3.15	9.72	2.95	11.08	3.13	11.25	3.38	10.75	2.96	11.16	3.09	10.45	3.23
外来认知负荷	10.47	3.37	9.13	2.92	10.61	3.38	10.16	2.71	8.65	2.90	8.90	2.73	9.34	3.09
相关认知负荷	12.55	3.26	13.31	3.29	12.47	3.25	13.31	3.14	13.30	3.38	13.23	3.10	13.38	3.48

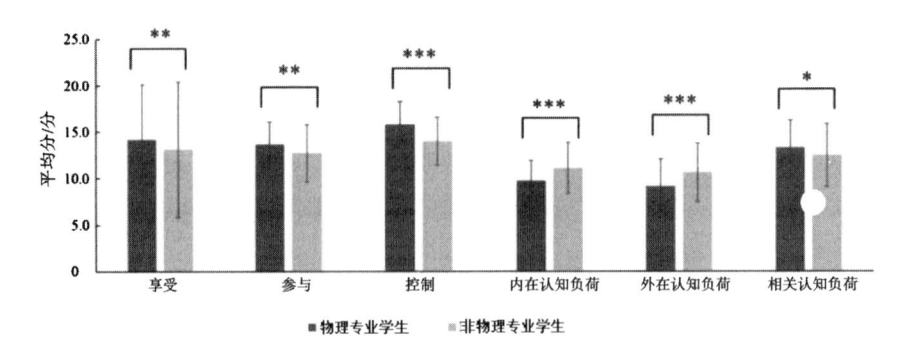

图 11-1 紧急远程教学中学生问卷得分平均值

注 $*p<0.05$；$**p<0.01$；$***p<0.001$。

从表 11-2 中可以看出，物理专业学生和非物理专业学生在享受（$U=39\,120.500$，$Z=-3.383$，$p<0.01$，Cohen's $d=0.206$）、参与（$U=39\,164.500$，$Z=-3.378$，$p<0.01$，Cohen' $d=0.205$）和控制（$U=30\,060.500$，$Z=-6.463$，$p<0.001$，Cohen' $d=0.400$）方面存在显著差异。在心流体验的 3 种结构中，物理专业学生和非物理专业学生的分数差异在控制维度中最为显着。

表 11-1 显示，非物理专业学生（$M=13.97$，$SD=2.75$）对控制的评分显著低于物理专业学生（$M=15.81$，$SD=2.19$）。一般情况下，Cohen's d 在 0.2～0.4 为小效应，在 0.4~0.7 为中等效应，在 0.7 以上为大效应。根据效应量的大小，物理专业学生与非物理专业学生的控制差异达到中等水平（Cohen's $d=0.400$）。

表 11-2 曼—惠特尼 U 检验学生的心流体验

物理专业学生（$n=101$）和非物理专业学生（$n=972$）				
维度	U	Z	p	Cohen's d
心流体验	33 757.500	−5.177	0.000***	0.320
心流体验－享受	39 120.500	−3.383	0.001**	0.206
心流体验－参与	39 164.500	−3.378	0.001**	0.205
心流体验－控制	30 060.500	−6.463	0.000**	0.400

注 $*p<0.05$；$**p<0.01$；$***p<0.001$。

2）认知负荷

分析物理专业学生和非物理专业学生在认知负荷得分上的差异，探讨学生在紧急远程教学中对学习负荷的认知。物理专业学生与非物理专业学生在内在认知负荷（$U=36\,254.500$，$Z=-4.367$，$p<0.001$，Cohen's $d=0.267$）外在认知负荷（$U=37\,018.500$，$Z=-4.094$，$p<0.001$，Cohen's $d=0.251$）和相关认知负荷（$U=42\,019.000$，$Z=-2.404$，$p<0.05$，Cohen's $d=0.146$）上存在显著差异。如表11-3所示，物理专业学生的外在认知负荷低于非物理专业学生但相关认知负荷高于非物理专业学生（$M=13.31$，$SD=3.29$ 和 $M=12.47$，$SD=3.25$）。也就是说，在紧急远程教学中，物理专业学生的外在认知负荷低于非物理专业学生，而相关认知负荷高于非物理专业学生。

表11-3　曼—惠特尼 U 检验学生的认知负荷

维度	物理专业学生（$n=101$）和非物理专业学生（$n=972$）			
	U	Z	p	Cohen's d
内在认知负荷	36 254.500	−4.367	0.000***	0.267
外在认知负荷	37 018.500	−4.094	0.000**	0.251
相关认知负荷	42 019.000	−2.404	0.016**	0.146

注　*$p<0.05$；**$p<0.01$；***$p<0.001$。

（2）性别

1）心流体验

为研究学生心流体验和认知负荷的性别差异和教育水平差异，以物理专业学生的参与者样本作分析。采用曼—惠特尼U检验比较不同性别物理专业学生心流体验的差异。由表11-4可以看出，物理专业学生的心流体验得分在性别上的差异无统计学意义（$U=967.000$，$Z=-1.003$，$p=0.326$，Cohen's $d=0.200$）。也就是说，女生和男生在心流体验量表上的得分相近。相对于心流体验量表的最高得分（最高得分为60），学生的紧急远程教学心流体验在很大程度上是积极的（表11-4）。此外，在心流体验的3个结构上没有显著的性别差异。

表 11-4　曼—惠特尼 U 检验对物理专业学生不同性别的心流体验

男性（n=32）和女性（n=69）				
维度	U	Z	p	Cohen's d
心流体验	967.000	−1.003	0.316	0.200
心流体验-享受	1 017.000	−0.642	0.512	0.127
心流体验-参与	968.500	−0.998	0.318	0.198
心流体验-控制	1 042.500	−0.453	0.650	0.089

注　*p< 0.05；**p<0.01；***p<0.001。

2）认知负荷

物理专业学生认知负荷的性别差异如表 11-5 所示。男女物理专业学生的无关认知负荷存在显著差异（$U = 801.500$, $Z = -2.226$, $p < 0.005$, Cohen's $d = 0.450$）。与男物理专业学生（$M=10.16$, $SD=2.71$）相比，女物理专业学生（$M=8.65$, $SD=2.90$）在紧急远程教学中的无关认知负荷较低（表 11-5）。然而，在物理专业学生的样本中，内在认知负荷和相关认知负荷没有发现性别差异。

表 11-5　曼—惠特尼 U 检验对物理专业学生不同性别的认知负荷

男性（n=32）和女性（n=69）				
维度	U	Z	p	Cohen's d
内在认知负荷	1 021.500	−0.609	0.543	0.120
外在认知负荷	801.500	−2.226	0.026*	0.450
相关认知负荷	1 075.500	−0.210	0.834	0.041

注　*p< 0.05；**p<0.01；***p<0.001。

（3）本科生和研究生

1）心流体验

本研究的另一个目的是比较物理专业本科生和物理专业研究生之间的心流体验（3 种维度）的差异。如表 11-6 所示，物理专业本科生和物理专业研究生之间的流动体验没有显着差异（$U=1 257.000$, $Z=-0.102$, $p =0.919$, Cohen's $d=0.020$）。至于这 3 种结构，两组在享受（$U=1 127.500$, $Z=-0.993$, $p =0.321$, Cohen's $d=0.196$）、参与度（$U=1 136.500$, $Z(1/4)=-0.930$, $p(1/4)=0.353$, Cohen's $d = 0.184$），控制（$U=1 246.000$, $Z=-0.179$, $p = 0.858$, Cohen's $d = 0.035$）方面也无差异。

表 11-6　曼—惠特尼 U 检验物理专业不同教育程度学生的心流体验结果

维度	本科生（n=48）和研究生（n=53）			
	U	Z	p	Cohen's d
心流体验	1 257.000	−0.102	0.919	0.020
心流体验 - 享受	1 127.500	−0.993	0.312	0.196
心流体验 - 参与	1 136.500	−0.930	0.353	0.184
心流体验 - 控制	1 246.000	−0.179	0.858	0.035

注　*p< 0.05；**p<0.01；***p<0.001。

2）认知负荷

探讨物理专业本科生和物理专业研究生在认知负荷方面可能存在的表现差异。两组物理专业学生认知负荷的曼—惠特尼 U 检验结果见表 11-7。内在认知负荷（U=1 264.000，Z=−0.055，p=0.956，Cohen's d=0.0011）、外在认知负荷（U=1 121.500，Z=−0.415，p=0.678，Cohen's d=0.205）和相关认知负荷（U=1 268.000，Z=−0.027，p=0.978，Cohen's d=0.005）在物理专业本科生和物理专业研究生之间的差异。物理专业学生的紧急远程教学认知负荷与学历无关。

表 11-7　曼—惠特尼 U 检验对物理专业不同教育程度学生认知负荷的结果

维度	本科生（n=48）和研究生（n=53）			
	U	Z	p	Cohen's d
内在认知负荷	1 264.000	−0.055	0.956	0.011
外在认知负荷	1 121.500	−0.415	0.678	0.205
相关认知负荷	1 268.000	−0.027	0.978	0.005

注　*p< 0.05；**p<0.01；***p<0.001。

5. 如何评价本研究结果？

师：基于结果的讨论是展现作者学术成果和逻辑思维的重要部分，也是学术文章的最大价值。对于上述研究结果，我们可以有怎样的思考？可以从哪些方面入手？

（1）物理与非物理专业学生对紧急远程教学体验的感知

研究发现物理专业学生和非物理专业学生对紧急远程教学的看法

不同。物理专业学生在心流体验和认知负荷两方面都有更好的表现,这反映在心流体验的三个维度得分较高。

此外,研究结果还表明,物理专业学生的自评认知负荷与非物理专业学生的自评认知负荷存在显著差异。根据认知负荷理论,内在负荷主要由学习材料决定而不是由教学模式决定。物理专业学生与非物理专业学生的内在认知负荷存在明显差异。而在本案例中研究的重点是由于紧急远程教学模式导致的物理和非物理专业学生认知负荷的差异,因此,需要进一步分析外在认知负荷和相关认知负荷。与非物理专业学生相比,物理专业学生的外在认知负荷较低,相关认知负荷较高。也就是说,物理专业学生的无关认知负荷较少,这更有利于他们的学习。

从研究结果来看,物理专业学生认为紧急远程教学中的传递方式对他们的学习产生的负面影响较小。物理专业学生的心流体验高于文科专业学生,认知负荷低于文科专业学生。这一发现支持了之前关于理科和文科课程在线教学和面对面教学差异的一些研究。

Hillier 进行了一项类似的研究,考查了不同专业的本科生在网络测试中的表现。他发现,来自计算机工程系的学生被观察到获得了最高的分数。而技术专业的本科生在获得更好的分数方面具有比较优势,因为他们更倾向于采用基于计算机的环境。Moradi 等人的研究支持了这一论断,声称物理课程的学生对在线教学模块有很高的参与度和满意度,使用在线模块的学生比不使用在线模块的学生表现明显更好。此外,在线物理课程的特点也可能有助于解释这一结果。

物理实验室是物理课程的重要组成部分,甚至一些动手实验也在独立的实验课程中实施。近年来,新颖的物理实验室在物理教育中越来越受重视。在之前的一项研究中,对大学水平的物理课程的在线授课与面对面授课进行了研究,结果表明,学习者对在线课程感到满意。在线物理课程中整合了多媒体内容和引人入胜的练习,如模拟和游戏,已被发现对促进学生动机和学习成果具有积极影响。

远程教学中,现场实验室程序转移到网上,物理课程中使用远程实验室和虚拟实验室,学生可以很好地适应,且学生对实验物理的认知并没有明显下降。

学生在在线物理实验课程中自行收集数据时,他们的学习成功率更高。因此,我们推测这些实验活动可能有助于增强学生的学习动机,丰富课堂活动,为学生提供更好的体验。

紧急远程教学的大部分理论课程,如语言和其他文科课程,都是全程由教师主导和讲授,缺乏学生对课堂活动的积极参与。甚至在紧急远程教学中,一些文科课程的授课也是通过在线视至频资源的应用进行同步或异步的。在一项研究中,对大学水平的物理课程的在线授课与面对面授课进行了检验。结果表明,学习者对在线课程感到满意。因此,我们假设异步在线课程提供的更大程度的灵活性是学生满意度更高的一个因素。

(2)学生紧急远程教学体验的性别差异

通过评估物理专业男性学生的心流体验和认知负荷,我们发现物理专业男性学生在紧急远程教学中报告的外来认知负荷明显高于物理专业女性学生。外部认知负荷是由教学设计引起的,而相关的认知负荷与知识边缘习得有关。由于物理专业女性学生在紧急远程教学中评价的外来认知负荷较少,因此紧急远程教学中学习材料的呈现和信息的组织对女性紧急远程教学学习的负面影响可能较小。

有研究发现,物理专业女性学生比物理专业男性学生具有更强的自我调节能力,并且比物理专业男性学生更坚持和投入,从而导致比物理专业男性学生更高的学习成果,且表现出对在线学习更稳定的积极态度。

本研究中学生在紧急远程教学环境下的心流体验和认知负荷的性别差异支持了部分前人的研究结果。应该承认,紧急远程教学和在线学习有一些不同的特点。目前对性别差异的研究将学习环境从传统的在线学习发展到特定的紧急远程教学。研究结果为如何提高不同性别学生在紧急远程教学中的学习水平提供了一些思路。

(3)教育程度对学生紧急远程教学体验感知的影响

在物理学科的本科生与研究生中,研究生在心流体验方面的表现优于本科生。先前研究显示,相较于传统的面对面教学,研究生更偏好在线学习模式,这可能使他们在在线学习中取得更佳成效。本科生则可能因网络视频等视觉刺激而分心,或未能充分投入在线学习。

本研究发现,尽管统计学上的显著性水平未达到,物理专业研究生在心流体验的投入和控制维度上仍略胜本科生。这表明,对于自控力较强的研究生而言,外部干扰的影响可能较小,他们更可能专注于并控制自己的学习行为。此外,研究生相较于本科生更倾向于在线学习,这可能提升了他们的在线学习成效。因此,本科生报告的心流体验相对较少。

研究还发现,不同教育水平的物理专业学生在认知负荷方面并无显著差异。外部认知负荷通常与教学材料设计有关,可通过教学设计进行优化。在紧急远程教学期间,研究生和本科生所接受的物理课程设计、学习材料和教学策略相似。

结果显示,物理专业学生的外部认知负荷低于平均水平,而相关认知负荷则高于平均水平。这表明,当面对面教学紧急转变为远程教学模式时,物理专业学生对远程教学的负面影响感知较小,无论教育水平如何,他们对紧急远程教学体验的感知更为积极。

严格且科学地说,本研究中实施的紧急远程教学与在线学习相比,存在于一个略有不同的环境中。与在线学习相比,紧急远程教学是一种"完全在线模式"。紧急远程教学的这种教学模式不同于利用互联网辅助传统面对面教育的在线学习模式。它也不同于混合式学习,后者将在线学习视为传统面对面教学的一个组成部分。

在紧急远程教学的背景下,教学活动不仅是完全远程的,而且是突发性和强制性的。当被置于这种复杂、脆弱、受情感影响的教育环境中时,学生在学习中面临着许多挑战。学生对紧急远程教学的看法可能与他们以前对在线教育的看法不同。本研究是对非常紧急和强制阶段的紧急远程教学学习的探索,反映了物理专业和非物理专业以及不同性别和教育水平学生在心流体验和认知负荷方面的差异。

综上所述,本研究的目的是研究物理和非物理专业学生对其紧急远程教学经验的感知。一项关于学生紧急远程教学过程中的心流体验和认知负荷的调查结果支持物理和非物理专业学生对其紧急远程教学体验的不同感知。学习物理的学生报告了更高的心流体验,以及不太显著的认知负荷。

物理专业学生的认知负荷存在显著的性别差异,物理专业女性学生对自身外在认知负荷的评价高于物理专业男性学生。而本科和研究生阶段的物理专业学生在心流体验或认知负荷方面没有显著差异。

二、对研究结果的深度剖析和拓展

（一）基于本案例的深度剖析

①本案例中研究题目的关键词是什么？该项调查想研究什么？
②该研究如何体现研究的重要性、必要性和价值？
③该研究的作者是如何提出 3 个研究问题的？
④紧急远程教学有何特征？为什么要研究学生紧急远程教学体验的心理状态？
⑤本案例的研究结果如何？是如何回答研究问题的？
⑥如何基于数据结果进行讨论？
⑦关于本案例，你有什么思考？本案例中的不足之处如何进一步改进？

（二）基于本案例的拓展研究

1. 本案例在研究对象和数据采集上可以改进吗？

参考：本研究的参与者仅来自我国的一所大学，数据收集是来自学生课后的自我报告，未能及时捕捉到学生在紧急远程教学课题上的心流状态和认知状态，使得研究结果的准确性存在一定局限性。未来研究可以在教育神经科学或人工智能技术的帮助下，及时捕捉来自不同国家和不同专业的学生的紧急远程教学体验。

2. 本案例在研究方法上可以改进吗？

参考：针对本研究，引入前测与后测方法能够更为稳健地揭示紧急远程教学前后的具体变化。然而，当前研究缺乏前期或纵向数据来比对本调查中观测到的变量变化,这在一定程度上限制了结论的全面性。为了弥补这一不足,建议补充一些研究方法,如课题观察或访谈,以确认参与者的实际想法,这将有助于更好地提高学生在紧急远程教学中的学习。

3. 本案例在研究内容上可以改进吗？

参考：本研究侧重于学生的看法,而不是对学习成果或表现的客观衡量。未来的研究可以探讨学生对紧急远程教学的认知与其实际学习成果之间的关系。

思考：根据本案例,你还可以提出什么研究问题？

（三）认知心理学和教育技术融合的拓展研究

1. 心流体验与教育技术集成

心流体验与教育技术集成的研究致力于探索和实现如何利用先进的教育工具,例如,游戏化学习、虚拟现实和自适应学习系统等,来设计和营造能够激发学生心流体验的学习环境,特别是在远程或在线学习的场景中。这种集成旨在通过提供个性化、互动性强和富有挑战性的学习活动,促进学生的深度参与和沉浸式体验,从而提高学习效率、增强学习动机,并最终提升学习成果。

吕秉泓（2023）基于心流理论开发了一款图书馆入馆游戏,相较于传统的图书馆入馆教育相比,图书馆入馆教育游戏具有趣味性,可以增加学生的参与度,提升学生的学习动机和心流水平,同时提高了学生的学习成绩。虚拟现实技术的教育应用是未来教育的重点关注领域。

已有研究表明,心流体验是虚拟现实环境中评传学习者学习体验的重要指标,刘哲雨等人（2022）以桌面虚拟现实环境为背景,构建以基于心流体验中介作用的自我效能感影响学习结果的假设模型,他们发现：在桌面虚拟现实环境中,心流体验对学业成绩、学习满意度产生显著影响,自我效能感虽然没有直接显著地影响学业成绩与学习满意度,但通过心流体验产生了间接影响。

心理流动体验在影响过程中具有完整的中介作用,这说明教育研究者应更多地关注心理流动体验的落地视角,优化桌面影响现实环境设计以提高学习效果。

Riza Salar 等人(2020)发现增强现实(AR)技术能够显著提高学生的兴趣和注意力集中度。使用 AR 应用的学生会体验到更强烈的心流状态。Dilek Doğan 等人(2022)探讨了在三维多用户虚拟环境(3D MUVEs)中通过设计学习时情境流体发现在 3D 设计活动中,情境流体验有助于提高学习者在设计任务中的专注度和沉浸感。当学习者在设计过程沉浸体验中,他们的学习动机得到增强,这有助于提高学习效果。

乔红月(2018)将心流理论引入移动 MOOC 平台设计中,提出了能够激发学习者心流体验的移动平台设计策略,总结了移动 MOOC 学习者的心流模型,并推导出能激发学习者心流体验的设计原则。研究扩充了移动 MOOC 平台设计的理论研究方法,提升了心流理论在互联网教育领域的应用价值。

上述研究结果表明,心流体验在教育技术集成中发挥着重要作用,能够显著提升学习者的在线学习体验和成绩。

2. 认知负荷与教学设计

探索不同教育技术工具和平台对学生认知负荷的影响,以及如何优化这些工具以减少不必要的认知负担。涉及研究教育技术在设计和应用过程中如何与学生的工作记忆和注意力机制相互作用,目的是识别并减少那些可能导致认知过载的教学元素,同时增强那些促进有效学习和理解的功能。这要求教育者和技术开发者共同努力,通过实证研究和用户反馈,不断调整和改进教育技术产品,确保它们能够以支持而非干扰学生的认知过程,从而提升学习效率和体验。

王国华等人(2023)发现虚拟现实技术整体上能中等程度地促进降低学习者的认知负荷,其中认知负荷测量工具、VR 应用场景和教学方法对这一效果有显著调节作用,而学段、学科、干预时间和频率以及 VR 技术类型等因素则没有显著调节效应。

远程学习已成为学生在线学习和学术研究的重要方式,研究者们提出通过研究学习内容的设计来指导学习活动、教学设计策略为学习者的在线学习和教师的教学设计提供支持。马志岩（2013）提出了基于认知负荷理论的在线学习活动主题设计模型和流程。Choi 等人使用贝叶斯网络作为分析方法，对网络学习系统中学生认知负荷的个性化诊断评估进行了分析，结果表明，与认知负荷相关的诊断信息可以帮助学生通过管理和控制网络学习环境中的认知负荷来提高学习成绩。

增强现实（AR）技术的出现为教学注入了新的活力，尤其是当可视化和互动性增加了学生对科学探究的兴趣时。Niu 等人（2019）采用混合研究方法，考查了不同支架对知识保留、知识转移、学习满意度和认知负荷的影响。结果表明，开放式脚手架可以提高学生的知识保留和知识转移，并减轻认知负荷。

多媒体技术的不断进步增加了人们对在教育环境中使用电子书的兴趣，Serpil Yorganci（2022）调查了电子书技术和不同类型的反馈如何影响数学课分化单元内学生的学习、动机和认知负荷。

研究结果显示，交互式电子书和视频反馈分别增加了内在动机。在认知负荷方面，结果显示，使用提供视频反馈的交互式电子书可显著降低学生的外在和内在认知负荷。Tuba Koc 等人（2022）通过研究 Google Earth 在小学教育中的应用，探讨了三维地理空间技术对学生学业成绩、空间思维技能和认知负荷的影响。

研究发现，尽管学生在使用 Google Earth 过程中面临较高的认知负荷，但他们大多能够成功完成任务。教师和学生普遍对 Google Earth 持积极态度，认为它能够提供沉浸式学习体验，增强现实感，并促进知识的理解和记忆。然而，技术问题如互联网连接不稳定也对学习体验产生了一定的负面影响。

（四）可研究问题的建议

1. 研究对象紧急远程教学学习成效

实施紧急远程教学的教育教学研究多在大学开展，但并未覆盖中小学阶段或教育资源匮乏的地区，导致已有研究结论的普遍性较低，针对性较强。

因此,探索研究不同年级、地区、专业的学生参与紧急远程教学学习后的学习成效很有必要,不仅了解学生在线上教学的心理状态和学习习惯从而优化教学策略,还可以帮助教育者更好地将教育技术与学生的心理需求相结合,以促进学习。

2. 探索不同教育技术应用对学生认知心理的影响

探索不同教育技术应用对学生认知心理的影响已成为教育研究的重要方向。目前,教育技术的应用在课堂教学中日益广泛,包括但不限于在线学习平台、虚拟现实(VR)、增强现实(AR)、自适应学习系统等。这些技术被认为能够显著提升学生的学习体验和认知发展。

我们仍需深入研究这些教育技术是如何具体影响学生的认知心理过程的,以及哪些具体的应用方式能够更高效地促进学生的认知发展。尽管已有研究指出教育技术在提高学生学习动机和参与度方面的潜力,但关于这些技术如何作用于学生的认知结构和信息处理机制的理解仍然有限。

未来的研究需要聚焦于教育技术应用的具体方式和学生认知心理变化之间的关联,明确哪些教育技术的应用能够更有效地促进学生的认知发展及其原因。现有的研究多集中于单一教育技术的应用效果,而缺乏对不同技术如何协同作用于学生认知心理的深入探讨。理解认知心理发展和变化的内在机制,以及教育技术如何影响这些过程,对于设计有效的教学策略至关重要。

如果能够建议在教学中综合运用多种教育技术,根据不同学习阶段和学生需求调整教学方法,将有助于探索适合不同学生的认知发展需求的教学模式,培养学生的批判性思维、问题解决能力和自主学习能力。

三、案例教学指导

（一）教学目标

1. 适用课程

本案例适用于《教育研究方法》《国际教育研究方法》《教师专业发展》等课程。

2. 教学对象

本案例适用于学科教学（物理）硕士研究生、课程与教学论（物理方法）硕士研究生、物理学（师范）专业学生及参与教师专业发展的在职教师。

3. 教学目的

①学会如何进行设计和开展物理教育技术与认知心理领域的融合研究。
②了解认知心理学与教育技术在国际物理教育中研究的进展和意义。
③培养研究中的创新精神和研究素养。

（二）启发思考题

①本案例如何体现研究的重要性、必要性和价值？为什么会提出这3个研究问题？
②针对本案例的研究问题，应如何进行调查？如果是你，会如何开展调查？

③该研究设计是否满足研究问题的需要,你认为还有什么需要补充?

④该研究结果如何回应研究问题?用到了哪些统计分析方法?

⑤思考题:基于教育技术和认知心理学融合的论文主题,设计一个新的研究题目,并简单介绍如何开展研究。

(三)分析思路

该案例是一篇涉及心流体验和认知负荷在网络教学上的影响的研究调查。比较物理专业与非物理专业学生在紧急远程教学体验上的差异,并探讨性别和教育水平如何影响这些体验。研究采用了问卷调查法,基于心流体验和认知负荷理论,对参与者进行了调查。数据分析部分使用了 Cronbach alpha 系数来检验量表的内部一致性,并通过曼—惠特尼 U 检验来比较不同组别间的差异。

研究结果揭示了物理专业学生在紧急远程教学中的心流体验和认知负荷方面与非物理专业学生存在显著差异,同时也发现了性别和教育水平对物理专业学生紧急远程教学体验的影响。

通过学习该案例,可以帮助学生梳理物理教育实证类的一般研究思路,关注心流体验和认知负荷领域的研究现状和发展,引领走入教育研究的大门,培养具有国际视野的研究站位。

(四)案例分析

1. 相关理论

(1)心流体验

根据 Csikszentmihalyi 的心流理论,人们在从事一项特定的活动时被认为处于最佳状态,注意力集中。最佳心流体验的概念包括完全沉浸、时间飞逝的幻觉和一种兴高采烈的感觉。根据前人的文献,明确的目标、反馈、挑战技能平衡、行动和意识的整合、控制感、注意力集中、时间膨胀、自我意识丧失和令人满意的体验通常被认为是心流体验的组成部分。

有学者提出了更清晰、更具体的结构。例如,Webste 等人(1993)

将心流体验分为四类：控制、注意力集中、好奇心和认知享受。在 Koufaris 的范式中，感知享受、感知控制和注意力这 3 个构念被用来测量心流体验。心流体验的要素包括享受、参与和控制，由 Pearce 等人分离。

这些因素可以更精确、更简洁地量化，适合作为心流状态指标。此外，Csikszentmihalyi（1988）指出，在学生体验活动时感到高兴、投入和自我控制的时刻，充分展示这些元素是可行的。

心流理论已被广泛应用于教学、消费者行为、游戏、多媒体材料设计、人机交互、信息管理系统等。先前的研究表明，在游戏化学习环境中，心流体验可以作为探索学生学习状态的重要指标。心流体验是教育领域值得关注的重要问题，它有助于确保学习者参与到学习过程中。

（2）认知负荷理论

认知负荷理论（Cognitive load theory，CLT）最早由 Sweller 提出。认知负荷理论的核心是工作记忆，强调人类工作记忆在处理信息量方面的能力是有限的，而且这种记忆能力很容易被各种类型的负荷所压倒。

有人指出，我们的工作记忆一次只能处理有限数量的信息，而不同类别的负载可以填满记忆容量。该理论将教学环境下的工作记忆需求划分为 3 种负荷类型，即内在认知负荷、外在认知负荷和相关负荷。

内在认知负荷（Intrinsic cognitive load，ICL）与学习材料的难易程度有关，不能由教学设计者直接操纵。外在认知负荷（ECL）与设计不当的教学材料有关，并可能受到教学设计师的影响，而相关认知负荷（GCL）与学习者致力于学习相关信息的工作记忆资源有关。

有人提出，信息表征不足或过度表征往往会带来显著的认知负荷并干扰学习。信息的呈现方式必须能够减少多余的认知负荷，并增强与学习相关的认知负荷，从而有效地传递指令。

CLT 是在线学习教学设计的核心。它确定了学习者在学习过程中参与的认知过程。因此，检查学生在教学过程中的认知负荷是至关重要的。许多学者已经在教育研究中实施了 CLT，以研究诸如教学信息如何呈现，学生学习材料如何设计以及认知负荷如何影响教学或学生学习等主题。

（3）应急远程教学的努力与挑战

根据在线教育的经验和不断发展的技术，各国的教师和研究人员改进了紧急远程教学的教学策略和课程设计。许多地区提供远程学习计划,其中可能包括正式课程、作业、进度监控和获取一般教育资源。此外,紧急远程教学还实施了一些教学策略,如案例研究、在线讲座、讲师笔记、小型项目、远程半讲座和在线论坛。

法国医学生通过视频会议学习某些理论和文科课程。艺术和设计课程非常强调学生和教师之间的互动。该课程提供了一个参与式平台,包括阅读、理解和视频观看等多种活动。此外,学生们还可以通过使用各种技术工具,如谷歌 groups 工具、Doodle、Twitter、WhatsApp 和 Pinterest,在在线课程中组成小组。在韩国,某些文科课程可以访问在线讲座。

对于科学、技术、工程和数学(STEM)教育来说,实验室工作和动手实践是 STEM 相关课程(如物理课程)的重要组成部分。在这些强调应用技能的课程中,学生经常被要求参与更多的实践活动。利用各种技术工具为学生创造一个进行实际任务的环境。许多 STEM 相关学位要求将物理课程作为公共基础课程的一部分。在线物理课程中已经实施了远程实验室和基于模拟的实验室。

少数人声称紧急远程教学已经将几种面对面的实验室方法移到了网上。物理实验室已经采用了多种方法来增强高等教育中的在线物理课程,包括为学生提供个性化的实验室工具包和包含真实数据的视频演示以供分析。

2. 关键能力点

(1)开展教育调查类研究的能力

具备设计研究框架和定量分析的能力是教育研究者必备技能。学生需要加强研究思路严密性和研究实施的持续性,提高定性和定量分析相结合的能力。

本案例通过精心设计的研究框架和严谨的定量分析方法,展示了教育研究者在探究物理与非物理专业学生在应急远程教学情境下的心流体验和认知负荷时所必备的技能的研究过程。通过该案例的学习,学生应掌握开展教育调查类研究的一般方法,懂得结合已有研究结果和相关文献结论对实证调查数据进行分析和归因,从而提出对教育教学有益的建议。

（2）数据统计分析能力

掌握数据统计分析能力不仅有利于培养教育研究者思辨的逻辑分析能力，而且有利于培养其深入分析数据的统计学能力。在该案例中，研究者首先计算量表的克伦巴赫系数，接着统计参与者的分数，为学生的研究结果提供描述性分析。

随后，利用曼—惠特尼 U 检验来比较物理专业学生和非物理专业学生在紧急远程教学期间的心流体验和认知负荷方面的表现。曼—惠特尼 U 检验还用于确定物理专业学生的心流体验和认知负荷是否存在性别和教育水平的差异。曼—惠特尼 U 检验是一种非参数检验，当数据不满足独立样本 t 检验的要求时使用。其目的是找出两个样本的数据是否存在显著差异。

在教育研究领域，数据统计分析是一直实用的数据分析手段，可以帮助我们揭示出教学行为或现象的特征与规律。当前，在教育研究方法论方面，数据统计分析法已经成为保证教学科研执行的一个重要手段。

（3）设计在线学习的课程

设计在线学习课程的能力对于教育工作者来说非常重要。设计一个精心制作在线学习课程可以吸引学生注意力，激发学习兴趣，提高学习积极性。通过合理的课程设计，可以帮助学生更好地理解和吸收知识，达到更好的学习效果。优秀的在线课程设计可以提升课程的互动性，促进师生间和学生间的良好互动，促进学习氛围的营造。在线课程设计能力可以帮助教育工作者更好地满足不同学生的学习需求，包括不同学习风格、学习节奏等。

在该案例中，利用虚拟仿真技术进行在线物理实验教学。学生将在实验室模拟中获得虚拟练习。模拟实验室为学生提供了进行基本在线实验的机会，作为理论课程及其相关实验室的一部分，减少了学生在线无法进行实操的缺点，大大提高学生在线学习的学习兴趣。因此，具备设计在线学习课程的能力对于教育工作者来说至关重要，有助于提高教学质量，激发学生学习热情，促进教育创新发展。

3. 心流体验、认知负荷和教育技术工作中的探索与创新

（1）教育前沿和热点问题的把握能力

没有问题就没有研究，教育研究是基于一定的问题进行的。而教育

前沿与热点是当下急需解决的问题,也是研究者的主要研究问题来源之一。科学研究能力和专门技术水平的具备与发挥,源于对相关问题的发现与解决。本案例基于紧急远程教学模式下,学生和教师在紧急远程教学中的表现是值得研究的重点。通过调研,发现紧急远程教学的影响研究包括许多方面,但是关于认识论影响的研究并没有得到足够的重视,同时少数研究调查了学生在教学模式转变下对物理态度的变化。

有一些研究表明,在某些情况下,向紧急远程教学的过渡对学生的心理健康产生了不利影响,并在他们身上产生了普遍的负面影响。而在教学实践中,紧急远程教学的有效性尤为重要。因此,在本案例中,研究大学生对紧急远程教学的感知和体验,有利于教师掌握学生学习实际情况和心理状态,从而促进学生学习。

(2)研究设计的创新

本案例采用曼—惠特尼 U 检验对来自中国不同专业、性别、教育程度的学生进行了调查,将学生分为 3 类群体进行讨论:物理学和非物理学、性别、本科生和研究生,利用曼—惠特尼 U 检验确定物理专业和非物理专业学生的心流体验和认知负荷是否存在差异以及物理专业学生的心流体验和认知负荷是否存在性别和教育水平的差异。

该案例的研究设计有效填补了对不同专业、性别和教育程度的学生在物理紧急远程教学体验差异的研究空白。

(五)课堂设计

①时间安排:大学标准课堂 4 节,160 分钟。

②教学形式:小组合作为主,教师讲授点评为辅助。

③适合范围:50 人以下的班级教学。

④组织引导:教师明确预习任务和课前前置任务,向学生提供案例和必要的参考资料,提出明确的学习要求,给予学生必要的技能训练,便于课堂教学实践,对学生课下的讨论予以必要的指导和建议。

⑤活动设计建议:提前布置案例阅读和汇报任务。阅读任务包括案例文本参考文献和相关书籍;小组汇报任务包括对思考题的见解。合作教学设计。小组讨论环节中需要学生明确分工,做好发言记录,以及形成最后的综合观点。在进行小组汇报交流时,其他学习者要做好记录,便于提问与交流。全班讨论环节,教师对小组的设计进行点评,适时

地提升理论,把握教学的整体进程。

⑥环节安排如表 11-8 所示。

表 11-8　课堂环节具体安排

序号	事项	教学内容
1	课前预习	学生对课堂案例、课程设计等相关内容进行阅读和学习
2	小组研讨案例和思考	案例讨论、模拟练习、准备汇报内容
3	小组汇报,分享交流	在进行小组汇报交流时,其他学习者要做好记录,便于提问与交流,在全班讨论过程中,教师对小组的设计进行点评,适时地提升理论,把握教学的整体进程
4	教师点评	教师在课中做好课堂教学笔记,包括学生在阅读中对案例内容的反应、课堂讨论的要点、讨论中产生的即时性问题及解决要点、精彩环节的记录和简要评价,最后进行知识点梳理及归纳总结
5	学生反思与生成新案例	学生课后对这堂课的自我表现给予中肯的评价,并进行学生合作式案例再创作

(六)要点汇总

1. 选好研究切入点,培养科学研究素养

本案例通过系统化的文献搜集、整理、分类、检索、重构及应用过程,不仅拓宽了研究视野,还夯实了研究基础。在此基础上,明确提出了 3 个核心研究问题,并随之确定了研究方法,包括选定的评估工具、学生被试样本,以及对收集到的数据进行深入分析。最终,通过深入讨论,教育类学生应着力培养自身探索教育教学规律、敏锐发现教育问题,并有效解决教育教学实践中的难题的能力。此外,物理教育研究还特别要求研究者掌握教育调查类研究的基本框架与思路。

2. 了解认知心理和教育技术融合,在国际物理教育中的研究进展和意义

本章以认知心理学与教育技术相结合的案例研究为基础,融合国际

上相关教学技术应用实例,指导学生在国际研究的前沿探索教育教学研究的创新思路和方法。在掌握认知心理学领域的先进成果的同时,拓宽国际视野,例如,运用教育技术工具辅助学生在问题解决时进行可视化思维的方法,研究物理学科中专家与新手解题过程的差异;通过实证研究揭示运用教育技术支持的元认知策略能显著促进知识迁移,以及基于技术的教学情景等是强有力的实践环境。

研究学生在学习过程中如何利用教育技术在头脑中主动建构知识,从而提出有助于知识建构的创新教学策略。引导学生在了解研究设计和数据处理过程中逐步掌握必要的数据统计方法。开展认知心理学与教育技术相结合的研究,进一步培养教师明确教学过程中学生是在主动构建认知结构,增强教师作为学生的高级合作者的角色意识。

促进教师善于利用教育技术创造真实的任务驱动,激发学生的主动学习意愿,支持学生从目前的水平向上提升,逐步形成独立探索学习的习惯。这为开展创新的教育教学研究奠定了基础,同时帮助学生了解物理教学与科研的前沿环境,认识到认知心理与教育技术融合在提升物理教育质量和效率方面的重要性。

(七)推荐阅读

[1]Carey, B. How We Learn: The Surprising Truth About When, Where, and Why It Happens, 2014.

[2]张剑平,李艳. 现代教育技术[M].5版. 北京:高等教育出版社,2021.

参考文献

[1] 吕秉泓. 基于心流理论的图书馆入馆教育游戏设计与应用研究[D]. 上海:上海外国语大学,2023.

[2] 刘哲雨,刘宇晶,周继慧. 桌面虚拟现实环境中自我效能感如何影响

学习结果——基于心流体验的中介作用[J]. 远程教育杂志, 2022, 40 (4): 55—64.

[3] Riza S, Faruk A, Seyma C, et al. A model for augmented reality immersion experiences of university students studying in science education. Journal of Science Education and Technology, 2020, 29 (2): 257—271.

[4] Doğan D, Demir Ö, Tüzün H. Exploring the role of situational flow experience in learning through design in 3D multi-user virtual environments[J]. Technol Des Educ, 2022, 32: 2217—2237.

[5] 乔红月. 基于心流理论的移动MOOC平台体验设计研究[D]. 无锡：江南大学, 2018.

[6] 王国华, 宋佳音, 田梁浩, 等. 虚拟现实技术有助于降低学习者的认知负荷？——基于23项实验与准实验研究的元分析[J]. 开放教育研究, 2023, 29 (4): 110—120.

[7] 马志岩. 基于认知负荷理论的在线学习活动设计[D]. 济南：山东师范大学, 2013.

[8] CHOl Y, KI M. Learning Analytics for Diagnosing Cognitive Load in E-Learning Using Bayesian Network Analysisl1[J]. Sustainability, 2021, 13 (18): 10149.

[9] Niu B, Liu C, Liu J, et al. Wan and N. Ma, "Impacts of Different Types of Scaffolding on Academic Performance, Cognitive Load and Satisfaction in Scientific Inquiry Activities Based on Augmented Reality," 2019[R]. Eighth International Conference on Educational Innovation through Technology (EITT), Biloxi, MS, USA, 2019: 239—244.

[10] Yorganci S. The interactive e-book and video feedback in a multimedia learning environment: Influence on performance, cognitive, and motivational outcomes[J]. Journal of Computer Assisted Learning, 2022, 38 (4): 1005—1017.

[11] Koc T, Topu F B. Using three-dimensional geospatial technology in primary school: students' achievements, spatial thinking skills, cognitive load levels, experiences and teachers' opinions[J]. Educ Inf Technol, 2022, 27: 4925—4954.

[12] Csikszentmihalyi M, Csikszentmihalyi I, The meas-urement of flow in everyday life, in Optimal Experience: Psychological Studies of FlowinConsciousness, edited by M. Csikszentmihalyi and I. Csikszentmihalyi[M]. England: CambridgeUniversity, 1988, 251.

[13] Csikszentmihalyi M. Flow: The Psychology of Optimal Experience[M]. New York: Harper Perennial, 1991.

[14] Webster J, Trevino L K, Ryan L, The dimension- ality and correlates of flow in human-computer inter- actions[J]. Comput. Hum Behav, 1993, 9: 411.

[15] Koufaris M. Applying the technology acceptance model and flow theory to online consumer behavior[J]. Inf. Syst. Res, 2002, 13: 205.

[16] Bodzin A, Junior R A, Hammond T, et al. An immersive virtual reality game designed to promote learning engagement and flow[J]. In Proceedings of 2020 6th International Conference of the Immersive Learning Research Network (iLRN), 2020: 193—198.

[17] Kaya S, Ercag E, The impact of applying challenge- based gamification program on students' learning out-comes: Academic achievement, motivation and flow[J]. Educ. Inf. Technol, 2023, 28: 10053.

[18] Wang A C, Hsu M C. An exploratory study using inexpensive electroencephalography (EEG)to understand flow experience in computer-based instruction[J]. Inf. Manag, 2014, 51: 912.

[19] Sweller J, Cognitive load during problem solving: Effects on learning[J]. Cogn. Sci, 1988, 12: 257.

[20] Liu Q, Yu S F, Chen W L, et al. The effects of an augmented reality based magnetic experimen- tal tool on students' knowledge improvement and cognitive load[J]. J. Comput. Assist. Learn, 2020, 37: 645.

[21] Sweller J, Ayres P, Kalyuga S. Cognitive Load Theory[J]. Springer, London, 2011.

[22] İbili E. Effect of augmented reality environments on cognitive load: Pedagogical effect, instructional design, motivation, and interaction interfaces[J]. Int. J. Prog. Educ, 2019, 15: 42.

[23] Yang D. Instructional strategies, and course design for teaching statistics online: Perspectives from online stu dents[J]. Int. J. Stem Educ, 2017, 4: 34.

[24] Moszkowicz D, Duboc H, Dub C. Daily medical education for confined students during coronavirus disease 2019 pandemic: A simple videoconference solution[J]. Clin. Anat, 2020, 33: 927.

[25] Carli M, Fontolan M R, Pantano O. Teaching optics as inquiry under lockdown: How we transformed a teaching-learning sequence from face-to-face to dis tance teaching[J]. Phys. Educ, 2021, 56: 025010.

[26] Wieman E, Adams W K, Perkins K K. PhET: Simulations that enhance learning[J]. Science, 2008, 322: 682.

[27] Wieman E, Adams W K, Loeblein P, et al. Teaching physics using PhET simulations[J]. Phys. Teach., 2010, 48: 225.

[28] Walsh T. Creating interactive physics simulations using the power of GeoGebra[J]. Phys. Teach, 2017, 55: 316.

[29] Lincoln J. Virtual labs and simulations: Where to find them and tips to make them work[J]. Phys. Teach, 2020, 58: 444.

[30] Meier H M. Meeting laboratory course learning goals remotely via custom home experiment kits[J]. arXiv, 2007: 05390.

第十二章　国际化物理教育研究之案例教学总结

案例教学法,作为一种基于案例的先进互动教学模式,强调在教师的引导下,学生作为学习的主体,围绕实际案例进行深入探讨。在这一过程中,学生通过研究与分析案例,锻炼并提升自身的分析、判断和问题解决能力,实现教育教学的目标。

与传统的灌输式教学相比,案例教学法利用具体案例阐释抽象理论,增强了教学的实践性和真实感,促进了学生对基础概念的深入理解,从而有效提升了教学成效。学生依据教学计划设定的目标和要求,结合案例材料进行讨论、评估并作出决策,进一步强化了他们的批判性思维和解决实际问题的能力。

本书在综合国内外教育研究方法的最新成果基础上编撰而成,依托本研究团队在教育实证研究领域的丰富经验——已在国际SSCI期刊发表20余篇基于中国实践的论文,形成兼顾科学性与创新性的本土案例研究独特范式。

系统地梳理并总结了教育实证研究的七大关键维度:概念理解、问题解决、课程与教学、评价、态度与信念、认知心理学以及教育技术。全书共分为12章,每章专注于一个维度的深入探讨,并精选3个综合案例以展示这些维度如何相互交织与融合。采用"中国本土情境＋国际标准研究成果＋多维教育实证研究结构"的采编和撰写范式,呈现具有中国特色的本土国际案例研究。

一、案例教学的必要性

（一）明确要求

我国专业学位教育起步于1991年，但发展迅速，体系健全。进入21世纪以来国务院学位委员会和教育部曾多次发文强调案例教学是在专业学位教育中实现教学改革和提高培养质量的重要抓手，足见其对专业学位教育发展的重视程度。

早在2002年，国务院学位委员会和教育部就在《关于加强和改进专业学位教育工作的若干意见》中提出应加强案例教学，重视案例的编写和使用，高水平案例应作为教学研究成果，并将其视为改进专业学位教育中教学方法的重要途径。

2013年，教育部和人力资源社会保障部在《关于深入推进专业学位研究生培养模式改革的意见》中再次提出要创新教学方法，加强案例教学、模拟训练等教学法的运用，并指出案例教学、实践基地建设等改革试点成效将作为培养单位申请新增专业学位授权点及专业学位授权点定期评估中的内容。案例教学不仅被作为专业学位研究生培养模式改革的重要抓手之一，而且提出要将其纳入专业学位授权点申请和评估。这无疑说明，案例教学法将在专业学位研究生教育中得到广泛应用。

2015年，教育部发布了《关于加强专业学位研究生案例教学和联合培养基地建设的意见》（以下简称《意见》）。《意见》凸显了案例教学在专业学位研究生教育中的重要意义，是迄今为止教育部文件中对案例教学进行最详细解读和推广的一份文件。

《意见》指出案例教学是以学生为中心，以案例为基础，通过呈现案例情境，将理论与实践紧密结合，引导学生发现问题、分析问题、解决问题，从而掌握理论、形成观点、提高能力的教学方式。加强案例教学是强化专业学位研究生实践能力培养，推进教学改革，促进教学与实践有机融合的重要途径，是推动专业学位研究生培养模式改革的重要手段。

《意见》还指出加强案例教学，改革教学方式，分别从案例编写、教学模式创新、师资培训与交流、建立激励机制、案例库建设与共享、案例教学国际化等方面提出了非常具体的指导意见。

同时，《意见》还提出了对开展案例教学的各项投入、配套和保障措施，要求各培养单位高度重视案例教学，科学规划、创造条件，加大经费和政策支持力度，设立案例教学专项经费，为案例教学提供必要的条件保障，通过人才培养项目、实验室建设、联合科研攻关等途径加大对案例教学的投入；要求各教指委加强对案例教学的指导，研究制定案例教学的基本要求，积极推广普及案例教学经验，引导培养单位做好案例教学工作；要求各省级教育部门加强组织领导，会同有关部门，统筹区域内案例教学，加强政策引导和经费支持，调动行业、企业的积极性，推动专业学位研究生教育与地方经济社会发展的紧密结合，鼓励有条件的地区设立专项资金支持本地区研究生培养单位的案例教学工作。

《意见》还强调，案例教学情况将作为专业学位授权点合格评估的重要内容。要求各省级教育部门和教指委针对案例教学情况加强督促检查，切实推动案例教学工作积极发展。

从《意见》来看，教育部既从微观层面定义了案例教学，强调了案例教学的重要意义并提出了应用和推广案例教学的具体方式，又从宏观层面对培养单位、教指委乃至省级教育部门提出了支持和推动案例教学在专业学位研究生教育中推广普及的要求。

在2020年11月由国务院教育督导委员会办公室发布的《全国专业学位水平评估实施方案》中，案例教学应用与开发建设被纳入课程与实践教学质量评估的重要指标。这一举措是国家教育主管部门过去20年对在专业学位教育中开展案例教学的原则性倡导的落地。在"以评促建"的推动下，促进了培养单位对案例教学重要性的认识，推动了案例教学的实践探索和研究。

（二）物理教育研究方法的人才培养目标

无论是国家教育主管部门对专业学位教学模式改革的指导性文件，还是为了改进物理教育研究方法，提高人才培养质量，案例教学模式的大力推广都是必然趋势。物理教育研究方法旨在培养具备科研能力和实践应用能力的师范生，他们能否将所学知识与技能应用于实践，以及在面对科研难题时能否运用合理的研究方法进行判断和选择,是评价未来物理教师学科功底和教研能力的重要标准。

当前,以教师为中心的传统训练模式在物理教师培养中占主导地位,但这种模式未能充分体现物理教师人才培养的本质要求。案例教学法,作为一种在其他专业学位领域已获得成功的教学模式,非常适合应用于物理教育研究方法教学。

案例教学法在物理教育研究方法中的应用,旨在通过模拟科研情景,让学生在模拟情境中遇到科研难题,经历挑战,学会分析问题和寻找解决方案。传统模式的局限在于,学生往往局限于国内成果,缺乏开展国际教学研究前沿探索的意识和主动性。

因此,课程重点开展国际科学教育研究案例和问题研讨,以拓宽学生的国际视野。案例教学中的案例源自前人的科研实践,通过课堂教学,又反哺于未来物理教师的科研实践,架起了课堂与职场之间的桥梁,有助于实现未来物理教师人才培养目标。

二、案例教学的挑战

在物理教育研究方法的教学实践中,案例教学法虽已有一定的探索与应用,但其推广与普及仍面临不少挑战。

首先,尽管国家教育主管部门已多次发文,强调案例教学在推动专业学位教学改革和提升人才培养质量中的关键作用,并于2020年将案例教学纳入专业学位评估指标体系,但案例教学在物理教育研究方法领域的应用仍未得到充分重视。目前,物理教育案例库的建设与应用成果有限,难以满足培养高质量物理教师的需求。此外,案例库建设仅是案例教学的一部分,案例教学法在具体教学模式和方法上的应用也缺乏足够的研究与立项成果。

其次,在教学领域,多数教师对案例教学的认识尚不充分。案例教学是一个系统化的教学模式,在教学目标、教学内容、教学方法、教学组织形式、对师生的要求等方面都有一整套的成熟体系。因此,教师在上课时举了几个物理教育研究实践中的例子不等同于案例教学。

在传统的物理教育研究方法课堂上,教师举例在教学活动中只占次要地位,是为了服务教师讲解某个知识点或传授某种技能。而在实施案例教学的课堂上,案例是教学的关键要素,教学活动是围绕案例而设计的。在进行案例教学的过程中,师生是平等的,教师不是权威象征,学生也并非只能"洗耳恭听"。

在实施案例教学时,有些教师可能会担心,课堂上如果把过多时间花在讨论上,会导致学生的技能训练时间不足,影响学生对科研技巧的掌握程度。因此,他们对应用案例教学的效果感到不确定,进而不太愿意尝试进行案例教学。

实际上,案例教学法虽然可能在表面上减少了学生课堂上进行技能训练的时间,但却大大增加了学生思考的时间,"学而不思则罔",反思是习得任何技能的重要条件。

在物理教师人才培养过程中,教师的作用应该主要是指导和点拨。到了研究生阶段,如果教师还像对待中学生那样在课堂上手把手地教学生做语言训练和技巧训练是不符合教育规律的。学生完全可以在课后进行大量的自我练习,而教师在课堂上的作用主要是帮助学生树立正确的能力观。通过案例教学获得正确的理念和训练方法后,学生在课后的练习可以事半功倍。

再次,仍然缺乏高质量案例。多数教师在教学中都会讲到一些实践中的案例,但是,个人的经验毕竟有限,视角也是有局限的,不足以构建完整课程的案例教学体系。编写高质量的案例需要大量精力和时间。然而,目前编制物理教育研究案例在高校的科研评估体系中并未给予足够重视。若缺乏成熟案例库,案例教学可能无法达到预期效果,甚至引起质疑与抗拒。

此外,案例教学对师资质量提出了挑战。在目前从事教育研究方法教学的教师中,能做到理论、实践和教学兼优的"三栖型"人才本就不多,这些人中愿意接受或系统化接受过案例教学法培训的更是寥寥无几。在这种情况下,合格师资的匮乏是制约在教育研究方法教学中应用案例教学法的重要因素。

同时,因为习惯了传统的教学方式,教师对在案例教学法中自身角色的转变接受起来也有困难。教师习惯了向学生传授知识和扮演"权威"的角色,要在一时间让其转变为引导者和促进者的角色并不容易。

有些教师会因此产生某种"危机感",如感觉如果自己不能掌握绝对的"标准",学生可能会质疑自己的水平等。

从建构主义理论的视角来看,知识或能力的形成与发展不是由单向传授实现的,而是由"教"与"学"之间的不断互动而共同构建的。因此,需要教师放松心态,认识到"弟子不必不如师,师不必贤于弟子"。教师只要抱有与学生平等交流的心态,将自己也视为对实现教学目标做出贡献的一分子,就能够让学生从案例教学中受益,同时本人也会从中受益。

最后,案例教学中学生也面临角色转变的挑战。在传统教学模式下,学生是比较被动的,多数学生不愿意在课堂上表现自己,因此在上课时常常出现学生争先恐后坐后排的现象。出现这种现象的原因是学生没有树立课堂主人翁意识,而是认为自己只是教师和其他同学评价和批判的对象,因而缺乏主动参与的积极性。

案例教学是要求学生积极参与课堂讨论的,而且要锻炼他们清晰且有逻辑的表达观点的能力,这对学生的个人素质和主动性提出了更高要求,学生也需要调整心态以适应新的课堂教学模式。

由此看来,目前在教育研究方法教学中推广普及案例教学还面临着不少挑战。要想让案例教学法在教育研究方法教学中生根发芽、开花结果,还需要教指委、培养高校、学位授予点、教师、学生等多方面的共同努力。

三、对案例教学的展望

将高质量的教育研究案例整合到教师教育课程中已成为教育发展的必然趋势。教育研究者和教育工作者需持续深入思考并致力于实践。

在教学提升方面,构建一个融合本土特色的教育实证案例体系至关重要。这要求我们探索从多元视角出发的国际教育研究案例教学的有效模式,利用多样化案例分析方法,构建一个多视角、多维度的案例教学模式,探索兼顾效率和效果的有效教学模式,突破传统案例教学费时费力、理论和实践脱节、有源无果的教学困境,解决效率和效果的平衡问题。

在研究开展方面,思考如何通过案例教学激发未来研究者和从业者创造出具有中国特色和国际视野的教育实证研究成果。案例教学的核心和宗旨在于生成与再创造。教学中应引导学习者深入体验从本土实践到国际化的过程,拓展其国际视野,激发其文化自信和爱国情怀。同时,引导学习者学习前人的研究思维和方法,促进新的案例研究的初步形成。

在案例传播方面,需要考虑如何制定和撰写优质教育实证案例的采编和撰写标准,确立案例撰写的体例和章节内容,为案例的有效传播打下坚实基础。